▶▶ 观看二维码教学视频的操作方法

本套丛书提供书中实例操作的二维码教学视频，读者可以使用手机微信中的"扫一扫"功能，扫描本书前言中的"扫一扫，看视频"二维码图标，即可打开本书对应的同步教学视频界面。

▶▶ 推送配套资源到邮箱的操作方法

本套丛书提供扫码推送配套资源到邮箱的功能，读者可以使用手机微信中的"扫一扫"功能，扫描本书前言中的"扫码推送配套资源到邮箱"二维码图标，即可快速下载图书配套的相关资源文件。

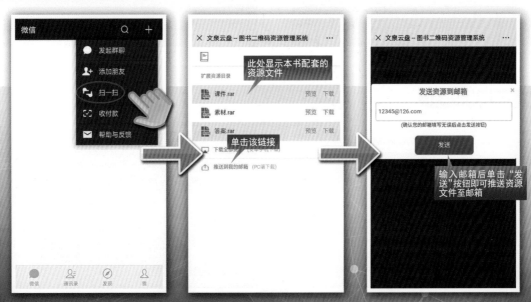

[配套资源使用说明]

▶▶ 电脑端资源使用方法

本套丛书配套的素材文件、电子课件、扩展教学视频以及云视频教学平台等资源，可通过在电脑端的浏览器中下载后使用。读者可以登录本丛书的信息支持网站（http://www.tupwk.com.cn/teaching）下载图书对应的相关资源。

读者下载配套资源压缩包后，可在电脑中对该文件解压缩，然后双击名为 Play 的可执行文件进行播放。

▶▶ 扩展教学视频&素材文件

▶▶ 云视频教学平台

▶ 安装硬件驱动程序

▶ 清理磁盘

▶ 设置桌面图标

▶ 设置虚拟内存

▶ 使用360安全卫士优化系统

▶ 整理磁盘碎片

▶ 清理注册表

▶ 使用鲁大师监视温度

▶ 更新硬件驱动

▶ 管理硬盘分区

▶ 检测软件

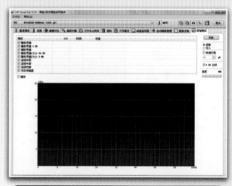

▶ 检测硬盘

▶ 使用优化大师

▶ 使用CCleaner清理系统

▶ 设置屏幕保护程序

▶ 测试计算机硬件

计算机应用案例教程系列

计算机组装与维护案例教程
（第2版）

宋晓明　王爱莲◎编著

清华大学出版社

北京

内 容 简 介

本书以通俗易懂的语言、翔实生动的案例全面介绍计算机组装与维护的操作方法和技巧。全书共分 12 章，内容涵盖了计算机软硬件基础、选购计算机硬件设备、组装计算机详解、计算机常用外设、设置主板 BIOS、安装操作系统、安装驱动并检测硬件、操作系统和常用软件、计算机网络应用、优化计算机、维护计算机、处理常见计算机故障等。

书中同步的案例操作二维码教学视频可供读者随时扫码学习。本书还提供配套的素材文件、与内容相关的扩展教学视频以及云视频教学平台等资源的 PC 端下载地址，方便读者扩展学习。本书具有很强的实用性和可操作性，是一本适用于高等院校及各类社会培训学校的优秀教材，也是广大初、中级计算机用户的首选参考书。

本书对应的电子课件及其他配套资源可以到 http://www.tupwk.com.cn/teaching 网站下载，也可以扫描前言中的二维码推送配套资源到邮箱。

本书封面贴有清华大学出版社防伪标签，无标签者不得销售。

版权所有，侵权必究。侵权举报电话：010-62782989 13701121933

图书在版编目(CIP)数据

计算机组装与维护案例教程 / 宋晓明 王爱莲 编著. —2 版. —北京：清华大学出版社，2020.4
计算机应用案例教程系列
ISBN 978-7-302-55161-4

I. ①计… II. ①宋… ②王… III. ①电子计算机－组装－教材②计算机维护－教材 IV. ①TP30

中国版本图书馆 CIP 数据核字(2020)第 047389 号

责任编辑：胡辰浩
封面设计：孔祥峰
版式设计：妙思品位
责任校对：成凤进
责任印制：丛怀宇

出版发行：清华大学出版社
　　　　　网　　　址：http://www.tup.com.cn，http://www.wqbook.com
　　　　　地　　　址：北京清华大学学研大厦 A 座　　　　邮　　编：100084
　　　　　社 总 机：010-62770175　　　　　　　　　邮　　购：010-62786544
　　　　　投稿与读者服务：010-62776969，c-service@tup.tsinghua.edu.cn
　　　　　质 量 反 馈：010-62772015，zhiliang@tup.tsinghua.edu.cn
印 装 者：三河市吉祥印务有限公司
经　　销：全国新华书店
开　　本：185mm×260mm　　印　张：18.75　　插　页：2　　字　数：480 千字
版　　次：2016 年 8 月第 1 版　　2020 年 5 月第 2 版　印　次：2020 年 5 月第 1 次印刷
印　　数：1～3000
定　　价：68.00 元

产品编号：076406-01

前言

熟练使用计算机已经成为当今社会不同年龄层次的人群必须掌握的一门技能。为了使读者在短时间内轻松掌握计算机各方面应用的基本知识，并快速解决生活和工作中遇到的各种问题，清华大学出版社组织了一批教学精英和业内专家特别为计算机学习用户量身定制了这套"计算机应用案例教程系列"丛书。

丛书、二维码教学视频和配套资源

> **选题新颖，结构合理，内容精练实用，为计算机教学量身打造**

本套丛书注重理论知识与实践操作的紧密结合，同时贯彻"理论+实例+实战"3 阶段教学模式，在内容选择、结构安排上更加符合读者的认知习惯，从而达到老师易教、学生易学的目的。丛书采用双栏紧排的格式，合理安排图与文字的占用空间，在有限的篇幅内为读者奉献更多的计算机知识和实战案例。丛书完全以高等院校、职业学校及各类社会培训学校的教学需要为出发点，紧密结合学科的教学特点，由浅入深地安排章节内容，循序渐进地完成各种复杂知识的讲解，使学生能够一学就会、即学即用。

> **教学视频，一扫就看，配套资源丰富，全方位扩展知识范围**

本套丛书提供书中案例操作的二维码教学视频，读者使用手机微信、QQ 以及浏览器中的"扫一扫"功能，扫描下方的二维码，即可观看本书对应的同步教学视频。此外，本书配套的素材文件、与本书内容相关的扩展教学视频以及云视频教学平台等资源，可通过在 PC 端的浏览器中下载后使用。用户也可以扫描下方的二维码推送配套资源到邮箱。

(1) 本书教学课件、配套素材和扩展教学视频文件的下载地址如下。

http://www.tupwk.com.cn/teaching

(2) 本书同步教学视频的二维码如下。

扫一扫，看视频

扫码推送配套资源到邮箱

> **在线服务，疑难解答，贴心周到，方便老师定制教学课件**

本套丛书精心创建的技术交流 QQ 群(101617400)为读者提供 24 小时便捷的在线交流服务和免费教学资源。便捷的教材专用通道(QQ：22800898)为老师量身定制实用的教学课件。老师也可以登录本丛书的信息支持网站(http://www.tupwk.com.cn/teaching)下载图书对应的电子课件。

本书内容介绍

《计算机组装与维护案例教程(第 2 版)》是这套丛书中的一本,该书从读者的学习兴趣和实际需求出发,合理安排知识结构,由浅入深、循序渐进,通过图文并茂的方式讲解计算机组装与维护的基础知识和操作方法。全书共分 12 章,主要内容如下。

第 1 章:介绍计算机软硬件基础的相关内容。

第 2 章:介绍选购计算机硬件设备的方法和技巧。

第 3 章:介绍组装计算机的操作方法和技巧。

第 4 章:介绍计算机常用外设的使用方法和技巧。

第 5 章:介绍设置主板 BIOS 的方法和技巧。

第 6 章:介绍安装操作系统的操作方法和技巧。

第 7 章:介绍安装驱动并检测硬件的操作方法和技巧。

第 8 章:介绍操作系统和常用软件的操作方法和技巧。

第 9 章:介绍计算机网络应用的相关知识。

第 10 章:介绍优化计算机的操作方法和技巧。

第 11 章:介绍维护计算机的操作方法和技巧。

第 12 章:介绍处理常见计算机故障的操作方法和技巧。

读者定位和售后服务

本套丛书为所有从事计算机教学的老师和自学人员而编写,是一套适用于高等院校及各类社会培训学校的优秀教材,也可作为计算机初、中级用户的首选参考书。

如果您在阅读图书或使用计算机的过程中有疑惑或需要帮助,可以登录本丛书的信息支持网站(http://www.tupwk.com.cn/teaching)或通过 E-mail(wkservice@vip.163.com)联系,本丛书的作者或技术人员会提供相应的技术支持。

该书共 12 章,黑河学院的宋晓明编写了第 1、2、3、5、9、11、12 章,吉林财经大学的王爱莲编写了第 4、6、7、8、10 章。由于作者水平所限,本书难免有不足之处,欢迎广大读者批评指正。我们的邮箱是 huchenhao@263.net,电话是 010-62796045。

"计算机应用案例教程系列"丛书编委会
2019 年 12 月

目录

第 5 章 设置主板 BIOS

第 6 章 安装操作系统

第 7 章 安装驱动并检测硬件

计算机组装与维护案例教程(第2版)

第 8 章 操作系统和常用软件

第1章

计算机软硬件基础

在掌握计算机的组装与维护技能之前，用户应首先了解计算机的基本知识，如计算机的外观、用途、硬件结构和软件分类等。本章将介绍计算机相关软硬件的基础知识。

1.1 计算机入门常识

计算机俗称"电脑",由早期的电动计算器发展而来,是一种能够按照程序运行,自动、高速处理海量数据的现代化智能电子设备。下面将对计算机的外观、用途、分类和常用术语进行详细介绍,帮助用户对计算机建立比较清晰的认识。

1.1.1 初识计算机

计算机由硬件与软件组成,没有安装任何软件的计算机被称为"裸机"。常见的计算机型号有台式计算机、笔记本电脑和平板电脑等(本书将着重介绍台式计算机的组装与维护),其中台式计算机从外观上看,由显示器、主机、键盘、鼠标等几部分组成。

计算机的各主要设备如下。

▶ 显示器:显示器是计算机的 I/O 设备,即输入输出设备,可以分为 CRT、LCD 显示器等多种类型(目前市场上常见的显示器多为 LCD 显示器,即液晶显示器)。

▶ 主机:主机指的是计算机除去输入输出设备以外的主要机体部分。它是用于放置主板以及其他计算机主要部件(主板、内存、CPU 等设备)的控制箱体。

▶ 键盘:键盘是计算机用于操作设备运行的一种指令和数据输入装置,是计算机最重要的输入设备之一。

▶ 鼠标:鼠标是计算机用于显示操作系统纵横坐标定位的指示器,因其外观形似老鼠而被称为"鼠标"。

1.1.2　计算机的分类

计算机经过数十年的发展，出现了多种类型，例如台式计算机、笔记本电脑、平板电脑等。下面将分别介绍不同种类计算机的特点。

1. 台式计算机

台式计算机是出现最早，也是目前最常见的计算机，其最大的优点是耐用并且价格实惠(与平板电脑和笔记本电脑相比)，缺点是笨重，并且耗电量较大。常见的台式计算机一般分为一体式计算机与分体式计算机两种，其各自的特点如下

▶ 分体式计算机：分体式计算机即一般常见的台式计算机，显示器和主机采用分开的形式。

▶ 一体式计算机：一体式计算机又称为一体机，是一种将主机、显示器甚至键盘和鼠标都整合在一起的新形态计算机，其产品的创新在于计算机内部元件的高度集成。

2. 笔记本电脑

笔记本电脑(NoteBook)又被称为手提电脑或膝上电脑，是一种小型的、可随身携带的个人计算机。笔记本电脑通常重1~3公斤，其发展趋势是体积越来越小，重量越来越轻，而功能却越来越多。

3. 平板电脑

平板电脑(简称 Tablet PC)是一种小型、方便携带的个人计算机，一般以触摸屏作为基本的输入设备。平板电脑的主要特点是显示器可以随意旋转，并且都是触摸液晶显示屏(有些产品可以用电磁感应笔手写输入)。

1.1.3　计算机的用途

如今，计算机已经成为家庭生活与企业办公中必不可少的工具之一，其用途非常广泛，几乎渗透到人们日常活动的各个方面。对于普通用户而言，计算机的常用用途主要

包括计算机办公、文件管理、视听播放、上网冲浪以及游戏娱乐等几个方面。

▶ 计算机办公：随着计算机的逐渐普及，目前几乎所有的办公场所都使用计算机，尤其是一些从事金融投资、动画制作、广告设计等行业的单位，更是离不开计算机的协助。计算机在办公操作中的用途很多，例如制作办公文档、财务报表、3D效果图等。

▶ 文件管理：计算机可以帮助用户更加轻松地掌握并管理各种电子化的数据信息，例如各种电子表格、文档、联系信息、视频资料以及图片文件等。通过操作计算机，不仅可以方便地保存各种资源，还可以随时在计算机中调出并查看自己所需的内容。

▶ 视听播放：听音乐和看视频是计算

机最常用的功能之一。计算机拥有很强的兼容能力，使用计算机的视听播放功能，不仅可以播放各种DVD、CD、MP3、MP4音乐与视频，还可以播放一些特殊格式的音频或视频文件。因此，很多家庭计算机已经逐步代替客厅中的各种影音播放机，组成更强大的视听家庭影院。

▶ 游戏娱乐：计算机游戏是指在计算机上运行的游戏软件，这种软件是一种具有娱乐功能的计算机软件。计算机游戏为游戏参与者提供了一个虚拟的空间，从一定程度上让人可以摆脱现实世界，在另一个世界中扮演真实世界中扮演不了的角色。同时计算机多媒体技术的发展，使游戏给人们带来许多不一样的体验和享受。

🔍 知识点滴

常见的计算机游戏分为网络游戏、单机游戏、网页游戏等几种，其中网络游戏与网页游戏需要用户将计算机接入Internet后才能进入游戏，而单机游戏一般通过游戏光盘在计算机中安装后即可开始游戏。

1.2　计算机的硬件组成

计算机由硬件与软件组成。其中，硬件包括构成计算机的主要内部设备与常用外部设备两种，本节将分别介绍这两种计算机硬件设备的外观和功能。

1.2.1　计算机的主要内部设备

计算机的主要内部硬件设备包括主板、CPU、内存、硬盘、显卡、电源、机箱、光驱等，各自的外观与功能如下。

1. 主板

计算机的主板是计算机主机的核心配件，它被安装在机箱内。主板的外观一般为矩形的电路板，其上安装了组成计算机的主要电路系统，一般包括 BIOS 芯片、I/O 控制芯片、键盘和面板控制开关接口等。

知识点滴

计算机的主板采用了开放式结构。主板上大都有 6~15 个扩展插槽，供计算机外围设备的控制卡(适配器)插接。通过更换这些插卡，用户可以对计算机的相应子系统进行局部升级。

2. CPU

CPU 是计算机解释和执行指令的部件，它控制整个计算机系统的操作。因此，CPU也被称作是计算机的"心脏"。CPU 被安装在主板的 CPU 插槽中，由运算器、控制器和高速缓冲存储器以及实现它们之间联系的数据总线、控制总线及状态总线构成。

知识点滴

CPU 从存储器或高速缓冲存储器中取出指令，放入指令寄存器，对指令译码并执行指令。所谓计算机的可编程性，主要是指对 CPU 的编程。

3. 内存

内存(Memory)也被称为主存储器，是计算机中重要的部件之一，它是与 CPU 进行沟通的桥梁，其作用是暂时存放 CPU 中的运算数据，以及与硬盘等外部存储器交换的数据。内存被安装在主板的内存插槽中，其运行情况决定了计算机能否稳定运行。

4. 硬盘

硬盘是计算机的主要存储媒介之一，传统的机械硬盘由一个或多个铝制或玻璃制的碟片组成。这些碟片外覆盖有铁磁性材料。绝大多数硬盘都是固定硬盘，被永久性地密封固定在硬盘驱动器中。硬盘一般被安装在机箱的驱动器支架内,通过数据线与计算机主板相连。

此外,固态硬盘最近发展也很快,固态硬盘是用固态电子存储芯片阵列而制成的硬盘,由控制单元和存储单元(Flash 芯片、DRAM 芯片)组成。固态硬盘具有传统机械硬盘不具备的快速读写、质量轻、能耗低以及体积小等特点,不过价格仍较为昂贵,容量较低,一旦硬件损坏,数据较难恢复。

5. 显卡

显卡的全称为显示接口卡(video card,或 graphic card),又称为显示适配器,它是计算机最基本的配件之一。显卡被安装在主板的 PCI Express(或 AGP、PCI)插槽中,也有的一体化集成在主板上,其用途是将计算机系统所需要的显示信息进行转换驱动,并向显示器提供行扫描信号,控制显示器的正确显示。

知识点滴

显卡一般分为集成显卡和独立显卡。由于显卡性能的不同,对于显卡的要求也不一样。独立显卡实际上分为两类:一类是专门为游戏设计的娱乐显卡,另一类则是用于绘图和 3D 渲染的专业显卡。

6. 机箱

机箱作为计算机配件的一部分,其主要功能是放置和固定各种计算机配件,起到承托和保护作用。机箱也可以被看作是计算机主机的"房子",它由金属钢板和塑料面板制成,为电源、主板、各种扩展板卡、光盘驱动器、硬盘驱动器等存储设备提供安装空间,并通过机箱内的支架、各种螺丝或卡子、夹子等连接件将这些零部件牢固地固定在机箱内部,形成一台主机。

7. 电源

电源的功能是把 220V 的交流电转换成直流电,并专门为计算机配件(主板、驱动器等)供电,电源是为计算机各部件供电的枢纽,也是计算机的重要组成部分。电源的转换效率通常为 70%~80%,功率较大。开机后热量积聚在电源中如不能及时散发,会使电源局部温度过高,从而对电源造成损害。因此,任何电源内部都包含散热装置。

8. 光驱

光驱是计算机用来读写光盘内容的设备，也是在台式计算机中较常见的一个部件，随着多媒体的应用越来越广泛，使得光驱在大部分计算机中已经成为标准配置。目前，市场上常见的光驱可分为CD-ROM、DVD-ROM(DVD 光驱)和刻录机等。

1.2.2　计算机的主要外部设备

计算机的外部设备主要包括键盘、鼠标、显示器、打印机、摄像头、移动存储设备、耳机(耳麦和麦克风)、音箱等，下面将对它们分别进行介绍。

1. 键盘

键盘是一种可以把文字信息和控制信息输入计算机的设备，它由英文打字机键盘演变而来。台式计算机的键盘一般使用 PS/2或 USB 接口与计算机主机相连，此外，蓝牙等无线键盘也逐渐普及起来。

2. 鼠标

鼠标的标准称呼应该是"鼠标器"，其外观如右上图所示。鼠标的使用是为了使计算机的操作更加简便，从而代替键盘烦琐的指令。台式计算机所使用的鼠标与键盘一样，一般采用 PS/2 或 USB 接口与计算机主机相连。此外，蓝牙等无线鼠标也逐渐普及起来。

3. 显示器

显示器通常也称为监视器，是一种将一定的电子文件通过特定的传输设备显示到屏幕上，再反射到人眼的显示工具。目前常见的显示器大多为LCD(液晶)显示器。

4. 打印机

打印机是计算机的输出设备之一，其作用是将计算机的处理结果打印在相关介质上。打印机是最常见的计算机外部设备之一，其外观如下图所示。按所采用的技术，分柱形、球形、喷墨式、热敏式、激光式、静电式、磁式、发光二极管式等类型。

5. 摄像头

摄像头又称为计算机相机、计算机眼等，是一种视频输入设备，被广泛地运用于视频会议、远程医疗及实时监控等方面。

6. 移动存储设备

移动存储设备指的是便携式的数据存储装置，此类设备带有存储介质且自身具有读写介质的功能，不需要(或很少需要)其他设备(如计算机)的协助。现代的移动存储设备主要有移动硬盘、U盘(闪存盘)和各种记忆卡(存储卡)等。

知识点滴

在所有的移动存储设备中，移动硬盘可以提供相当大的存储容量，是一种性价比较高的移动存储产品。

7. 耳机、耳麦和麦克风

耳机是使用计算机听音乐、玩游戏或看电影必不可少的设备。它能够从声卡中接收音频信号，并将其还原为真实的音乐。

耳麦是耳机与麦克风的整合体。它不同于普通的耳机，普通耳机往往是立体声的，而耳麦多是单声道的。

麦克风的学名为传声器，是一种能够将声音信号转换为电信号的能量转换器件，由英文 Microphone 翻译而来(也称话筒、微音器)。在将麦克风配合计算机使用时，可以向计算机中输入音频(录音)，或者通过一些专门的语音软件与远程用户进行网络语音对话。

8. 音箱

音箱是最为常见的计算机音频输出设备，它由多个带有喇叭的箱体组成。目前，音箱的种类和外形多种多样，常见音箱的外观如右图所示。

1.3　计算机的软件分类

计算机的软件由程序和有关文档组成，其中程序是指令序列的符号表示，文档则是软件开发过程中创建的技术资料。程序是软件的主体，一般保存在存储介质(如硬盘或光盘)中，以便在计算机中使用。

1.3.1　操作系统软件

操作系统是一款管理计算机硬件与软件资源的程序，同时也是计算机系统的内核与基石。操作系统是一款庞大的管理控制程序，包括五方面的管理功能：进程与处理机管理、作业管理、存储管理、设备管理、文件管理。操作系统是管理计算机全部硬件资源、软件资源、数据资源，控制程序运行并为用户提供操作界面的系统软件的集合。目前，操作系统主要包括微软公司的 Windows、苹果公司的 Mac OS 以及 UNIX、Linux 等，这些操作系统所适用的用户群体不尽相同，计算机用户可以根据自己的实际需要选择不同的操作系统。下面将分别对这几种操作系统进行简单介绍。

1. Windows 7 操作系统

Windows 7 是由微软公司开发的一款操作系统，该系统旨在让人们的日常计算机操作更加简单和快捷，为人们提供高效易行的工作环境。Windows 7 操作系统和以前版本的操作系统相比具有很多优点：更快的速度和更高的性能，更个性化的桌面，更强大的多媒体功能，Windows Touch 带来极致触摸操控体验，Home Groups 和 Libraries 简化局域网共享，全面革新的用户安全机制，超强的硬件兼容性，革命性的工具栏设计等。

知识点滴

Windows 7 操作系统为满足不同用户群体的需要，开发了 6 个版本，分别是 Windows 7 Starter(简易版)、Windows 7 Home Basic(家庭基础版)、Windows 7 Home Premium(家庭高级版)、Windows 7 Professional(专业版)、Windows Enterprise(企业版)、Windows 7 Ultimate(旗舰版)。

2. Windows 10 操作系统

Windows 10 是美国微软公司研发的跨平台及设备应用的操作系统，是微软发布的最后一个独立 Windows 版本。Windows 10 共有家庭版、专业版、企业版、教育版、移动版、移动企业版和物联网核心版七个版本，分别面向不同用户和设备。Windows 10 提供了针对触控屏设备优化的功能，同时还提供了专门的平板电脑模式，开始菜单和应用都将以全屏模式运行。Windows 10 新增的 Windows Hello 功能将带来一系列对于生物识别技术的支持。除了常见的指纹扫描之外，系统还能通过面部或虹膜扫描来让用户进行登录。

3. Windows Server 操作系统

Windows Server 是微软公司的一款服务器操作系统，使用 Windows Server 可以使 IT 专业人员对服务器和网络基础结构的控制能力更强。Windows Server 通过加强操作系统和保护网络环境提高了系统的安全性，通过加快 IT 系统的部署与维护，使服务器和应用程序的合并与虚拟化更加简单，同时为用户特别是 IT 专业人员提供了直观、灵活的管理工具。

在 Windows Server 2016 系统中，微软官方发布了许多新的功能和特性，但是在用户组策略功能上却与以前的系统版本没有大的变化。尽管微软公司在 Windows Server 2016 和 Windows 10 中引入了一些特殊的组策略功能，但是整个组策略架构仍没有改变。下图所示为 Windows Server 2016 操作系统。

4. Mac OS 操作系统

Mac OS 是一种运行于苹果 Macintosh 系列计算机上的操作系统。Mac OS 是首款在商用领域成功的图形用户界面操作系统。现有的主流系统版本是 OS X 10.14，并且

网上也有在 PC 上运行的 Mac 系统，简称 Mac PC。

5. Linux 操作系统

Linux 这个词本身只表示 Linux 内核，但人们已经习惯了用 Linux 来形容整个基于 Linux 内核的操作系统。Linux 是一套免费使用和自由传播的类 UNIX 操作系统，能运行主要的 UNIX 工具软件、应用程序和网络协议，是一个基于 POSIX 和 UNIX 的多用户、多任务、支持多线程和多 CPU 的操作系统。Linux 支持 32 位和 64 位硬件，继承了 UNIX 以网络为核心的设计思想，是一个性能稳定的多用户网络操作系统。Linux 操作系统诞生于 1991 年 10 月 5 日(正式向外公布时间)。Linux 有着许多不同的版本，但都使用了 Linux 内核。Linux 可以安装在各种计算机的硬件设备中，比如台式计算机、平板电脑、路由器、手机、视频游戏控制台、大型机和超级计算机。

1.3.2 语言处理软件

人们用计算机解决问题时，必须用某种"语言"来和计算机进行交流。具体而言，就

是利用某种计算机语言来编写程序,然后让计算机来执行所编写的程序,从而让计算机完成特定的任务。目前主要有三种程序设计语言,分别是机器语言、汇编语言和高级语言。

➤ 机器语言:机器语言是用二进制代码指令表示的计算机语言,其指令是用 0 和 1 组成的一串代码,它们有一定的位数,并分成若干段,各段的编码表示不同的含义。例如,某计算机字长为 16 位,即由 16 个二进制位组成一条指令或其他信息。16 个 0 和 1 可组成各种排列组合,通过线路变成电信号,让计算机执行各种不同的操作。

➤ 汇编语言:汇编语言(Assembly Language)是一种面向机器的程序设计语言。在汇编语言中,用助记符(Memonic)代替操作码,用地址符号或标号代替地址码。如此,用符号代替机器语言的二进制码,就可以把机器语言转变成汇编语言。

➤ 高级语言:由于汇编语言过分依赖于硬件体系,且其助记符量大难记,于是人们又发明了更加易用的高级语言。这种语言的语法和结构类似于普通英文,并且由于远离对硬件的直接操作,使得普通用户经过学习之后都可以编程。

1.3.3　驱动程序

驱动程序的英文名为 Device Driver,全称为“设备驱动程序”,是一种可以使计算机和设备通信的特殊程序,可以说相当于硬件的接口。操作系统只有通过这个接口,才能控制硬件设备的工作,假如某设备的驱动程序未能正确安装,硬件设备便不能正常工作。因此,驱动程序被誉为“硬件的灵魂”“硬件的主宰”“硬件和系统之间的桥梁”等。

硬件如果缺少了驱动程序的“驱动”,那么本来性能非常强大的硬件就无法根据软件发出的指令进行工作,硬件就是空有一身本领,毫无用武之地。从理论上讲,所有的硬件设备都需要安装相应的驱动程序才能正常工作,但像 CPU、内存、主板、键盘、显示器等设备却并不需要安装相应的驱动程序就能正常工作。这是因为这些硬件对于一台个人计算机来说是必需的,所有早期的设计人员将这些列为 BIOS 能直接支持的硬件。换言之,上述硬件安装后就可以被 BIOS 和操作系统直接支持,不再需要安装驱动程序。从这个角度来说,BIOS 也是一种驱动程序。但是对于其他的硬件,如网卡、声卡、显卡等,却必须安装驱动程序,不然这些硬件就无法正常工作。

1.3.4　应用软件

所谓应用软件,是指除了系统软件以外的所有软件,它是用户利用计算机及其提供的系统软件为解决各种实际问题而编写的计算机程序。由于计算机已渗透到各个领域,因此,应用软件也是多种多样的。目前,常见的应用软件包括各种用于科学计算的程序包、各种字处理软件、信息管理软件、计算机辅助设计教学软件、实时控制软件和各种图形软件等。下面列举几种应用软件。

1. 用户程序

用户程序是用户为了解决特定的具体问题而开发的软件。编写用户程序时应充分利用计算机系统的各种现有软件,在系统软件和应用软件的支持下可以更方便、有效地研制用户专用程序,例如火车站或汽车站的票务管理系统、人事管理部门的人事管理系统等,如下图所示。

2. 办公类软件

办公类软件主要指用于文字处理、电子表格制作、幻灯片制作等应用的软件，如微软公司的 Word、Excel、PowerPoint 等。

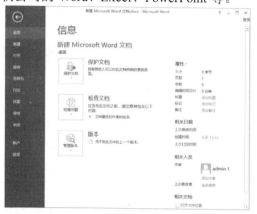

3. 图像处理软件

图像处理软件主要用于编辑或处理图形图像文件，被应用于平面设计、三维设计、影视制作等领域，如 Photoshop、CorelDRAW、会声会影、美图秀秀等。

4. 媒体播放软件

媒体播放软件是指计算机中用于播放多媒体的软件，包括网页、音乐、视频和图片，如 Windows Media Player、迅雷看看、暴风影音等。

1.4 组装机和品牌机的选择

针对购买计算机时是选择买品牌机还是组装机(兼容机)，需要先了解一下组装机与品牌机的优缺点。

1.4.1 品牌机和组装机的优缺点

品牌机的优缺点：

- 整机性能优越。
- 有人性化设计。
- 外观时尚。
- 服务到位。
- 价格相对较高。
- 配置不灵活。

组装机的优缺点：

- 价格便宜。
- 配置灵活。
- 基本没有售后服务。

根据以上品牌机和组装机的优缺点分析可以得知：

- 企事业单位、家庭、不了解计算机维修的用户适合买品牌机。
- 会修计算机、对资金问题较敏感的用户适合买组装机。

1.4.2 选购品牌机的方法

下面介绍一下选购品牌机的方法。

1. 看品牌

现在的市场上品牌机较多，用户可根据需要自由选择。

首先是国际产品，例如 HP、DELL 等。这些品牌的硬件质量和售后服务都是非常完善的，所以价格也是很高的，如果不太在乎价格，那么可以选择这些品牌的计算机。

其次是国内著名企业的品牌机，例如，清华同方、联想等。其产品质量稳定，相对进口品牌机有着更高的性价比，配置更贴近国内用户需求，在售后服务上也不比国外品牌机差。

然后是某些小型的正规企业出品的计算机，其在特定的地域有销售和维修网点，整机性能也有一定的保障，相对于上面两种品牌机，价格上更具有优势。

2. 看配置选机型

在购买计算机时确定一款适合自己的配置通常是一件比较困难的事，因为涉及自己购买计算机的用途，同时还得兼顾资金的情况。购买时要从性能以及价格两方面挑选出最合适的机型，这样才是最实际的做法。在选购时，一般不要选择刚上市的新产品(新上市的价格偏高)，应从自身的应用范围去确定需要选定的机型。

3. 看价格

在确定适合自己的计算机后，接下来就要和销售商正面接触了。一般来说，现在的品牌计算机都有一个全国统一的零售价，但这并不是最低价格，厂商会给销售商留有一定的讲价余地，所以在购买时不要相信销售商所谓的最低价，一般都是可以在这个价位上进行相应的压价。最后，要注意向销售商索要有效发票，以便进行保修。

4. 看认证

买计算机绝对不能仅是比配置，还要看生产厂商是否通过了 ISO 国际质量体系认证，这个指标说明了其质量和实力。通过了认证则标志着该企业的产品和服务达到国际水平，这是购买品牌机时的一个重要指标。

5. 看包装

在选择机器时要注意，一般不要直接购买销售商在商店摆放的计算机，应该要求销售商拿没有拆开包装的产品，因为在商店摆放的计算机一般为样品机，需要经常开机或整天开机进行展示，严格来说是已经被使用过的产品。

在随机软件上也要多留意，特别是预装微软正版操作系统的还需要多留心，很多不法商家都会把正版软件单独扣下另行销售牟利。

6. 看售后服务

品牌机最大的优势在于良好的售后服务。同是品牌机，其售后服务水平却不一样，故而在选购时，比较其售后服务就非常重要。如有些厂商对于保修期内的问题产品是进行免费更换的，有些厂商则是免费维修的；有些厂商在保修期内上门维修是免费的，超过保修期也只收部件成本费，而有些厂商还要加收上门服务费。

对于用户来说，选择一家售后服务质量好、维修水平高、承诺能够完全实现的商家，有时候比挑选品牌机的配置还重要。

1.5　组装计算机配置方案

要组装一台合适的计算机不是一件简单的事情，因为不仅要考虑到兼容性的问题，还存在着系统整体的优化问题，而这一切又是和这台计算机的具体用途密切相关的。

1.5.1　计算机配置原则

很多自己组装计算机的用户在配置计算机的过程中容易走入一个误区，即在购买时都追求性能较高以及较新的产品，这样的配置配件组装的计算机不一定适合自己，可能会浪费很多金钱。

具体的计算机配置方案可以根据以下 3 点进行操作。

1. 购买计算机的目的

买计算机用来做什么，用途不同，计算机的配置也不同，一般的用途配置普通计算机，复杂的用途配置高档计算机。

2. 预估消费金额

如果只从用途方面考虑去配置计算机，是远远不够的，还要考虑预估的消费金额。

3. 确定资金消费重点

如果购机时用户的资金不是很充裕，这时应该根据配置计算机的目的和实际资金状况，确定资金消费的重点。如商务用机，应侧重于显示器和主板的选择，因为商务办公用户一般要求电脑的稳定性高、故障率低。

1.5.2　入门型用户

➢ **价格范围**：1500~3000 元。

➢ **主要用途**：文字处理、上网、电脑入门学习、一般游戏、常规教学、普通办公等。

配 件	型 号
主板	微星 H310M PRO-VL
CPU	Intel 赛扬 G4900
内存	威刚万紫千红 8GB DDR4 2400
硬盘	影驰 240GB 固态硬盘
显卡	CPU 集成 HD610 核显
声卡	主板集成
网卡	主板集成
机箱	先马商机
电源	金河田 省师傅 4000 电源
键盘、鼠标	多彩 7800G 无线键鼠套装
显示器	创星显示器

1.5.3　大众型用户

➢ **价格范围**：3000~6000 元。

➢ **主要用途**：学习编程、图像设计、常

规 3D 操作、多媒体教学、制作网页、商务办公、股票操作、3D 游戏等。

配 件	型 号
主板	华硕 PRIME B360M-A 主板
CPU	Intel 酷睿 i5-9400F
内存	金士顿 雷电 DDR48 内存 2666
硬盘	三星 970 EVO Plus 250GB NVMe M.2 固态硬盘
显卡	技嘉 GeForce GTX 1660 OC 6GB 显卡
声卡	主板集成
网卡	主板集成
机箱	爱国者炫影 2
电源	长城 450W HOPE-5500ZK 电源
键盘、鼠标	罗技无线键盘套装
显示器	三星 U28E590D

1.5.4　专业型用户

➢ **价格范围**：6000~10000 元及以上。

➢ **主要用途**：专业图形与影视处理、大型程序开发、较大型 3D 动画制作、高端游戏、电子商务等。

配 件	型 号
主板	华硕(ASUS)PRIME Z390-A 主板
CPU	Intel 酷睿 i7-9700K
内存	芝奇(G.SKILL)幻光戟系列 DDR4 3200 频率 16GB
硬盘	三星 970 EVO 250GB NVMe M.2 固态硬盘
显卡	华硕 DUAL-GeForce RTX 2080-O8G
声卡	创新 Sound Blaster Z
网卡	英特尔(Intel)PRO/1000PT EXPI9404PTL 千兆四口
机箱	追风者(PHANTEKS) 416PTG
电源	酷冷至尊 GX650 游戏电脑电源
键盘、鼠标	游戏悍将键鼠套装
显示器	飞利浦 HDMI 272B7QPJEB

1.6　案例演练

　　本章的案例演练部分是练习开关机的操作，使用户更好地掌握开关机的正确方法，以免计算机遭受不必要的损害，用户通过练习从而巩固本章所学知识。

【例 1-1】练习开关机的操作。

step 1　在检查计算机显示器和主机的电源是否插好后，确定电源插板已通电，然后按下显示器上的电源按钮，打开显示器。

显示器电源

step 2　按下计算机主机前面板上的电源按钮，此时主机前面板上的电源指示灯将会变亮，计算机随即将被启动，执行系统开机自检程序。

主机电源

step 3　在启动过程中，计算机会进行自检并进入操作系统。

step 4　如果系统设置有密码，则需要输入密码。

输入

step 5　输入密码后，按下Enter键，稍后即可进入Windows 7 系统的桌面。

step 6 如果要关闭计算机，在Windows 7系统的桌面上单击【开始】按钮，在弹出的【开始】菜单中单击【关机】按钮。

step 7 此时，系统将开始关闭操作系统。

第 2 章

选购计算机硬件设备

计算机的硬件设备是计算机的基础,本章将通过介绍计算机各部分硬件的选购常识与要点,详细讲解获取计算机硬件技术信息及分析硬件性能指标的方法,帮助用户进一步掌握计算机硬件的相关知识。

2.1 选购 CPU

CPU 主要负责接收与处理外界的数据信息，然后将处理结果传送到正确的硬件设备，它是各种运算和控制的核心。本节将介绍在选购 CPU 时，用户应了解的相关知识。

2.1.1 CPU 简介

CPU (Central Processing Unit，中央处理器)是一块超大规模的集成电路，是一台计算机的运算核心和控制核心。其主要包括运算器(Arithmetic and Logic Unit，ALU)和控制器(Control Unit，CU)两大部件。此外，还包括若干个寄存器和高速缓冲存储器及实现它们之间联系的数据总线、控制总线及状态总线。

1. 常见类型

目前，市场上常见的 CPU 主要分为 Intel 品牌和 AMD 品牌两种，其中 Intel 品牌的 CPU 稳定性较好，AMD 品牌的 CPU 则有较高的性价比。从性能上对比，Intel CPU 与 AMD CPU 的区别如下。

> AMD 重视 3D 处理能力，AMD 同档次 CPU 的 3D 处理能力是 Intel CPU 的 120%。AMD CPU 拥有超强的浮点运算能力，让计算机在游戏方面性能突出。

> Intel 更重视的是视频的处理速度，Intel CPU 的优点是优秀的视频解码能力和办公能力，并且重视数学运算。在纯数学运算中，Intel CPU 要比同档次的 AMD CPU 快 35%，并且相对 AMD CPU 来说，Intel CPU 更加稳定。

知识点滴

从价格上对比，AMD CPU 由于设计原因，二级缓存较小，所以成本更低。因此，在市场货源充足的情况下，AMD CPU 的价格要比同档次的 Intel CPU 低 10%~20%。

2. 技术信息

随着 CPU 技术的发展，其主流技术不断更新，用户在选购一款 CPU 之前，应首先了解当前市场上各主流型号 CPU 的相关技术信息，并结合自己所选择的主板型号做出最终的选择。

> 双核处理器：双核处理器标志着计算机技术的一次重大飞跃。双核处理器是指在一个处理器上集成两个运算核心，从而提高其计算能力。

> 四核处理器：四核处理器是指基于单个半导体的一个处理器上拥有四个一样功能的处理器核心。换句话说，将四个处理器核心整合到一个运算核心中。四核 CPU 实际上是将两个双核处理器封装在一起。

> 六核处理器：Core i7 980X 是第一款六核 CPU，基于 Intel 最新的 Westmere 架构，采用领先业界的 32nm 制作工艺，拥有 3.33GHz 主频、12MB 三级缓存，并继承了 Core i7 900 系列的全部特性。

> 八核处理器：八核处理器针对的是

四插槽(four-socket)服务器。每个物理核心均可同时运行两个线程，使得服务器上可提供64个虚拟处理核心。

> 十核及十核以上处理器：刚推出的Core i9 系列处理器采用十核心二十线程设计，一般用于服务器上。如果用于家用计算机上，必须搭配良好的电源和排热系统。

2.1.2　CPU 的性能指标

CPU 的制作技术不断飞速发展，其性能的好坏已经不能简单地以频率来判断，还需要综合缓存、总线频率、封装类型、工作电压和制造工艺等指标。下面将分别介绍这些性能指标的含义。

> 主频：主频即 CPU 内部核心工作时的时钟频率(CPU Clock Speed)，单位一般是GHz。同类 CPU 的主频越高，一个时钟周期里完成的指令数也越多，CPU 的运算速度也就越快。但是由于不同种类的 CPU 内部结构的不同，往往不能直接通过主频来比较，而且高主频 CPU 的实际表现性能还与外频、缓存大小等相关。带有特殊指令的 CPU，则相对程度上依赖软件的优化程度。

> 外频：外频指的是 CPU 的外部时钟频率，也就是 CPU 与主板之间同步运行的速度。目前，绝大部分计算机系统中，外频也是内存与主板之间同步运行的速度，在这种方式下，可以理解为 CPU 的外频直接与内存相连通，实现两者间的同步运行状态。

> 扩展总线速度：扩展总线速度(Expansion Bus Speed)指的就是局部总线的速度，如 VESA 或 PCI 总线，打开计算机主机的时候会看见一些插槽般的东西，这些就是扩展槽，用于插接外部设备，而扩展总线就是 CPU 联系这些外部设备的桥梁。

> 倍频：倍频为 CPU 主频与外频之比。CPU 主频与外频的关系是：CPU 主频＝外频×倍频。

> 封装类型：随着 CPU 制造工艺的不

断进步，CPU 的架构发生了很大的变化，相应的 CPU 针脚类型也发生了变化。目前 Intel四核 CPU 多采用 LGA 775 封装或 LGA 1366封装；AMD 四核 CPU 多采用 Socket AM2+封装或 Socket AM3 封装。

> 总线频率：前端总线(FSB)用于 CPU连接到北桥芯片。前端总线频率(即总线频率)直接影响 CPU 与内存之间的数据交换速度。得知总线频率和数据位宽可以计算出数据带宽，即数据带宽=(总线频率×数据位宽)/8，数据传输最大带宽取决于所有同时传输的数据的宽度和传输频率。例如，支持 64位的至强 Nocona，前端总线频率是 800MHz，它的数据传输最大带宽是 6.4Gb/s。

> 缓存：缓存大小也是 CPU 的重要指标之一，而且缓存的结构和大小对 CPU 速度的影响非常大，CPU 缓存的运行频率极高，一般和处理器同频运作，其工作效率远远大于系统内存和硬盘。缓存分为一级缓存(L1 CACHE)、二级缓存(L2 CACHE)和三级缓存(L3 CACHE)。

> 制造工艺：制造工艺一般用来衡量组成芯片电子线路或元件的细致程度，通常以 μm(微米)和 nm(纳米)为单位。制造工艺越精细，CPU 线路和元件就越小，在相同尺寸的芯片上就可以增加更多的元器件。这也是 CPU 内部元器件不断增加、功能不断增强而体积变化却不大的重要原因。

> 工作电压：工作电压是指 CPU 正常工作时需要的电压。低电压能够解决 CPU耗电过多和发热量过大的问题，让 CPU 能够更加稳定地运行，同时也能延长 CPU 的使用寿命。

2.1.3　CPU 的选购常识

用户在选购 CPU 的过程中，应了解以下常识。

> 了解计算机市场上大多数商家有关盒装 CPU 的报价，如果发现个别商家的报价比其他商家的报价低很多，而其又不是

Intel 或 AMD 品牌直销店的话，那么最好不要贪图便宜，以免上当受骗。

➤ 对于正宗盒装 CPU 而言，其塑料封装纸上的标志水印字迹应是工工整整的，而不是横着的、斜着的或者倒着的(除非在封装时由于操作原因而将塑料封纸上的字扯成弧形)，并且正反两面的字体差不多都是这种形式，如下图所示。假冒盒装产品往往是正面字体比较工整，而反面的字歪斜。

➤ Intel CPU 的产品标签上都有一串很长的编码。拨打 Intel 的查询热线 8008201100，并把这串编码告诉 Intel 的技术服务员，技术服务员会查询该编码。若 CPU 上的序列号、包装盒上的序列号、风扇上的序列号，都与 Intel 公司数据库中的记录一样，则为正品 CPU。此外，真盒装 CPU 的标签字体清晰，没有丝毫模糊的感觉；右上角的钥匙标志可以在随观察角度的不同而改变颜色，由"蓝"到"紫"进行颜色的变化，激光防伪区与产品标签为一体印刷，中间没有断开，如下图所示。

➤ 用户可以运行某些特定的检测程序来检测 CPU 是否已经被作假(超频)。Intel 公司推出了一款名为"处理器标识实用程序"的 CPU 测试软件。这个软件包括 CPU 频率测试、CPU 所支持技术测试以及 CPU ID 数据测试共 3 部分功能。

2.2 选购主板

由于计算机中所有的硬件设备及外部设备都是通过主板与 CPU 连接在一起进行通信，其他计算机硬件设备必须与主板配套使用，因此在选购硬件时，应首先确定要使用的主板。本节将介绍在选购主板时，用户应了解的几个问题，包括主板的常见类型、硬件结构、性能指标等。

2.2.1 主板简介

主板又称为主机板(mainboard)、系统板或母板，它能够提供一系列接合点，供处理器(CPU)、显卡、声卡、硬盘、存储器以及其他设备接合(这些设备通常直接插入有关插槽，或用线路连接)。本节将通过介绍常见类型和主流技术信息，帮助用户初步了解有关主板的基础知识。

1. 常见类型

主板按其结构分类，可以分为 AT、ATX、Baby-AT、Micro ATX、Mini ITX、LPX、NLX、Flex ATX、EATX、WATX 以及 BTX 等几种，其中常见的类型如下。

➤ ATX 主板：ATX(AT Extended)结构是一种改进型的 AT 主板，对主板上元件的布局做了优化，有更好的散热性和集成度，需要配合专门的 ATX 机箱使用。

▶ Micro ATX 主板：Micro ATX 是依据 ATX 规格改进而成的一种标准。Micro ATX 主板降低了主板硬件的成本，并减少了计算机系统的功耗。

▶ Mini ITX 主板：Mini ITX 基于 ATX 架构规范设计。由于面积所限，ITX 板型只配备了 1 条扩展插槽，相当于占据 2 条扩展插槽位。在内存插槽方面，ITX 板型只提供了 2 条内存插槽。ITX 板型主板的出现让 PC 实现了超小型目标。

2. 技术信息

主板是连接计算机各个硬件配件的桥梁，随着芯片组技术的不断发展，应用于主板上的新技术也层出不穷。目前，主板上应用的常见技术包括如下。

▶ PCI Express 2.0 技术：PCI Express 2.0 在 1.0 版本基础上进行了改进，将接口速率提升到了 5Gb/s，传输性能也翻了一番。

▶ USB 3.0 技术：USB 3.0 规范提供了十倍于 USB 2.0 规范的传输速度和更高的节能效率。

▶ SATA 2 接口技术：SATA 2 接口技术的主要特征是外部传输率从 SATA 的 150Mb/s 进一步提高到了 300Mb/s。

▶ SATA 3 接口技术：SATA 3 接口技术可以使数据传输速度翻番达到 6Gb/s，同时向下兼容旧版规范 SATA Revision 2.6。如下图所示为 SATA 2 和 SATA 3 接口。

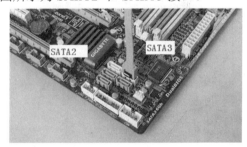

3. 主要品牌

品牌主板的特点包括研发能力强、有技术创新、新品推出速度快、产品线齐全、高端产品非常过硬。目前，市场认可度最高的是以下 4 个品牌。

▶ 华硕(ASUS)：全球第一大主板制造商，也是公认的主板第一品牌，在很多用户的心目中已经属于一种权威的象征；同时其价格也是同类产品中最高的。

> 微星(msi)：主板产品的出货量位居世界前五，于 2009 年改革后的微星在高端产品中非常出色，使用 SFC 铁素电感，CPU 供电使用钽电容以及低温的一体式 MOS 管，俗称"军规"主板，超频能力大有提升。

> 技嘉(GIGABYTE)：一贯以"堆料王"闻名，但绝非华而不实，从高端至低端用料十足，低端价格合理，高端的刺客枪手系列创新不少，集成了比较高端的声卡和"杀手"网卡，但是在主板固态电容和全封闭电感普及的时代，技嘉从一开始打着全固态和"堆料王"主板的旗号，渐渐开始走下坡路。

GIGABYTE®

> 华擎(ASRock)：过去曾是华硕的分厂，如今早已跟华硕分家，所以在产品线上也不受限制，拥有华硕的设计团队的华擎，推出了费特拉提和面向极限玩家的中高端系列主板。

ASRock

2.2.2 主板的硬件结构

主板一般采用开放式的结构，其正面包含多种扩展插槽，用于连接各种元器件。了解主板的硬件结构，有助于用户根据主板的插槽配置情况来决定计算机其他硬件(如 CPU、显卡)的选购。

下面分别介绍主板上各部分元器件的功能。

1. CPU 插槽

CPU 插槽是用于将 CPU 与主板连接的接口。CPU 经过多年的发展，其所采用的接口方式有针脚式、卡式、触电式和引脚式。目前主流 CPU 的接口都是针脚式接口，并且不同的 CPU 使用不同类型的 CPU 插槽。下面将介绍 Intel 公司和 AMD 公司生产的 CPU 所使用的插槽。

> LGA 1151 插槽：目前采用 LGA 1151 接口的有 Core i3、i5、i7 6XXX/7XXX 处理器，奔腾 G4560、G4600、G4620 处理器，赛扬 G3950、G3930 处理器。

> LGA 2011 插槽：LGA 2011 又称 SocketR，是 Sandy Bridge-E 和 Ivy Bridge-E 的一种架构。处理器最高可达八核。

> AM4 插槽：AM4 插槽是 AMD 的 CPU 插槽，使用 uOPGA 针脚，针脚总数量

高达 1331 个。增加对于 DDR4、USB 3.1 和 PCI-E 3.0 更多通道的支持。

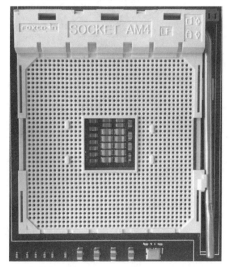

2. 内存插槽

计算机内存所支持的内存种类和容量都由主板上的内存插槽决定。内存通过其金手指(金黄色导电触片)与主板连接，内存条正反两面都带有金手指。金手指可以在两面提供不同的信号，也可以提供相同的信号。目前，常见主板都带有 4 条以上的内存插槽。

3. 北桥芯片

北桥芯片(North Bridge)是主板芯片组中起主导作用的最重要的组成部分，也称为主桥(Host Bridge)。北桥芯片是主板上离 CPU 最近的芯片，这主要是因为考虑到北桥芯片与处理器之间的通信最密切，为了提高

通信性能而缩短传输距离。

4. 南桥芯片

南桥芯片(South Bridge)也是主板芯片组的重要组成部分，一般位于主板上离 CPU 插槽较远的下方，在 PCI 插槽的前面，采用这种布局是考虑到它所连接的 I/O 总线较多，离处理器远一点有利于布线。相对于北桥芯片来说，通信量并不算大，所以南桥芯片一般都没有覆盖散热片，但现在高档主板的南桥芯片也覆盖散热片。南桥芯片不与处理器直接相连，而是通过一定的方式与北桥芯片相连。

5. 其他芯片

芯片组是主板的核心组成部分，它决定了主板性能的好坏与级别的高低，是"南桥芯片"与"北桥芯片"的统称。但除此之外，在主板上还有用于其他协调作用的芯片(第三方芯片)，如集成网卡芯片、集成声卡芯片以及时钟发生器等。

➤ 集成网卡芯片：集成网卡芯片是指整合了网络功能的主板上集成的网卡芯片。在主板的背板上也有相应的网卡接口(RJ-45)，该接口一般位于音频接口或 USB 接口附近。

➤ 集成声卡芯片：现在的主板基本上都集成了音频处理功能，大部分新装计算机的用户均使用主板自带声卡。声卡一般位于主板 I/O 接口附近，最为常见的板载声卡就是 Realtek 的声卡产品，名称多为 ALC

XXX，后面的数字代表这个声卡芯片所支持声道的数量。

▶ 时钟发生器：时钟发生器在主板上靠近内存插槽的一块芯片，能在芯片右边找到 ICS 字样的就是时钟发生器，该芯片上最下面的一行字显示了型号。

6. PCI-Express 插槽

PCI-Express 是常见的总线和接口标准，有多种规格，从 PCI-Express 1X 到 PCI-Express 16X，能满足现在和将来一定时间内出现的低速设备和高速设备的需求。

7. SATA 接口

SATA 是 Serial ATA 的缩写，表示串行 ATA，是一种完全不同于并行 ATA 的新型硬盘接口类型(因采用串行方式传输数据而得名)。

与并行 ATA 相比，SATA 总线使用嵌入式时钟信号，具备更强的纠错能力。

8. 电源插座

电源插座是主板上连接电源的接口，负责为 CPU、内存、芯片组和各种接口卡提供电源。目前，常见主板所使用的电源插座都具有防插错结构。

9. I/O(输入输出)接口

计算机的输入输出接口是 CPU 与外部设备之间交换信息的连接电路。它们通过总线与 CPU 相连，简称 I/O 接口。I/O 接口分为总线接口和通信接口两类。

▶ 当需要外部设备或用户电路与 CPU 之间进行数据、信息交换以及控制操作时，应把外部设备和用户电路连接起来，这时就需要使用总线接口。

▶ 当计算机系统与其他系统直接进行数字通信时使用通信接口。

常见主板上的 I/O 接口至少有以下几种。

➤ PS/2 接口：PS/2 接口分为 PS/2 键盘接口和 PS/2 鼠标接口，并且这两种接口完全相同。为了区分 PS/2 键盘接口和 PS/2 鼠标接口，PS/2 键盘接口采用蓝色显示，而 PS/2 鼠标接口则采用绿色显示。

➤ VGA 接口：VGA 接口是计算机连接显示器的最主要接口。

➤ USB 接口：通用串行总线(Universal Serial Bus，USB)是计算机连接外部装置的一种串口总线标准，在计算机上使用广泛，几乎所有的计算机主板上都配置了 USB 接口。USB 接口标准的版本有 USB 1.0、USB 2.0 和 USB 3.0。

➤ 网卡接口：网卡接口通过网络控制器可以使用网线连接至 LAN 网络。

➤ 音频信号接口：集成了声卡芯片的主板上有音频信号接口，通过不同的音频信号接口，可以将计算机与不同的音频输入输出设备(如耳机、麦克风等)相连。

2.2.3　主板的性能指标

主板是计算机硬件系统的平台，其性能直接影响到计算机的整体性能。因此，用户在选购主板时，除了应了解其技术信息和硬件结构以外，还必须充分了解自己所选购主板的性能指标。

下面将分别介绍主板的几个主要性能指标。

➤ 所支持 CPU 的类型与频率范围：CPU 插槽类型的不同是区分主板类型的主要标志之一。尽管主板型号众多，但总的结构是类似的，只是在诸如 CPU 插槽或其他细节上有所不同。现在市面上主流的主板 CPU 插槽分 AM2、AM3 以及 LGA 775 等几类，它们分别与对应的 CPU 匹配。

➤ 对内存的支持：目前主流内存均采用 DDR3 技术，为了能发挥内存的全部性能，主板同样需要支持 DDR3 内存。此外，内存插槽的数量可用来衡量一块主板以后

升级的潜力。如果用户想要以后通过添加硬件升级计算机，则应选择至少有 4 个内存插槽的主板。

➤ 主板芯片组：主板芯片组是衡量主板性能的重要指标之一，它决定了主板所能支持的 CPU 种类、频率以及内存类型等。目前主要的主板芯片组有 Intel 芯片组、AMD-ATI 芯片组、VIA(威盛)芯片组以及 nVIDIA 芯片组。

➤ 对显卡的支持：目前主流显卡均采用 PCI-E 接口，如果用户要使用两块显卡组成 SLI 系统，则主板上至少需要两个 PCI-E 接口。

➤ 对硬盘与光驱的支持：目前主流硬盘与光驱均采用 SATA 接口，因此用户要购买的主板至少应有两个 SATA 接口。考虑到以后计算机的升级，推荐选购的主板应至少具有 4~6 个 SATA 接口。

➤ USB 接口的数量与传输标准：由于 USB 接口使用起来十分方便，因此越来越多的计算机硬件与外部设备都采用 USB 方式与计算机连接，如 USB 鼠标、USB 键盘、USB 打印机、U 盘、移动硬盘以及数码相机等。为了让计算机能同时连接更多的设备，发挥更多的功能，主板上的 USB 接口应越多越好。

➤ 超频保护功能：现在市面上的一些主板具有超频保护功能，可以有效地防止用户由于超频过度而烧毁 CPU 和主板。例如，Intel 主板集成了 Overclocking Protection(超频保护)功能，只允许用户"适度"调整芯片运行频率。

2.2.4　主板的选购常识

用户在了解了主板的主要性能指标后，即可根据自己的需求选择一款合适的主板。下面将介绍在选购主板时，应注意的一些常识问题，为用户选购主板提供参考。

➤ 注意主板电池的情况：电池是为保持 CMOS 数据和时钟的运转而设计的。"掉

电"就是指电池没电了,不能保持 CMOS 数据,关机后时钟也不走了。选购时,应观察电池是否生锈、漏液。

▶ 观察芯片的生产日期:计算机的速度不仅取决于 CPU 的速度,同时也取决于主板芯片组的性能。如果各芯片的生产日期相差较大,用户就要注意。

▶ 观察扩展槽插的质量:一般来说,方法是先仔细观察槽孔内弹簧片的位置和形状,再把卡插入槽中,之后拔出;然后,观察此刻槽孔内弹簧片的位置和形状是否与原来相同,若有较大偏差,则说明该插槽

的弹簧片弹性不好,质量较差。

▶ 查看主板上的 CPU 供电电路:在采用相同芯片组时判断一块主板的好坏,最好的方法就是看供电电路的设计。就 CPU 供电部分来说,采用两相供电设计会使供电部分时刻处于高负载状态,严重影响主板的稳定性与使用寿命。

▶ 观察用料和制作工艺:通常主板的 PCB 板一般是 4~8 层的结构,优质主板一般都会采用 6 层以上的 PCB 板,6 层以上的 PCB 板具有良好的电气性能和抗电磁性。

2.3 选购内存

内存是计算机的记忆中心,用于存储当前计算机运行的程序和数据。内存容量的大小是衡量计算机性能高低的指标之一,内存质量的好坏也对计算机的稳定运行起着非常重要的作用。

2.3.1 内存简介

内存又称为主存,它是 CPU 能够直接寻址的存储空间,由半导体器件制成,最大的特点是存取速率快。内存是计算机中的主要部件,这是相对于外存而言的。

用户在日常工作中利用计算机处理的程序(如 Windows 操作系统、打字软件、游戏软件等),一般都是安装在硬盘等计算机外存上的,但外存中的程序,计算机是无法使用其功能的,必须把程序调入内存中运行,才能真正使用其功能。用户在利用计算机输入一段文字(或玩一个游戏)时,都需要在内存中运行一段相应的程序。

1. 常见类型

目前,市场上常见的内存,根据芯片类型划分,可以分为 DDR、DDR2、DDR3、DDR4 几种类型,其各自的特点如下。

▶ DDR:DDR 的全称是 DDR SDRAM。目前,DDR 内存的运行频率主要有 100MHz、133MHz、166MHz 这 3 种。由于 DDR 内存具有双倍速率传输数据的特性,因此在 DDR 内存的标识上采用了工作频率×2 的方法,也就是 DDR200、DDR266、DDR333 和 DDR400。

➤ DDR2：DDR2(Double Data Rate 2)SDRAM 是由 JEDEC 进行开发的内存技术标准，它与上一代 DDR 内存技术标准最大的不同就是，虽然都采用了在时钟的上升/下降沿同时进行数据传输的基本方式，但 DDR2 内存却拥有两倍于上一代 DDR 内存的预读取能力。换句话说，DDR2 内存每个时钟能够以 4 倍于外部总线的速度读/写数据，并且能够以相当于内部控制总线 4 倍的速度运行。

➤ DDR3：DDR3 SDRAM 为了更省电、传输效率更快，使用了 SSTL 15 的 I/O 接口，运作 I/O 电压是 1.5V，采用 CSP、FBGA 封装方式包装，除了延续 DDR2 SDRAM 的 ODT、OCD、Posted CAS、AL 控制方式外，另外新增了更为精进的 CWD、Reset、ZQ、SRT、RASR 功能。DDR3 内存是目前市场上流行的主流内存。

➤ DDR4：DDR4 内存将会拥有两种规格。其中，使用 Single-Ended Signaling 信号的 DDR4 内存的传输速率已经被确认为 1.6~3.2Gb/s，而基于差分信号技术的 DDR4 内存的传输速率可以达到 6.4Gb/s。由于通过一个 DRAM 实现两种接口基本上是不可能的，因此 DDR4 内存将会同时存在基于传统 SE 信号和差分信号的两种规格产品。

2. 技术信息

内存的主流技术随着计算机技术的发展而不断发展，与主板、CPU 一样，新的技术不断出现。因此，用户在选购内存时，应充分了解当前的主流内存技术信息。

➤ 双通道内存技术：双通道内存技术其实是一种内存控制和管理技术，它依赖于芯片组的内存控制器发生作用，在理论上能够使两条同等规格的内存所提供的带宽增长一倍。双通道内存主要依靠主板上北桥芯片的控制技术，与内存本身无关。目前支持双通道内存技术的主板有 Intel 的 i865 和 i875 系列，SIS 的 SIS655、658 系列，NVIDIAD 的 nForce 2 系列等。

➤ 内存封装技术：内存封装技术是指将内存芯片包裹起来，以避免芯片与外界接触，防止外界对芯片造成损害(空气中的杂质和不良气体，乃至水蒸气都会腐蚀芯片上的精密电路，进而造成电学性能下降)。目前，常见的内存封装类型有 DIP 封装、TSOP 封装、CSP 封装、BGR 封装等。

2.3.2　内存的硬件结构

内存主要由内存芯片、PCB 板、金手指、固定卡口和金手指缺口等几个部分组成。从外观上看，内存是一块长条形的电路板。

➤ 内存芯片：内存的芯片颗粒就是内存的核心。内存的性能、速度、容量都与内存芯片密切相关。如今市场上有许多种类的内存，但内存颗粒的型号并不多，常见的有 HY(现代)、三星和英飞凌等。三星内存芯片以出色的稳定性和兼容性知名，HY 内存芯片多为低端产品采用，英飞凌内存芯片在超频方面表现出色。

➤ PCB 板：以绝缘材料为基板加工成一定尺寸的板，为内存的各电子元器件提供固定、装配时的机械支撑，可实现电子元器件之间的电气连接或绝缘。

➤ 金手指：内存与主板内存槽接触部分的一根根黄色接触点，用于传输数据。金手指是铜质导线，使用时间一长就可能出现氧化现象，进而影响内存的正常工作，容易发生无法开机的故障。所以可以每隔一年左右时间用橡皮擦清理一下金手指上的氧化物。

➢ 固定卡口：内存插到主板上后，主板上的内存插槽会有两个夹子牢固地扣住内存两端，这两个夹子便是用于固定内存的固定卡口。

➢ 金手指缺口：金手指上的缺口用来防止将内存插反。只有安装正确，才能将内存插入主板的内存插槽中。

2.3.3 内存的性能指标

内存的性能指标是反映内存优劣的重要参数，主要包括内存容量、内存主频、工作电压、存取时间、延迟时间、数据位宽和内存带宽等。

➢ 内存容量：内存最主要的一个性能指标就是内存容量，普通用户在购买内存时往往也最关注该性能指标。目前市场上主流的内存容量为2GB和4GB。

➢ 内存主频：内存主频和CPU主频一样，习惯上被用来表示内存的速度，代表着该内存所能达到的最高工作频率。内存主频是以MHz为单位计量的。内存主频越高，在一定程度上代表着内存所能达到的速度越快。内存主频决定着该内存最高能在什么样的频率下正常工作。目前市场上常见的DDR 2内存的主频为667MHz和800MHz，DDR 3内存的主频为1066 MHz、1333MHz和2000MHz。

➢ 工作电压：内存的工作电压是指使内存在稳定条件下工作所需要的电压。内存正常工作所需要的电压值，对于不同类型的内存会有所不同，但各自均有自己的规格，超出其规格，容易造成内存损坏。内存的工作电压越低，功耗越小。目前一些DDR 3内存的工作电压已经降到1.5V。

➢ 存取时间：存取时间(AC)指的是CPU读取或写入内存中资料的时间，也称总

线循环(Bus Cycle)。以读取为例，CPU发出指令给内存时，便会要求内存取用特定地址的特定资料，内存响应CPU后便会将CPU所需要的数据传送给CPU，一直到CPU收到数据为止，这就是一个读取的过程。内存的存取时间越短，速度越快。

➢ 延迟时间：延迟时间(CL)是指纵向地址脉冲的反应时间。延迟时间越短，内存性能越好。

➢ 数据位宽和内存带宽：数据位宽指的是内存在一个时钟周期内可以传送的数据长度，其单位为位(bit)。内存带宽则指的是内存的数据传输率。

2.3.4 内存的选购常识

选购性价比较高的内存对于计算机的性能起着至关重要的作用。用户在选购内存时，应了解以下几个选购常识。

➢ 检查SPD芯片：SPD可谓内存的"身份证"，它能帮助主板快速确定内存的基本情况。在现今高外频的时代，SPD的作用更大，兼容性差的内存大多是没有SPD或SPD信息不真实的产品。另外，有一种内存虽然有SPD，但使用的是报废的SPD，所以用户可以看到这类内存的SPD根本没有与线路连接，只是被孤零零地焊在PCB板上。建议不要购买这类内存。

➢ 检查PCB板：PCB板的质量也是一个很重要的决定因素，决定PCB板好坏的有好几个因素，如板材。一般情况下，如果内存使用4层板，这种内存在工作过程中因信号干扰而产生的杂波就很大，有时会产生不稳定的现象。而使用6层板设计的内存，

相应的干扰就会小得多。

➤ 检查内存金手指：内存金手指部分应较光亮，没有发白或发黑的现象。如果内存的金手指存在色斑或氧化现象的话，内存肯定有问题，建议不要购买。

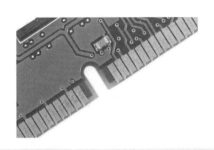

2.4 选购显卡

显卡是主机与显示器之间连接的"桥梁"，作用是控制计算机的图形输出，负责将 CPU 送来的影像数据处理成显示器可以识别的格式，再送到显示器形成图像。本节将详细介绍选购显卡的相关知识。

2.4.1 显卡简介

显卡是计算机中处理和显示数据、图像信息的专门设备，是连接显示器和计算机主机的重要部件。显卡包括集成显卡和独立显卡，集成显卡是集成在主板上的显示元件，依靠主板和 CPU 进行工作；而独立显卡拥有独立处理图形的处理芯片和存储芯片，可以不依赖 CPU 工作。

1. 常见类型

显卡的发展速度极快，从 1981 年单色显卡的出现到现在各种图形加速卡的广泛应用，类别多种多样，所采用的技术也各不相同。一般情况下，可以按照显卡的构成形式和接口类型进行区别，划分为以下几种类型。

➤ 按照显卡的构成形式划分：按照显卡的构成形式的不同，可以将显卡分为独立显卡和集成显卡两种类型。独立显卡指的是以独立板卡形式出现的显卡，如下图所示。集成显卡则指的是主板在整合显卡芯片后，由主板承载的显卡，又被称为板载显卡。

➤ 按照显卡的接口类型划分：按照显卡的接口类型，可以将显卡划分为 AGP 接口显卡、PCI-E 接口显卡两种。其中，PCI-E 接口显卡为目前的主流显卡，如下图所示。AGP 接口的显卡已逐渐被淘汰。

2. 性能指标

衡量一块显卡的好坏有很多种方法，除了使用测试软件测试比较外，还有很多性能指标可以供用户参考，具体如下。

➤ 显示芯片的类型：显卡所支持的各种 3D 特效由显示芯片的性能决定。显示芯片相当于 CPU 在计算机中的作用，一块显卡采用何种显示芯片大致决定了这块显卡的档次和基本性能。目前，主流显卡的显示芯片主要由 nVIDIA 和 ATI 两大厂商制造。

➤ 显存容量：现在主流显卡基本上具备的是 2GB 显存容量，一些中高端显卡配备了 6GB 的显存容量。显存与系统内存一样，容量越多越好，因为显存越大，可以存储的图像数据就越多，支持的分辨率与颜色数也就越高，游戏运行起来就越流畅。

➤ 显存带宽：显存带宽是显示芯片与显存之间的桥梁，显存带宽越大，则显示芯片与显存之间的通信就越快捷。显存带宽的单位为：字节/秒。显存带宽与显存的位宽及速度(也就是工作频率)有关了。最终得出结论：显存带宽=显存位宽×显存频率/8。显存的速度一般以 ns 为单位，常见的有 6ns、5.5ns、5ns、4ns、3.8ns，直至 1.8ns。

➤ 显存频率：常见显卡的显存类型多为 DDR3，不过已经有不少显卡品牌推出 DDR5 类型的显卡(与 DDR3 相比，DDR5 显卡拥有更高的频率，性能也更加强大)。

2.4.2 显卡的选购常识

在选购显卡时，首先应该根据计算机的主要用途确定显卡的价位，然后结合显示芯片、显存、做工和用料等因素进行综合选择。

➤ 按需选购：对用户而言，最重要的是针对自己的实际预算和具体应用来决定购买何种显卡。用户一旦确定自己的具体需求，购买的时候就可以轻松做出正确的选择。一般来说，按需选购是配置计算机配件的一条基本法则，显卡也不例外。因此，在决定购买之前，一定要了解自己购买显卡的主要目的。高性能的显卡往往相对应的是高价格，而且显卡也是配件当中更新比较快的产品，所以在价格与性能间寻找适于自己的平衡点才是显卡选购的关键所在。

➤ 查看显卡的字迹说明：质量好的显卡，其显存上的字迹即使已经磨损，但仍然可以看到刻痕。所以，在购买显卡时可以用橡皮擦擦拭显存上的字迹，看看字体擦过之后是否还存在刻痕。

➤ 观察显卡的外观：一款好的显卡用料足，焊点饱满，做工精细，其 PCB 板、线路、各种元件的分布比较规范。

➤ 软件测试：通过软件测试，可以大大降低购买到伪劣显卡的风险。通过安装正版的显卡驱动程序，然后观察显卡实际的数

值是否和显卡标称的数值一致，如不一致就表示此显卡为伪劣产品。另外，可通过一些专门的检测软件检测显卡的稳定性，劣质显卡显示的画面就有很大的停顿感，甚至造成死机。

➤ 不盲目追求显存大小：大容量显存对高分辨率、高画质游戏是十分重要的，但并不是显存容量越大越好，一块低端的显示芯片配备 4GB 的显存容量，除了大幅度提升显卡价格外，显卡的性能提升并不显著。

➤ 显卡所属系列：显卡所属系列直接关系显卡的性能，如 NVIDIA Geforce 系列、ATI 的 X 与 HD 系列等。系列越新，功能越强大，支持的特效也更多。

➤ 优质风扇与散热管：显卡性能的提高，使得其发热量也越来越大，所以选购一块带有优质风扇与散热管的显卡十分重要。显卡散热能力的好坏直接影响到显卡工作的稳定性与超频性能的高低。

➤ 查看主芯片：在主芯片方面，有的冒牌货利用其他公司的产品以及同公司的低端芯片来冒充高端芯片。这种方法比较隐蔽，较难分别，只有查看主芯片有无打磨痕迹，才能区分。

2.5 选购硬盘

硬盘是计算机的主要存储设备，是计算机存储数据资料的仓库。此外，硬盘的性能也影响到计算机整机的性能，关系到计算机处理硬盘数据的速度与稳定性。本节将详细介绍选购硬盘时应注意的相关知识。

2.5.1 硬盘简介

硬盘(Hard Disk Drive，HDD)是计算机非易失性存储设备。主要分为固态硬盘和机械硬盘两种。

机械硬盘在平整的磁性表面存储和检索数字数据。信息通过离磁性表面很近的写头，由电磁流通过改变极性的方式写到磁盘上。信息可以通过相反的方式回读。例如，磁场导致线圈中电气的改变或读头经过它的上方。早期的硬盘存储媒介是可替换的，不过现在市场上常见的硬盘采用固定的存储媒介(固态硬盘)。

1. 常见的接口类型

硬盘根据其数据接口类型的不同可以分为 IDE 接口、SATA 接口、SATA II 接口、SCSI 接口、光纤通道和 SAS 接口等几种，各自的特点如下。

➤ IDE(ATA)接口：IDE(Integrated Drive Electronics，电子集成驱动器)接口俗称 PATA 并口。

➤ SATA 接口：使用 SATA(Serial ATA)接口的硬盘又称为串口硬盘。

➤ SATA II 接口：SATA II 是芯片生产商 Intel 与硬盘生产商 Seagate(希捷)在 SATA 的基础上发展起来的。其主要特征是外部传输率从 SATA 的 150Mb/s 进一步提高到了 300Mb/s。此外，还包括 NCQ(Native Command Queuing，原生命令队列)、端口多路器(Port Multiplier)、交错启动(Staggered Spin-up)等一系列技术特征。

➤ SATA III 接口：串行 ATA 国际组织 (SATA-IO)在 2009 年 5 月份发布的新版规范，主要特征是传输速度翻番，达到 6Gb/s，同时向下兼容旧版规范。

➤ SCSI 接口：SCSI 是与 IDE(ATA)和 SATA 完全不同的接口，IDE 接口与 SATA 接口是普通计算机的标准接口，而 SCSI 接口并不是专门为硬盘设计的接口，它是一种被广泛应用于小型机的高速数据传输技术。

➤ 光纤通道：和 SCIS 接口一样，光纤通道最初也不是为硬盘设计开发的接口技术，而是专门为网络系统设计的，但随着存储系统对速度的需求越来越高，才逐渐应用到硬盘系统中。光纤通道的出现大大提高了多硬盘系统的通信速度。

➤ SAS 接口：这是新一代的 SCSI 技术，和 SATA 硬盘相同，都采取串行式技术以获得更高的传输速度，可达到 6Gb/s。

> **知识点滴**
>
> 固态硬盘由控制单元和存储单元(FLASH 芯片)组成，简单来说就是用固态电子存储芯片阵列而制成的硬盘，固态硬盘的接口规范、定义、功能及使用方法与普通硬盘完全相同。在产品外形和尺寸上也完全与普通硬盘一致，包括 3.5 寸，2.5 寸，1.8 寸多种类型。由于固态硬盘没有普通硬盘的旋转介质，因而抗振性极佳，同时工作温度很宽，固态硬

盘可工作在-45℃~+85℃环境中。可广泛应用于军事、车载、工控等领域。

2. 性能指标

硬盘作为计算机最主要的外部存储设备,其性能也直接影响着计算机的整体性能。判断硬盘性能的主要标准有以下几个。

▷ 容量:容量是硬盘最基本、也是用户最关心的性能指标之一。硬盘容量越大,能存储的数据也就越多。对于现在动辄数 GB 安装大小的软件而言,选购一块大容量的硬盘是非常有必要的。目前,市场上主流硬盘的容量大于 500GB,并且随着更大容量硬盘价格的降低,TB 硬盘也开始被普通用户接受(1TB=1024GB)。

▷ 主轴转速:硬盘的主轴转速是决定硬盘内部数据传输率的决定因素之一,它在很大程度上决定了硬盘的速度,同时也是区别硬盘档次的重要标志。目前,主流硬盘的主轴转速为 7200rpm,建议用户不要购买更低转速的硬盘,否则该硬盘将成为整个计算机系统性能的瓶颈。

▷ 平均延迟(潜伏时间):平均延迟是指当磁头移动到数据所在的磁道后,等待想要的数据块继续转动到磁头下所需的时间。平均延迟越小,代表硬盘读取数据的等待时间越短,相当于具有更高的硬盘数据传输率。7200rpm IDE 硬盘的平均延迟为 4.17ms。

▷ 单碟容量:单碟容量(Storage Per Disk)是硬盘相当重要的参数之一,一定程度上决定着硬盘的档次高低。硬盘是由多个存储碟片组合而成的,而单碟容量就是一个磁盘存储碟片所能存储的最大数据量。目前单碟容量已经达到 2TB,这项技术不仅仅可以带来硬盘总容量的提升,还能在一定程度上节省产品成本。

▷ 外部数据传输率:外部数据传输率也称突发数据传输率,是指从硬盘缓冲区读取数据的速率。在广告或硬盘特性表中常以数

据接口速率代替,单位为 Mb/s。目前主流的硬盘已经全部采用 UDMA/100 技术,外部数据传输率可达 100Mb/s。

▷ 最大内部数据传输率:最大内部数据传输率(Internal Data Transfer Rate)又称持续数据传输率(Sustained Transfer Rate),单位为 Mb/s。它指磁头与硬盘缓存间的最大数据传输率,取决于硬盘的盘片转速和盘片数据线密度(指同一磁道上的数据间隔度)。

▷ 连续无故障时间:连续无故障时间(MTBF)是指硬盘从开始运行到出现故障的最长时间,单位是小时(h)。一般的硬盘,MTBF 至少在 30 000 小时以上。这项指标在一般的产品广告或常见的技术特性表中并不提供,需要时可专门上网到具体生产硬盘的公司网站中查询。

▷ 硬盘表面温度:表示在硬盘工作时产生的温度使硬盘密封壳温度上升的情况。

2.5.2 硬盘的硬件结构

一般的机械硬盘由一个或多个铝制或者玻璃制的碟片组成。这些碟片外覆盖有铁磁性材料。绝大多数硬盘都是固定硬盘,被永久性地密封固定在硬盘驱动器中。从外部看,机械硬盘的外部结构包括正面和后侧两部分,其各自的结构特征如下。

▷ 硬盘正面是硬盘编号标签,上面记录着硬盘的序列号、型号等信息。

▷ 硬盘后侧则是电源、跳线和数据线的接口面板,目前主流的硬盘接口均为 SATA 接口。

电路板
硬盘跳线
电源接口
SATA 接口

固态硬盘是用固态的电子存储芯片阵列制作而成的硬盘。固态硬盘存储介质现在一般用的是 Flash 芯片，另外一种 DRAM 现在用得比较少。区别于机械硬盘由磁盘、磁头等机械部件构成，整个固态硬盘无机械装置，全部是由电子芯片及电路板组成。

2.5.3　主流的硬盘品牌

目前，市场上主要的硬盘生产厂商有希捷、西部数据、东芝、戴尔以及日立等。

1. 希捷(Seagate)

希捷硬盘是市场占有率最高的硬盘，以"物美价廉"而在消费者群体中有很好的口碑。

2. 西部数据(Western Digtal)

西部数据硬盘凭借着大缓存的优势，在

硬盘市场中有着不错的性能表现。

3. 东芝(TOSHIBA)

东芝是日本最大的半导体制造商，也是第二大综合电机制造商，隶属三井集团，主要生产移动存储产品。

4. 戴尔(DELL)

戴尔以生产、设计、销售家用以及办公室电脑而闻名，不过同时也涉足高端电脑市场，生产与销售服务器、数据储存设备、网络设备等。

除了普及使用的机械硬盘外，最近发展迅

猛的固态硬盘品牌也开始占领传统硬盘的市场，比较有名的有三星、闪迪、英睿达、东芝、金士顿等固态硬盘。

2.5.4 硬盘的选购常识

在介绍了硬盘的一些相关知识后，下面将介绍选购硬盘的一些技巧，帮助用户选购一块适合自己的硬盘。

➤ 容量尽可能大：硬盘的容量是非常关键的，大多数被淘汰的硬盘都是因为容量不足，不能适应日益增长的海量数据的存储需求。硬盘的容量再大也不为过，应尽量购买大容量硬盘，因为容量越大，硬盘上单位存储介质的成本越低，也就降低了使用成本。

➤ 稳定性：硬盘的容量变大了，转速加快了，稳定性的问题越来越明显。所以在选购硬盘之前，要多参考一些权威机构的测试数据，对那些不太稳定的硬盘不要选购。在硬盘的数据和振动保护方面，各个厂商都有一些相关的技术给予支持，常见的保护措施有希捷的 DST(Drive Self Test)、西部数据的 Data Life Guard 等。

➤ 缓存：大缓存的硬盘在存取零碎数据时具有非常大的优势，将一些零碎的数据暂存在缓存中，既可以减小系统的负荷，又能提高硬盘数据的传输速度。

➤ 注意观察硬盘配件与防伪标识：用户在购买硬盘时应注意不要购买水货，水货硬盘与行货硬盘最大的直观区别就是有无包装盒。此外，还可以通过国内代理商的保修标贴和硬盘顶部的防伪标识来确认。

2.6 选购光驱

光驱的主要作用是读取光盘中的数据，而刻录光驱还可以将数据写入光盘中保存。目前，由于主流 DVD 刻录光驱的价格普遍已不到 200 元，与普通 DVD 光驱相比在价格上已经没有太大差别。因此，越来越多的用户在装机时首选 DVD 刻录光驱。

2.6.1 光驱简介

光驱也称为光盘驱动器，是一种读取光盘信息的设备。

光盘存储容量大、价格便宜、保存时间长并且适宜保存大量的数据，如声音、图像、动画、视频信息等，所以光驱是电脑不可缺少的硬件配置。

1. 常见类型

光驱按其所能读取的光盘类型分为 CD 光驱和 DVD 光驱、蓝光光驱等。

➤ CD 光驱：CD 光驱只能读取 CD/VCD 光盘，而不能读取 DVD 光盘。

➤ DVD 光驱：DVD 光驱既可以读取 DVD 光盘，也可以读取 CD/VCD 光盘。

➤ 蓝光光驱：既能读取蓝光光盘，也能向下兼容 DVD、VCD、CD 等格式。

光驱按读写方式又可分为只读光驱和可读写光驱。

➤ 只读光驱：只有读取光盘上数据的功能，而没有将数据写入光盘的功能。

➤ 可读写光驱：又称为刻录机，既可

以读取光盘上的数据，也可以将数据写入光盘(这张光盘应该是一张可写入光盘)。

光驱按其接口方式可分为 ATA/ATAPI 接口、SCSI 接口、SATA 接口、USB 接口、IEEE 1394 接口光驱等。

➤ ATA/ATAPI 接口光驱：ATA/ATAPI 接口也称为 IDE 接口，和 SCSI 接口与 SATA 接口一起，经常作为内置式光驱采用的接口。

➤ SCSI 接口光驱：SCSI 接口光驱因为需要专用的 SCSI 卡配套使用，所以一般计算机都采用 IDE 接口或 SATA 接口。

➤ SATA 接口光驱：SATA 接口光驱通过 SATA 数据线与主板相连，是目前常见的内置光驱类型。

➤ USB 接口、IEEE 1394 接口和并行接口光驱：USB 接口、IEEE 1394 接口和并行接口光驱一般为外置光驱。

2. 技术信息

为了能赢取更多用户的青睐，光驱厂商推出了一系列的个性化与安全性新技术，让刻录光驱拥有更强大的功能。

➤ 光雕技术：光雕技术是一项用于直接刻印碟片表面的技术，通过支持光雕技术的刻录光驱和配套软件，可以在光雕专用光盘的标签面上刻出高品质的图案和文字，实现光盘的个性化设计、制作、刻录。

➤ 第 3 代蓝光刻录技术：蓝光(Blue-Ray)是由索尼、松下、日立、先锋、夏普、LG 电子、三星等电子巨头共同推出的新一代 DVD 光盘标准。目前，第 3 代蓝光刻录光驱已经面世，实现了 8 倍速大容量高速刻录，支持 25GB、50GB 蓝光格式光盘的刻录和读取，以及最新的 BD-R LTH 蓝光格式。

➤ 24X 刻录技术：目前主流内置 DVD 刻录光驱的速度为 20X 与 22X。不过 DVD 刻录的速度一直是各大光驱厂商竞争的指标之一。目前，目前 CD-ROM 最快达到 52X；DVD-ROM 最快达到 24X，刻录机最快也达到 52X。

2.6.2　光驱的性能指标

光驱的各项指标是判断光驱性能的标准，这些指标包括：数据传输率、平均寻道时间、数据传输模式、缓存容量、接口类型等。下面将介绍这些指标的作用。

➤ 数据传输率：数据传输率是光驱最基本的性能指标，表示光驱每秒能读取的最大数据量。数据传输率又可细分为读取速度与刻录速度。目前，主流 DVD 光驱的读取速度为 16X，DVD 刻录光驱的刻录速度为 20X 与 22X。

➤ 平均寻道时间：平均寻道时间又称为平均访问时间，是指光驱的激光头从初始位置移到指定数据扇区，并把该扇区上的第一块数据读入高速缓存所用的时间。平均寻道时间越短，光驱性能越好。

➤ CPU 占用时间：CPU 占用时间是指光驱在维持一定的转速和数据传输速率时占用 CPU 的时间。它是衡量光驱性能的一个重要指标。CPU 的占用时间可以反映光驱的 BIOS 编写能力。CPU 占用时间越少，光驱性能就越好。

➤ 数据传输模式：数据传输模式主要

有早期的 PIO 和现在的 UDMA。对于 UDMA 模式,可以通过 Windows 中的设备管理器打开 DMA,以提高光驱性能。

> 缓存容量:缓存的作用是提供一个数据的缓冲区域,将读取的数据暂时保存,然后一次性进行传输和转换。对于光盘驱动器来说,缓存越大,光驱连续读取数据的性能越好。目前,DVD 刻录光驱的缓存多为 2MB。

> 接口类型:目前,市场上光驱的主要接口类型有 IDE 与 SATA 两种。此外,为了满足一些用户的特殊需要,市面上还有 SCSI、USB 等接口类型的光驱出售。

> 纠错能力:纠错能力指的是光驱读取质量不好或表面存在缺陷的光盘时的纠正能力。纠错能力越强的光驱,读取光盘的能力就越强。

2.6.3 光驱的选购常识

面对众多的光驱品牌,想要从中挑选出高品质的产品不是一件容易的事。本节将介绍一些选购光驱时需要注意的事项,供准备装机的用户参考。

> 不过度关注光驱的外观:一款光驱的外观跟光驱的实际使用没有太多直接的关系。一款前置面板不好看的光驱,并不代表它的性能和功能不好,或者是代表它不好用。如果用户跟着厂商的引导,将选购光驱的重点放在面板上,而忽略产品的性能、功能和口碑,则可能会购买到不合适的光驱。

> 不必过度追求速度和功能:过高的

刻录速度,会提升光驱刻盘失败的概率。对于普通用户来说,刻盘的成功率是很重要的,毕竟一张质量尚可的 DVD 光盘的价格都在 2 元左右,因此不用太在意刻录光驱的速度,毕竟现在主流的刻录光驱速度都在 20X 以上,完全能满足需要。

> 注重光驱的兼容性:很多用户在关注光驱的价格、功能、配置和外观的同时,却忽略了一个相当重要的因素,那就是光驱对光盘的兼容性问题。事实上,有很多用户都以为买了光驱和光盘,拿回去就可以正常使用,不会有什么问题出现。但是,在实际使用中,却会发生光盘不能被光驱读取、刻录,甚至是刻录失败的情况。以上这些情况,其实都可以归纳成光驱对光盘的兼容性不是太好。为了能更好地读取与刻录光盘,重视光驱的兼容性是十分必要的。

> 选择适合的蓝光光驱:到目前为止,蓝光是最先进的大容量光盘格式,BD 激光技术的巨大进步,使用户能够在一张单碟上存储 25GB 的文档文件。这是现有(单碟)DVD 的 5 倍。在技术上,蓝光刻录机系统可以兼容此前出现的各种光盘产品。蓝光产品的巨大容量为高清电影、游戏和大容量数据存储带来了可能和方便。将在很大程度上促进高清娱乐的发展。目前,蓝光技术也得到了世界上 170 多家大的游戏公司、电影公司、消费电子和家用电脑制造商的支持。

2.7 选购电源

在选购计算机时,人们往往只注重显卡、CPU、主板、显示器和声卡等产品,但常常忽视了电源的重要作用。熟悉计算机的用户都知道,电源的好与坏直接关系着系统的稳定与硬件的使用寿命。尤其是在硬件升级换代的今天,虽然工艺上的改进可以降低 CPU 的功率,但是高速硬盘、高档显卡、高档声卡层出不穷,使相当一部分电源不堪重负。因此选择一款牢靠够用的电源是计算机能够稳定使用的基础。本节主要介绍 ATX 电源。

2.7.1 电源的接头

ATX 电源是为计算机供电的设备,作用

是把 220V 的交流电压转换成计算机内部使用的 3.3V、5V、12V、24V 的直流电压。从外观看，ATX 电源有一个方形的外壳，它的一端有很多输出线及接口，另一端有散热风扇。

电源的接头是为不同设备供电的接口，电源的接头主要有主板电源接头、硬盘/光驱电源接头等。

1. 主板电源接头

主板电源接头主要有 24 针接头，如下图所示。

20 针接头如下图所示。

CPU 供电接头专为 CPU 供电而设，如下图所示。

2. 硬盘/光驱电源接头

下图所示为串行接口硬盘和光驱的电源接头。

下图所示为 IDE 接口硬盘和光驱的电源接头。

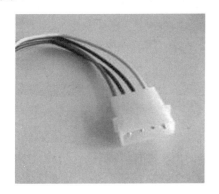

2.7.2　电源的选购常识

选购电源时，需要注意电源的品牌、输入技术指标、安全认证、功率的选择、电源重量、线材和散热孔等，具体如下。

➢ 品牌：目前市场上比较有名的品牌有航嘉、游戏悍将、金河田(如下图所示)、鑫谷、长城机电、百盛、世纪之星以及大水牛等，这些都通过了 3C 认证，用户可放心选购。

▷ **输入技术指标**：输入技术指标有输入电源相数、额定输入电压以及电压的变化范围、频率、输入电流等。一般这些参数及认证标准在电源的铭牌上都有明显的标注。

▷ **安全认证**：安全认证也是一个非常重要的环节，因为它代表着电源达到的质量标准。电源比较有名的认证标准是 3C 认证，它是中国国家强制性产品认证的简称，将 CCEE(长城认证)、CCIB(中国进口电子产品安全认证)和 EMC(电磁兼容认证)三证合一。一般的电源都会符合这个标准，若不符合最好不要选购。

▷ **功率的选择**：虽然现在大功率的电源越来越多，但是并非电源的功率越大就越好，最常见的是 350W 的电源。一般要满足整台计算机的用电需求，最好有一定的功率余量，尽量不要选小功率电源。

▷ **电源重量**：通过重量往往能检测出电源是否符合规格。一般来说，好的电源外壳一般都使用优质钢材，材质好、质厚，所以较重的电源，材质都比较好。电源内部的零件，如变压器、散热片等，同样重的比较好。优质电源使用的应为铝制甚至铜制的散热片，而且体积越大散热效果越好。一般散热片都做成梳状，齿越深，分得越开，厚度越大，散热效果越好。基本上很难在不拆开电源的情况下看清楚散热片，所以直观的办法就是从重量上去判断。优质的电源，一般会增加一些元件，以提高安全系数，所以重量自然会有所增加。劣质电源则会省掉一些电容和线圈，重量就比较轻。

▷ **线材和散热孔**：电源所使用的线材粗细，与它的耐用度有很大的关系。较细的线材，长时间使用，常常会因为过热而烧毁。另外，电源外壳上面或多或少都有散热孔，电源在工作的过程中，温度会不断升高，除了通过电源内附的风扇散热外，散热孔也是加大空气对流的重要设施。原则上电源的散热孔面积越大越好，但是要注意散热孔的位置，位置放对才能使电源内部的热量及早排出。

2.8　选购机箱

机箱作为一个可以长期使用的计算机配件，用户一次性不妨投入更多资金，这样既能取得更好的使用品质，同时也不会因为产品更新换代而出现机箱贬值的情况。即使以后计算机升级换代了，以前的机箱仍可继续使用。

2.8.1　机箱简介

机箱作为计算机配件的一部分，作用是防止计算机受损和固定各个计算机配件，起到承托和保护的作用。此外，机箱还具有屏蔽电磁辐射的作用。计算机的机箱对于其他硬件设备而言，更多的技术体现在改进制作工艺、增加款式品种等方面。市场上大多数机箱厂商在技术方面的改进都体现在内部结构中的一些小地方，如电源、硬盘托架等。

机箱的作用主要有以下 3 个方面。

▷ 机箱提供空间给电源、主板、各种扩展板卡、光盘驱动器、硬盘驱动器等设备，并通过机箱内部的支撑、支架、各种螺丝或卡子、夹子等连接件将这些配件固定在机箱内部，形成一个集约型整体。

▶ 机箱坚实的外壳保护着板卡、电源及存储设备，能防压、防冲击、防尘，并且还能起到防电磁干扰、防辐射的作用，起屏蔽电磁辐射的功能。

▶ 机箱还提供了许多便于使用的面板开光指示灯等，让用户更方便地操作计算机或观察计算机的运行情况。

目前，市场上流行的机箱的主要技术参数有以下几个。

▶ 电源下置技术：电源下置技术就是将电源安装在机箱的下方。现在越来越多的机箱开始采用电源下置的做法，这样可以有效避免处理器附近的热量堆积，加强机箱的散热性能。

▶ 支持固态硬盘：随着固态硬盘技术的出现，一些高端机箱预留了能够安装固态硬盘的位置，方便用户以后对计算机进行升级。

▶ 无螺丝机箱技术：为了方便用户打开机箱盖，不少机箱厂家设计出了无螺丝机箱，无须使用工具便可完成硬件的拆卸和安装。机箱连接大部分采用锁扣镶嵌或手拧螺丝；驱动器的固定采用插卡式结构；而扩展槽位的板卡也使用塑料卡口和金属弹簧片来固定；打开机箱，装卸驱动器、板卡都可以不用螺丝刀，因而加快了操作速度。

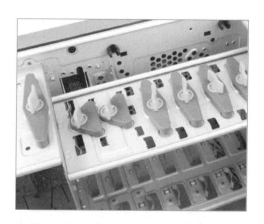

2.8.2　机箱的种类

目前主流的机箱主要为 ATX 机箱，除此之外，还有一种 BTX 机箱。

1. ATX 机箱

现在的主流机箱仍是 ATX 机箱，这种机箱不仅支持 ATX 主板，还可安装 AT 主板和 Micro ATX 主板。在 ATX 结构的机箱中，主板安装在机箱的左上方，并且横向放置，而电源则安装在机箱的右上方，机箱前方的位置则预留给存储设备。但机箱内部的散热器在封闭机箱后散热效果大打折扣。

2. BTX 机箱

BTX 机箱是基于 BTX(Balanced Technology Extended)标准的机箱产品。BTX 是 Intel 定义并引导的桌面计算平台新规范，BTX 机箱与 ATX 机箱最明显的区别就在于把以往只在左侧开启的侧面板改到了右侧。而其他 I/O 接口，也都相应地改到了相反的位置。另外，BTX 机箱支持窄板设计。BTX 机箱最让人关注的设计就在于散热方面的改进。CPU、显卡和内存的位置相比 ATX 架构都完全不同，CPU 完全被移到了机箱的前板而不是后部，这是为了更有效地利用散热设备，提升对机箱内各个设备的散热功能。除了位置变换之外，在主板的安装上，BTX 机箱也进行了重新规范，其中最重要的是 BTX 机箱拥有可选的 SRM(Support and Retention Module)支撑保护模块，它是机箱底部和主板之间的一个缓冲区，通常使用强度很高的低碳钢材来制造，能够抵抗较强的外来力而不易弯曲，因此可有效防止主板的变形。

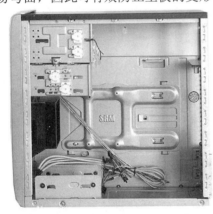

2.8.3 机箱的选购常识

机箱是计算机的外衣，是计算机展示的外在硬件，是计算机其他硬件的保护伞。所以在选购机箱时应注意以下几点。

1. 机箱的主流外观

机箱的外观主要集中在两个方面，面板和箱体颜色。目前市场上出现很多彩色的机箱，面板更是五花八门，有采用铝合金的，也有采用有机玻璃的，使得机箱看起来非常鲜艳新颖。机箱从过去的单一色逐渐发展为彩色甚至个性色。

2. 机箱的材质

机箱的材质相对于外观，分量就重了许多，因为整个机箱的好坏由材质决定。目前机箱的材质也出现了多元化的趋势，除了传统的钢材，在高端机箱中出现了铝合金材质和有机玻璃材质。这些材质各有特色，钢材最大众化，而且散热强度非常不错；铝合金作为一种新型材料，外观上更漂亮，但在性能上和钢材差别不大，而有机玻璃就属于时尚产品了，做出的全透明机箱确实很吸引人的眼球，但散热性能不佳是其最大的缺点。

做工是另外一个重要的问题，做工包括以下几个方面。

➢ 卷边处理：一般对于钢材机箱，由于钢板材质相对来说还是比较薄的，因此不做卷边处理就可能划伤手，给安装造成很多不便。

➢ 烤漆处理：一般对于钢材机箱烤漆是必需的，人们都不希望机箱用了很短的时间就出现锈斑，因此烤漆十分重要。

➢ 模具质量：即机箱尺寸是否规整。如果做得不好，用户安装主板、板卡、外置存储器等设备就会出现螺丝错位的现象，导致不能上螺丝或者不能上紧螺丝，这对于脆弱的主板或者板卡是非常致命的。

➢ 元件质量：机箱还有很多小的元件，典型的有开关、导线和 LED 灯等，这些元件虽小却也非常重要。例如，开关不好，经过较长时间使用后可能出现短路或者断路的现象，严重影响计算机的正常使用。

3. 机箱的布局

布局设置包括很多方面的内容，布局与

机箱的可扩展性、散热性都有很大的关系。例如，风扇的位置会影响到机箱的散热性状况以及噪声的问题。再如，硬盘的布局如果不合理，即使有很多扩展槽也仍然不能安装很多硬盘，严重影响扩展能力。

4. 机箱的散热性

散热性对于机箱尤其重要，许多厂商都以此作为卖点。机箱的散热性包括以下 3 个方面：材料的散热性、机箱整体散热情况、散热装置的可扩充性。

5. 机箱的安全设计

机箱材料是否导电，是关系到机箱内部的电脑配件是否安全的重要因素。如果机箱材料是不导电的，那么产生的静电就不能由机箱底壳导到地下，严重的话会导致机箱内部的主板烧坏。涂了冷镀锌的机箱导电性较好。只涂了防锈漆甚至普通漆的机箱，导电性是不过关的。

6. 机箱的电磁屏蔽

机箱内部充满了各种频率的电磁信号，良好的电磁屏蔽，不仅对于计算机有好处，而且更对人体的健康有不可忽视的意义，实际上计算机的辐射远比想象的大得多。

想拥有良好的电磁屏蔽，就要尽量减小外壳的开孔和缝隙。具体来说，就是机箱上不能有超过 3cm 的开孔，并且所有可拆卸部件必须能够和机箱导通。在机箱上用来做到这一点的部件就是常说的屏蔽弹片，它们的作用就是将机箱骨架和其他部件连为一体，阻止电磁波的泄漏。

虽然旋转的风扇对于电磁波也有一定的屏蔽作用，但其电磁屏蔽性能大大下降绝对是不争的事实，此时金属过滤网是决不能去掉的。另外，风扇经过长时间的转动后，会积攒不少灰尘，只有加装可拆卸清洗的过滤网，才能解决这个问题，否则不仅影响风扇的工作效率，我们清洗时也非常麻烦。

2.9　选购显示器

显示器是用户与计算机交流的窗口，选购一台优质的显示器可以大大减少人们使用计算机时的疲劳感。液晶显示器凭借其高清晰、高亮度、低功耗、占用空间小和影像显示稳定不闪烁等优势成为显示器市场上的主流产品。

2.9.1　显示器简介

显示器属于计算机的 I/O 设备，是一种将一定的电子文件通过特定的传输设备显示到屏幕上再反射到人眼的显示工具。

1. 常见类型

显示器可以分为 LCD、LED、3D 等多种类型，目前市场上常见的显示器大多为 LCD 显示器(液晶显示器)。

➢ LCD 显示器：LCD 显示器是目前市场上最常见的显示器类型，其优点是机身薄、占用空间小并且辐射小。

➢ LED 显示器：这是一种通过控制半导体发光二极管的显示方式，来显示文字、图形、图像、动画、行情、视频、录像信号等各种信息的显示器。

▶ 3D 显示器：3D 显示器一直被公认为显示技术发展的终极梦想，经过多年的研究，现已开发出须佩戴立体眼镜和不须佩戴立体眼镜的两大立体显示技术体系。

2. 性能指标

显示器的性能指标包括尺寸、可视角度、亮度、对比度、分辨率、色彩数量和响应时间等。

▶ 尺寸：显示器的尺寸是指屏幕对角线的长度，单位为英寸。显示器的尺寸是用户最为关心的性能指标，也是用户可以直接从外表识别的参数。目前市场上主流显示器的尺寸包括 21.5 英寸、23 英寸、23.6 英寸、24 英寸以及 27 英寸。

▶ 可视角度：一般而言，液晶的可视角度都是左右对称的，但上下不一定对称，常常是垂直角度小于水平角度。可视角度越大越好，用户必须了解可视角度的定义。当可视角度是 170° 左右时，表示站在始于屏幕法线 170° 的位置时仍可清晰看见屏幕图像。每个人的视力不同，因此以对比度为准。目前主流液晶显示器的水平可视角度为 170°，垂直可视角度为 160°。

▶ 亮度：显示器的亮度以流明为单位，并且亮度普遍在 250 流明到 500 流明之间。需要注意的一点是，市面上的低档液晶显示器存在严重的亮度不均匀的现象，中心的亮度和距离边框部分区域的亮度差别比较大。

▶ 对比度：对比度直接体现液晶显示器能够显示的色阶，对比度越高，还原的画面层次感就越好。即使在观看亮度很高的照片时，黑暗部位的细节也可以清晰体现。

▶ 分辨率：显示器的分辨率一般不能任意调整，由制造商设置和规定。

▶ 色彩数量：目前多数显示器采用 16 位色。现在的操作系统与显卡完全支持 32 位色，但用户在日常应用中接触最多的依然是 16 位色，而且 16 位色对于现在常用的软件和游戏来说都可以满足需要。虽然显示器在硬件上还无法支持 32 位色，但可以通过技术手段来模拟色彩显示，达到增加色彩显示数量的目的。

▶ 响应时间：响应时间反映了显示器各像素点对输入信号的反应速度，也就是像素点在接收到驱动信号后从最亮到最暗的转换时间。

2.9.2　显示器选购常识

用户在选购显示器时，应首先询问显示器的质保时间，质保时间越长，用户得到的保障也就越多。此外，在选购显示器时，还需要注意以下几点。

▶ 选择数字接口的显示器：用户在选购时还应该看看液晶显示器是否具备 DVI 或 HDMI 数字接口，在实际使用中，数字接口比 D-SUB 模拟接口的显示效果更加出色。

▶ 检查是否有坏点、暗点、亮点：亮点分为两种，第一种是在黑屏情况下单纯地呈现红色、绿色、蓝色的点；第二种是在切换至红色、绿色、蓝色显示模式时，只在其中一种显示模式下有白色点，同时在另外两种模式下均有其他色点的情况，这种情况表明在同一个像素中存在两个亮点。暗点是指在白屏的情况下出现非单纯红色、绿色、蓝色的色点。坏点是比较常见也比较严重的情况，是指在白屏情况下为纯黑色的点或者在黑屏下为纯白色的点。

▶ 选择响应时间：在选择同类产品的时候，一定要认真地阅读产品技术指标说明书，因为很多中小品牌的显示器产商在编写

说明书的时候，可能采用欺骗消费者的方法，其中最常见的，便是在液晶显示器响应时间这个重要参数上做手脚，这种产品指标说明往往不会明确地标出响应时间是单程还是双程，而仅仅登出单程响应时间，使之看起来比其他显示器品牌的响应时间要短，因此在选择的时候，一定要明确这些指标是单程还是双程。

▶ 选择分辨率：显示器只支持所谓的真实分辨率，只有在真实分辨率下，才能显现最佳影像。在选购显示器时，一定要确保能支持所使用的软硬件的原始分辨率，不要盲目追求高分辨率。日常使用时一般 32 英寸显示器的最佳分辨率为 1920 像素×1080 像素。

▶ 选择显示器的另一个重要标准就是外观。之所以放弃传统的 CRT 显示器而选择液晶显示器，除了辐射之外，另一个主要的原因就是液晶显示器的体积小，产品外观时尚、灵活。

2.10 选购键盘

键盘是最常见、最重要的计算机输入设备。虽然现如今，鼠标和手写输入的应用越来越广泛，但在文字输入领域，键盘依旧有着不可动摇的地位，是用户向计算机输入数据和控制计算机的基本工具。

2.10.1 键盘简介

键盘是最常见的计算机输入设备，被广泛应用于计算机和各种终端设备。用户通过键盘向计算机输入各种指令、数据，指挥计算机工作。将计算机的运行情况输出到显示器后，人们可以很方便地利用键盘和显示器与计算机对话，对程序进行修改、编辑，控制和观察计算机的运行。

键盘是用户直接接触使用的计算机硬件设备，为了能够让用户可以更加舒适、便捷地使用键盘，厂商推出了一系列键盘新技术。

▶ 人体工程学技术：使用了人体工程学技术的键盘能避免用户扭转较大幅度，这种键盘一般呈现中间突起的三角结构，或者在水平方向上按一定角度弯曲按键。这样的

键盘相比传统键盘使用起来更省力，而且长时间操作不易疲劳。

▶ USB HUB 技术：随着 USB 设备种类的不断增多，如网卡、移动硬盘、数码设备、打印机等，计算机主板上的 USB 接口越来越不能满足用户的需求。所以，目前有些键盘集成了 USB HUB 技术，扩展了 USB 接口数量，方便用户连接更多的外部设备。

➢ 多功能键技术：现在一些键盘厂商在设计键盘时，加入了一些计算机常用功能的快捷键，如视频播放控制键、音量开关与大小键等。使用这些多功能键，用户可以方便地完成一些常用操作。

➢ 无线技术：使用了无线技术的键盘，键盘盘体与计算机间没有直接的物理连线，一般通过红外或蓝牙设备进行数据传递。

2.10.2 键盘的分类

键盘是用户和计算机进行沟通的主要工具，用户通过键盘输入需要处理的数据和命令，使计算机完成相应的操作。键盘根据不同的分类有以下几种。

1. 按接口分类

键盘的接口有多种：PS/2 接口、USB 接口和无线接口。这几种接口只是接口插槽不同，在功能上并无区别。其中，USB 接口支持热插拔。使用无线接口的键盘利用无线电传输信号，这种键盘的优点不受地形的影响。

2. 按外形分类

键盘按外形分为矩形键盘和人体工程学键盘两种。人体工程学键盘在造型上相比传统矩形键盘有了很大的区别，在外形上设计为弧形，并在传统的矩形键盘上增加了托手，减轻了长时间悬腕或塌腕的劳累。目前人体工程学键盘有固定式、分体式和可调角度式等。

3. 按内部构造分类

键盘按照内部构造的不同，可分为机械式键盘与电容式键盘。

➢ 机械式键盘一般由 PCB 触点和导电橡胶组成。当按下按键时，导电橡胶与触点接触，开关接通；按键抬起时，导电橡胶与触点分离，开关断开。这种键盘具有工艺简单、噪音大、易维护、打字时节奏感强，长期使用手感不会改变等特点。

➢ 电容式键盘无触点开关，开关内由固定电极和活动电极组成可变的电容器。按键按下或抬起将带动活动电极动作，引起电容的变化，设置开关的状态。这种键盘由于借助非机械力量，因此按键声音小、手感较好、寿命较长。

2.10.3　键盘的选购常识

对于普通用户而言，应选择一款操作舒适的键盘。此外，在购买键盘时，还应注意键盘的以下几个性能指标。

➢ 可编程的快捷键：目前，键盘正朝着多功能的方向发展，许多键盘除了标准的 104 键外，还有几个甚至十几个附加功能键。这些不同的按键可以实现不同的功能。

➢ 按键灵敏度：如果用户使用计算机来完成一项精度要求很高的工作，往往需要

频繁地将信息输入计算机中。如果键盘按键不灵敏，就会出现按键失效的情况。例如，按下按键后，对应的字符并没有出现在屏幕上；或者按下某个键，对应键周围的其他 3 个或 4 个键都被同时激活。

➢ 键盘的耐磨性：键盘的耐磨性也是十分重要的，这也是识别键盘好坏的一个关键参数之一。一些不知名品牌的键盘，按键上的字等都是直接印上去的，这样用不了多久，上面的字符就会被磨掉。而高级的键盘是用激光将字刻上去的，耐磨性大大增强。

2.11　选购鼠标

鼠标是 Windows 操作系统中必不可少的外设之一，用户可以通过鼠标快速地对屏幕上的对象进行操作。本节将详细介绍鼠标的相关知识，帮助用户选购适合自己使用的优质鼠标。

2.11.1　鼠标简介

鼠标是最常用的计算机输入设备之一，可以简单分为有线鼠标和无线鼠标两种。其中有线鼠标根据接口不同，又可分为 PS/2 接口鼠标和 USB 接口鼠标两种。

除此之外，根据鼠标工作原理和内部结构的不同又可分为机械式鼠标、光机式鼠标和光电式鼠标 3 种。其中，光电式鼠标是当前主流鼠标。光电鼠标已经能够在兼容性、指针定位等方面满足绝大部分计算机用户的基本需求，最新的技术信息如下。

➢ 多键鼠标：多键鼠标是新一代的多功能鼠标，比如有的鼠标上带有滚轮，极大方便了上下翻页，有的新型鼠标上除了有滚轮，还增加了拇指键等快速按键，进一步简化了操作。

➢ 人体工程学技术：和键盘一样，鼠标是用户直接接触使用的计算机设备，采用了人体工程学设计技术的鼠标，可以让用户使用起来更加舒适，并且降低使用疲劳感。

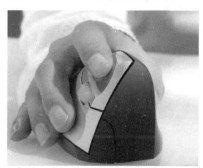

➢ 无线鼠标：无线鼠标是为了适应大屏幕显示器而生产的。所谓"无线"，指没有电线连接，而是采用两节七号或五号电池无线遥控，鼠标有自动休眠功能，电池可用上一年。

▶ 3D 振动鼠标：3D 振动鼠标不仅可以当作普通的鼠标使用，而且具有以下几个特点。1) 具有全方位的立体控制能力，具有前、后、左、右、上、下 6 个移动方向，而且可以组合出前右、左下等移动方向；2) 外形和普通鼠标不同，一般由一个扇形的底座和一个能够活动的控制器构成；3) 具有振动功能，即触觉回馈功能，例如玩某些游戏时，当你被敌人击中时，你会感觉到你的鼠标也振动了；4) 3D 振动鼠标是真正的三键式鼠标，无论 DOS 还是 Windows 环境，鼠标的中键和右键都能派上用场。

鼠标的一个重要指标是反应速度，由它的扫描频率决定。目前，鼠标的扫描频率一般在 6000 次/秒左右，最高追踪速度可以达到 37 英寸/秒。扫描频率越高，越能精确地反映出鼠标的细微移动。鼠标的另一个重要指标是分辨率，以 dpi 来表示。通常鼠标使用 800dpi，表示鼠标每移动一英寸，屏幕上的指针可移动 800 个点。分辨率越高，鼠标所需要的最小移动距离就越小。因此，只有在使用大分辨率的显示器时高，分辨率的鼠标才有用武之地，对于大多数用户来说

800dpi 已经绰绰有余。

2.11.2　鼠标的选购常识

目前，市场上的主流鼠标为光电式鼠标。用户在选购光电式鼠标时应注意点击分辨率、光学扫描率、色盲问题等几项参数，具体如下。

▶ 点击分辨率：点击分辨率是指鼠标内部的解码装置所能辨认的每英寸长度内的点数，是一款鼠标性能高低的决定性因素。目前，一款优质的光电鼠标，其点击分辨率往往达到 800dpi 以上。

▶ 光学扫描率：光学扫描率是指鼠标的光眼在每一秒所接收光反射信号并转换为数字电信号的次数。鼠标的光眼每一秒所能接收的扫描次数越高，鼠标就越能精确地反映出光标移动的位置，其反应速度也就越灵敏，也就不会出现光标跟不上鼠标的实际移动而上下飘移的现象。

▶ 色盲问题：对于鼠标的光眼来说，有些光电转换器只能对一些特定波长的色光形成感应并进行光电转换，而并不能适应所有的颜色。这就出现了光电式鼠标在某些颜色的桌面上使用时会出现不响应或者指针遗失的现象，从而限制了光电鼠标的使用环境。而一款技术成熟的鼠标，则会对其光电转换器的色光感应技术进行改进，使其能够感知各种颜色的光，以保证在各种颜色的桌面和材质上都可以正常使用。

2.12　选购声卡和音箱

声卡与音箱是能提升计算机声音效果的硬件设备，下面介绍声卡与音箱的特点与选购要点，帮助用户选购适合自己使用的声卡和音箱。

2.12.1　选购声卡

声卡(Sound Card)也叫音频卡，它是多媒体技术中最基本的组成部分，是实现声波/数字信号相互转换的一种硬件。声卡与显卡

一样，分为独立声卡与集成声卡两种，目前大部分主板都提供了集成声卡，独立声卡已逐渐淡出普通计算机用户的视野。但独立声卡拥有更多的滤波电容以及功放管，经过数次级的信号放大，经降噪电路处理，使得输

出音频的信号精度提升，在音质输出效果方面较集成声卡要好很多。

用户在选购一款独立声卡时，应综合声卡的声道数量(越多越好)、信噪比、频率响应、复音数量、采样位数、采样频率、多声道输出以及波表合成方式与波表库容量等参数进行选择。

2.12.2　选购音箱

音箱又称扬声器系统，通过音频信号线与声卡相连，是整个计算机音响系统的最终发声部件，其作用类似于人类的嗓音。计算机所能发出声音的效果，取决于声卡与音箱的质量。

在如今的音箱市场中，成品音箱品牌众多，其质量参差不齐，价格也天差地别。用户在选购音箱时，应通过试听判断其效果是否能达到自己的需求，包括声音的特性、声音染色以及音调的自然平衡效果等。

2.13　选购散热器

散热器是计算机中必不可少的硬件设备，它对保证系统的性能好坏起着十分关键的作用。目前，市场上常见的散热设备包括风冷式散热器和液体散热器两种。其中，液体散热器包括水冷式散热器和油冷式散热器两种，这两种中更常见的是水冷式散热器。下面介绍风冷式散热器和水冷式散热器的相关知识和选购要点。

2.13.1　选购风冷式散热器

风冷式散热器指在一块散热片上加装一个散热风扇。常见的风冷式散热器有 CPU 散热器、显卡散热器和内存散热器等几种。风冷式散热器及其安装后的外观如下图所示。

风冷式散热器通常由散热片和散热风扇两部分组成。很多用户将风冷式散热器称为风扇，认为风扇才是散热器性能好坏的关键；其实，散热片不可忽视，也起着非常重要的作用。因为，热量的传递方式有三种：传导、对流和辐射，散热片紧贴 CPU，这种传递热量的方式是传导；散热风扇带来冷空气，带走热空气，这是对流；温度高于空气的散热片将附近的空气加热，其中有一部分热量将辐射出去散热。从热量传递的过程可以看出，若想使风冷式散热器的散热效果突出就必须保证上面所介绍的三种热量传递方式迅速而有效。因此，用户在选购风冷式散热器时，应选择散热片材质佳、面积大、传导性能好，并且散热风扇风量大、对流效果强。

2.13.2　选购水冷式散热器

水冷式散热器一般由水冷头、散热排和

水管等部分组成,其优点是散热效果突出。目前,很少有风冷式散热器的散热效果能与水冷式散热器的散热效果相媲美。但水冷式散热器也有缺陷,它的缺陷就是存在安全问题。由于水冷式散热器采用液体散热方式,一旦出现液体泄漏故障,就会对计算机硬件造成严重的破坏。

用户在选购水冷式散热器时,首先应确定散热排的安装位置。如果将散热排安装在机箱外侧,可以选择大一些的散热排;如果将散热排安装在机箱内部,则需要注意其大小问题。其次,如果用户选择外置式水冷散热,而机箱上没有配套预留水管管道,用户还需要使用工具在机箱上钻出相应的水管管道。最后,在确定购买一款水冷式散热器前,应注意观察其产品质量和外观有无损坏。在安装水冷式散热器时,应参照说明书上介绍的方法进行操作,以避免发生液体泄漏的问题。

2.14 案例演练

本章的案例演练是拆卸计算机主机的内部硬件,使用户更好地了解计算机主机中各硬件的组装结构。

【例 2-1】使用工具拆卸计算机的内部硬件。

step 1 关闭计算机电源后,断开一切与计算机相连的电源,然后拆卸计算机主机背面的各种接头,断开主机与外部设备的连接。

step 2 拧下固定主机机箱背面的面板螺丝后,卸下机箱右侧面板即可打开主机机箱,看到内部的各种配件。

step 3 打开计算机主机机箱后,在机箱的主要区域可以看到计算机的主板、内存、CPU、各种板卡、驱动器以及电源。

step 4 在计算机主机中,内存一般位于CPU的旁边,用手掰开其两侧的固定卡扣后,即可拔出内存条。

step⑤ 在计算机主机中，CPU的上方一般安装有散热风扇。解开CPU散热风扇上的扣具后，可以将其卸下，然后拉起CPU插座上的压力杆即可取出CPU。

step⑥ 卸下固定各种板卡(例如显卡)的螺

丝后，即可将它们从主机中取出(注意主板上的固定卡扣)。

step⑦ 拔下连接各种驱动器的数据线和电源线，拆掉主机驱动器架上用于固定驱动器的螺丝后，可以将主板从主机驱动器架上取出。

第3章

组装计算机详解

计算机的组装过程实际并不复杂，即使是计算机初学者也可以轻松完成，但要保证组装的计算机性能稳定、结构合理，用户还需要遵循一定的流程。本章将详细介绍组装一台计算机的具体操作步骤。

3.1　组装计算机前期准备

在开始准备组装一台计算机之前，用户需要提前做一些准备工作，这样才能有效地处理在装机过程中可能出现的各种情况。一般来说，在组装计算机配件之前，需要进行硬件与软件两个方面的准备工作。

3.1.1　准备工具

组装计算机前的硬件准备指的是在装机前准备包括工作台、螺丝刀、尖嘴钳、镊子、导热硅脂等装机必备的工具。这些工具在用户装机时，起到的具体作用如下。

▶ 工作台：平稳、干净的工作台是必不可少的。需要准备一张桌面平整的桌子，在桌面上铺上一张防静电桌布，即可作为简单的工作台。

▶ 螺丝刀：螺丝刀(又称螺丝起子)是安装和拆卸螺丝钉的专用工具。常见的螺丝刀有一字螺丝刀(又称平口螺丝刀)和十字螺丝刀(又称梅花口螺丝刀)两种，其中，十字螺丝刀在组装计算机时，常被用于固定硬盘、主板或机箱等配件，而一字螺丝刀的主要作用则是拆卸计算机配件产品的包装盒或封条，一般不经常使用。

▶ 尖嘴钳：尖嘴钳又称为尖头钳，是一种运用杠杆原理的常见钳形工具。在装机之前准备尖嘴钳的目的是拆卸机箱上的各种挡板或挡片。

▶ 镊子：镊子在装机时的主要作用是夹取螺丝钉、线帽和各类跳线(如主板跳线、硬盘跳线等)。

▶ 导热硅脂：导热硅脂是安装风冷式散热器必不可少的用品，功能是填充各类芯片(如 CPU 与显卡芯片等)与散热器之间的缝隙，协助芯片更好地进行散热。

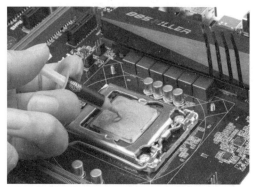

▶ 绑扎带：绑扎带主要用来整理机箱内部的各种数据线，使机箱更简洁、干净。

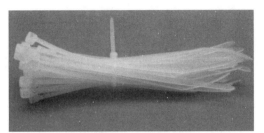

▶ 排型电源插座：计算机硬件中有多个设备需要与市电进行连接，因此，用户在装机前至少需要准备一个多孔万用型插座，以便在测试计算机时使用。

▶ 器皿：在组装计算机时，会用到许多螺丝和各类跳线，这些物件体积较小，用一个器皿将它们收集在一起可以有效提高装机效率。

除了安装工具，同时还要检查计算机自带的各种零配件是否齐全。组装计算机需要准备的配件主要有：显示器、机箱、电源、主板、CPU、内存条、显卡、声卡、网卡、硬盘、光驱、键盘、鼠标及各种信号线等。

零件包在机箱内，一般包括固定螺丝、钢柱螺丝、挡板等。固定螺丝用于固定硬盘板卡等设备，铜柱螺丝用于固定主板。固定

螺丝分为三种：细纹螺丝、大粗纹螺丝、小粗纹螺丝。光驱适合用细纹螺丝固定；硬盘、挡板适合用小粗纹螺丝固定；机箱、电源适合用大粗纹螺丝固定。

3.1.2　准备软件

组装计算机前的软件准备，指的是在开始组装计算机前预备好计算机操作系统的安装光盘和各种装机必备的软件光盘(或移动存储设备)。

▶ 解压缩软件：此类软件用于压缩与解压缩文件，常见的解压缩软件有 WinRAR、ZIP 等。

▶ 视频播放软件：此类软件用于在计算机中播放视频文件，常见的视频播放软件有暴风影音、RealPlayer、KmPlayer 和 WMP9/10/11 等。

▶ 音频播放软件：此类软件用于在计算机中播放音频文件，常见的音频播放软件有酷狗音乐、千千静听、网易云音乐和 QQ 音乐等。

▶ 输入法软件：常见的输入法软件有搜狗拼音、微软拼音、王码五笔、万能五笔等。

▶ 系统优化软件：此类软件用于对 Windows 系统进行优化配置，常见的系统优化软件有 Windows 优化大师和鲁大师等。

▶ 图像编辑软件：此类软件用于编辑图形图像，常见的图像编辑软件有光影魔术手、Photoshop 和 ACDSee 等。

▶ 下载软件：常见的下载软件有迅雷、电驴、BitComet 和百度网盘等。

▶ 杀毒软件:常见的杀毒软件有瑞星杀毒、卡巴斯基、金山毒霸、诺顿杀毒和 360 杀毒等。

▶ 聊天软件:常见的聊天软件有 QQ/TM、阿里旺旺、新浪 UT Game 和 Skype 网络电话等。

▶ 木马查杀软件:常见的木马查杀软件有金山清理专家、360 安全卫士和瑞星卡卡等。

> **知识点滴**

> 除了上面介绍的各类软件以外,装机时用户还可能会需要为计算机安装文字处理软件(如 Word)、光盘刻录软件(如 Nero)和虚拟光驱软件(如 Daemon Tools)等。

3.1.3 组装过程中的注意事项

计算机组装是一个细活,安装过程中容易出错,因此需要格外细致,并注意以下问题。

▶ 检测硬件、工具是否齐全:将准备的硬件、工具检查一遍,看看是否齐全,可按

安装流程对硬件进行有顺序的排放,并仔细阅读主板及相关部件的说明书,看看是否有特殊说明。另外,硬件一定要放在平稳、安全的地方,防止发生不小心造成的硬件划伤,或者从高处掉落等现象。

▶ 防止静电损坏电子元器件:在装机过程中,要防止人体所带静电对电子元器件造成损坏。在装机前需要消除人体所带的静电,可用流动的自来水洗手,双手可以触摸自来水管、暖气管等接地的金属物,当然也可以佩戴防静电腕带等。

▶ 防止液体浸入电路:将水杯、饮料等含有液体的器皿拿开,远离工作台,以免液体进入主板,造成短路,尤其在夏天工作时,防止汗水的掉落。另外,工作环境一定要找一个空气干燥、通风的地方,不可在潮湿的地方进行组装。

▶ 轻拿轻放各配件:组装计算机时,要轻拿轻放各配件,以免造成配件的变形或折断。

3.2 组装计算机主机配件

一台计算机分为主机与外设两大部分,组装计算机的主要工作实际上就是指组装计算机主机中的各个硬件配件。用户在组装计算机主机配件时,可以参考以下流程进行操作。

3.2.1 安装 CPU

组装计算机主机时,通常都会先将 CPU、内存等配件安装至主板上,并安装 CPU 风扇(在选购主板和 CPU 时,用户应确认 CPU 的接口类型与主板上的 CPU 接口类型一致,否则 CPU 将无法安装)。这样做,可以避免在将主板安装在计算机机箱之后,由于机箱狭窄的空间而影响 CPU 和内存的安装。下面将详细介绍在计算机主板上安装 CPU 及 CPU 风扇的相关操作方法。

1. 将 CPU 安装在主板上

CPU 是计算机的核心部件,也是组成计

算机的各个配件中较为脆弱的一个,在安装 CPU 时,用户必须格外小心,以免因用力过大或操作不当而损坏 CPU。因此,在正式将 CPU 安装在主板上之前,用户应首先了解主板上的 CPU 插座和 CPU 与主板相连的针脚。

▶ CPU 插座:支持 Intel CPU 与支持 AMD CPU 的主板虽然 CPU 插座在针脚和形状上稍有区别,并且彼此互不兼容。但常见的插座结构都大同小异,主要包括插座、固定拉杆等部分。

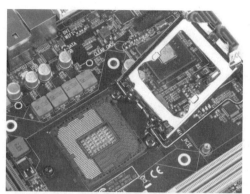

▶ CPU 针脚：CPU 的针脚与支持 CPU 的主板插座相匹配，其边缘大都设计有相应的标记，与主板上 CPU 插座的标记相对应。

虽然新型号的 CPU 不断推出，但安装 CPU 的方法却没有太大的变化。因此，无论用户使用何种类型的 CPU 与主板，都可以参考下面所介绍的步骤完成 CPU 的安装。

【例3-1】在计算机主板上安装 CPU。

step① 首先，从主板的包装袋(盒)中取出主板，将其水平放置在工作台上，并在其下方垫一块塑料布。

step② 将主板上CPU插座的固定拉杆拉起，掀开用于固定CPU的盖子。将CPU插入插槽中，要注意CPU针脚的方向问题(在将CPU插入插槽时，可以将CPU正面的三角标记对准主板上CPU插座的三角标记，再将CPU插入主板插座)。

step③ 用手向下按住CPU插槽上的锁杆，锁紧CPU，完成CPU的安装操作。

2. 安装 CPU 散热器

由于 CPU 的发热量较大，因此为其安装一款性能出色的散热器(即 CPU 风扇)非常关键，但如果散热器安装不当，散热的效果也会大打折扣。常见的 CPU 散热器有风冷式与水冷式两种，其各自的特点如下。

▶ 风冷式散热器：风冷式散热器比较常见，其安装方法也相对水冷散热器简单，体积也较小，但散热效果却较水冷式散热器要差一些。

▶ 水冷式散热器：水冷式散热器由于比风冷式散热器出现在市场上的时间晚，因此并不被大部分普通计算机用户所熟悉，但就散热效果而言，水冷式散热器要比风冷式散热器强很多。

【例3-2】在 CPU 表面安装风冷式 CPU 散热器。

step① 在CPU上均匀涂抹一层预先准备好的硅脂，这样做有助于将热量由处理器传导至CPU风扇。

step② 在涂抹硅脂时，若发现有不均匀的地方，可以用手指将其抹平。

step③ 将CPU风扇的四角对准主板上相应的位置后，用力压下其扣具即可。不同CPU风扇的扣具并不相同，有些CPU风扇的扣具采用螺丝设计，安装时还需要在主板的背面放置相应的螺母。

step④ 在确认将CPU风扇固定在CPU上后，将CPU风扇的电源接头连接到主板的供电接口上。主板上供电接口的标志为CPU_FAN，用户在连接CPU风扇电源时应注意的是：目前有三针和四针两种不同的风扇接口，并且主板上有防差错接口设计，如果发现无法将CPU风扇的电源接头插入主板供电接口，观察一下电源接口的正反和类型即可。

【例 3-3】在 CPU 表面安装水冷式 CPU 散热器。

step① 拆开水冷式CPU风扇的包装后，摆好全部设备和附件。

step② 在主板上安装水冷式散热器的背板。用螺丝将背板固定在CPU插座四周预留的白色安装线内。

step③ 接下来，将散热器的塑料扣具安装在主板上。此时不要将固定螺丝拧紧，稍稍拧住即可。

step 4 在CPU水冷头的周围和扣具的内部都有塑料的互相咬合的凸起,将它们放置到位后,稍微一转,CPU水冷头即可安装到位。这时,再将扣具四周的四个弹簧螺钉拧紧即可。

step 5 最后,使用水冷式散热器附件中的长螺丝先穿过风扇,再穿过螺钉孔,将散热器固定在机箱上。

3.2.2 安装内存

完成 CPU 和 CPU 风扇的安装后,用户可以将内存一并安装在主板上,若用户购买了 2 根或 3 根内存条,想组成多通道系统,则在安装内存前,还需要查看主板说明书,并根据说明书中的介绍将内存插在同色或异色的内存插槽中。

【例3-4】在计算机主板上安装内存。

step 1 在安装内存时,先用手将内存插槽两端的扣具打开。

step 2 将内存平行放入内存插槽中,用两根拇指按住内存两端轻微向下压。

step 3 听到"啪"的一声响后,即说明内存安装到位。在安装主板上内存时,注意双手要悬空操作,不可触碰到主板上的电容和其他芯片。

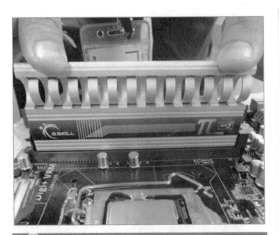

> 💧 知识点滴
>
> 主板上的内存插槽一般采用两种不同颜色来区分双通道和单通道。将两条规格相同的内存插入主板上相同颜色的内存插槽中,即可打开主板的双通道功能。

3.2.3 安装主板

在主板上安装完 CPU 和内存后,即可将主板装入机箱,因为在安装剩下的主机硬件设备时,都需要配合机箱进行安装。

【例3-5】将主板放入并固定在机箱中。

step 1 在安装主板之前,应先将机箱提供的主板垫脚螺母安放到机箱主板托架的对应位置。

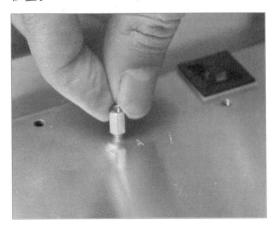

step 2 平托主板,将主板放入机箱。

step 3 确认主板的I/O接口安装到位。

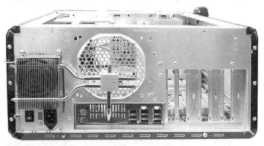

step 4 拧紧机箱内部的主板螺丝,将主板固定在机箱上(在装螺丝时,注意每颗螺丝不要一次性拧紧,等全部螺丝安装到位后,再将每粒螺丝拧紧,这样做的好处是随时可以在安装主板的过程中,对主板的位置进行调整)。

step 5 完成以上操作后,主板被牢固地固定在机箱中。至此,计算机的三大主要配件——主板、CPU和内存安装完毕。

3.2.4 安装硬盘

在完成 CPU、内存和主板的安装后,下

面需要将硬盘固定在机箱的 3.5 英寸硬盘托架上。对于普通的机箱，只需要将硬盘放入机箱的硬盘托架上，拧紧螺丝使其固定即可。

【例3-6】将硬盘放入并固定在机箱中。

step 1　机箱的硬盘托架设计有相应的扳手，拉动扳手将硬盘托架从机箱中取出。

step 2　在取出硬盘托架后，将硬盘装入托架。

step 3　接下来，使用螺丝将硬盘固定在硬盘托架上。

step 4　将硬盘托架重新装入机箱，并把固定扳手拉回原位固定好硬盘托架。

step 5　最后，检查硬盘托架与其中的硬盘是否被牢固地固定在机箱中，完成硬盘的安装。

3.2.5　安装光驱

DVD 光驱与 DVD 刻录光驱的功能虽不一样，但其外形和安装方法都是一样的(安装方法类似于硬盘)。用户可以参考下面介绍的方法，在计算机中安装光驱。

step 1　在计算机中安装光驱的方法与安装硬盘类似，用户只需要将机箱中的 4.25 英寸托架的面板拆除，然后将光驱推入机箱并拧紧光驱侧面的螺丝即可。

step 2　成功安装光驱后，用户只需要检查光驱没有被装反即可。

3.2.6 安装电源

在安装完前面介绍的一些硬件设备后，用户接下来需要安装计算机电源。安装电源的方法十分简单，并且现在不少机箱会自带电源，若购买了此类机箱，则无须再次动手安装电源。

step❶ 将电源从包装中取出。

step❷ 将电源放入机箱为电源预留的托架中，注意电源线所在的面应朝向机箱的内侧，最后，使用螺丝将电源固定在机箱上即可。

3.2.7 安装显卡

目前，PCI-E 接口的显卡是市场上的主流显卡。在安装显卡之前，用户首先应在主板上找到 PCI-E 插槽的位置，如果主板有两个 PCI-E 插槽，则任意一个插槽均能使用。

step❶ 在主板上找到PCI-E插槽。用手轻握显卡两端，垂直对准主板上的显卡插槽，将其插入主板的PCI-E插槽中。

step❷ 用螺丝将显卡固定在主板上，然后连接辅助电源即可。

3.3 连接数据线和电源线

主机中的一些设备是通过数据线与主板进行连接的，例如硬盘、光驱等。在连接完数据线后，用户需要将机箱电源的电源线与主板以及其他硬件设备相连接。本节将介绍连接主机中数据线和电源线的方法。

3.3.1 连接数据线

目前，常见的数据线有 SATA 数据线与 IDE 数据线两种。随着 SATA 接口逐渐代替 IDE 接口，目前已经有相当一部分的光驱采用 SATA 数据线与主板连接。用户可以参考下面介绍的方法，连接计算机内部的数据线。

【例3-7】用数据线连接主板和光驱、主板和硬盘。

step 1 打开计算机机箱后，将IDE数据线的一头与主板上的IDE接口相连。IDE接口上有防插反凸块，在连接IDE数据线时，用户只需要将防插反凸块对准IDE接口上的凹槽，然后将IDE接口平推进凹槽即可。

step 2 将IDE数据线的另一头与光驱的IDE接口相连。

step 3 取出购买配件时附带的SATA数据线后，将SATA数据线的一头与主板上的SATA接口相连。

step 4 将SATA数据线的另一头与硬盘上的SATA接口相连。

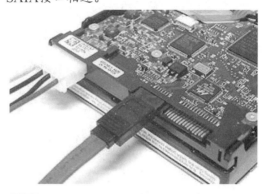

step 5 完成以上操作后，将数据线用绑扎带捆绑在一起，以免其散落在机箱内。

3.3.2 连接电源线

在连接完数据线后，用户可以参考下面介绍的方法，将机箱电源的电源线与主板以及其他硬件设备相连接。下面将通过一个简单的实例，详细介绍连接计算机电源线的方法。

【例3-8】连接主板、硬盘、光驱的电源线。

step 1 将电源盒引出的 24pin电源插头插入主板上的电源插槽中(目前，大部分的主板电源接口为 24pin，但也有部分主板采用 20pin 电源接口)。

step 2 CPU供电接口部分采用 4pin(或 6pin、8pin)的加强供电接口设计，将其与主板上相应的电源插槽相连即可。

step 3 将电源线上的普通 4pin梯形电源接口插入光驱背后的电源插槽中。

step 4 将SATA硬盘电源接口与计算机硬盘的电源插槽相连。

3.4 连接控制线

在连接完数据线与电源线后，用户会发现机箱内还有好多细线插头(跳线)，将这些细线插头插入主板对应位置的插槽中后，即可使用机箱前置的 USB 接口以及其他控制开关。

3.4.1 连接前置 USB 接口线

由于 USB 设备具有安装方便、传输速度快的特点，目前市场上采用 USB 接口的设备也越来越多，如 USB 鼠标、USB 键盘、USB 读卡器、USB 摄像头等，主板面板后的 USB 接口已经无法满足用户的使用需求。现在主流主板都支持 USB 扩展功能，使用具有前置 USB 接口的机箱提供的扩展线，即可连接前置 USB 接口。

1. 前置 USB 接线

目前，USB 接口成为日常使用最多的接口，大部分主板提供了高达 8 个 USB 接口，但一般在机箱背部的面板中仅提供 4 个，剩余的 4 个位于机箱的前部面板中，以方便使用。机箱上常见的前置 USB 接线分为独立式 USB 接线(左下图)和一体式 USB 接线(右下图)两种。

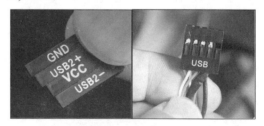

2. 主板 USB 针脚

主板上前置 USB 针脚的连接方法不仅

根据主板品牌型号的不同而略有差异，而且独立式 USB 接线与一体式 USB 接线的接法也各不相同，具体如下。

> 一体式 USB 接线：一体式 USB 接线上有防止插错设计，方向不对无法插入。

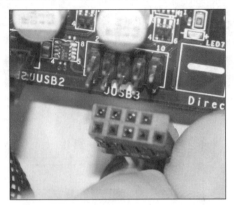

> 独立式 USB 接线：独立式 USB 接线由 USB2+、USB2−、GND、VCC 这 4 组插头组成，分别对应主板上不同的 USB 针脚。其中，GND 为接地线，VCC 为 USB 的 5V 供电插头，USB2+为正电压数据线，USB2−为负电压数据线。

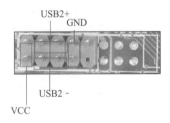

3.4.2 连接机箱控制开关

在使用计算机时，用户常常会用到机箱面板上的控制按钮，如启动计算机、重新启动计算机、查看电源与硬盘工作指示灯等。

这些功能都是通过将机箱控制开关与主板对应插槽连线来实现的，用户可以参考下面所介绍的方法，连接各种机箱控制开关。

1. 连接开关接线、重启接线和 LED 灯接线

在机箱面板上的所有接线中，开关接线、重启接线和 LED 灯接线(跳线)是最重要的三条接线。

> 开关接线用于连接机箱前面板上的计算机电源按钮，连接后用户可以控制计算机的启动与关闭。

> 重启接线用于连接机箱前面板上的 Reset 按钮，连接后用户可以通过按下 Reset 按钮重启计算机。

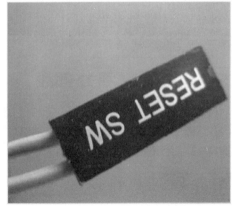

> LED 灯接线包括计算机的电源指示灯接线和硬盘状态灯接线两种，分别用于显示电源和硬盘的状态。

通常，在连接开关接线、重启接线和 LED 灯接线时，用户只需参考主板说明书中的介绍或使用主板上的接线工具，将接线头插入主板上相应的跳线插槽即可。

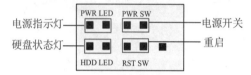

电源指示灯 PWR LED　PWR SW 电源开关
硬盘状态灯 HDD LED　RST SW 重启

2. 连接机箱前置音频接线

目前，常见的主板上均提供了集成的音频芯片，并且性能完全能够满足绝大部分用户的需求，因此很多普通计算机用户在组装计算机时，没有再去单独购买声卡。

为了方便用户使用，大部分机箱除了具备前置的 USB 接口外，音频接口也被移到了机箱的前面板上，为了使机箱前面板的上耳机和话筒能够正常使用，用户在连接机箱控制线时，还应该将前置的音频接线与主板上相应的音频接线插槽正确地连接。

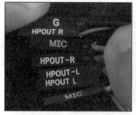 

在连接前置的音频接线时，用户可以参考主板说明书上的接线图。

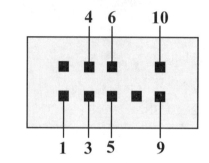

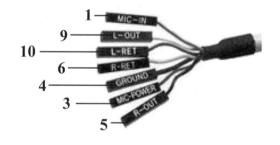

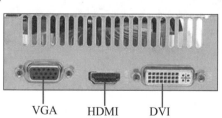

3.5　连接计算机外部设备

完成主机内部硬件设备的安装与连接后，用户需要将计算机主机与外部设备(简称外设)连接在一起。计算机外设主要包括显示器、鼠标、键盘和电源线等。连接外部设备时应做到"辨清接头，对准插上"，具体方法下面将详细介绍。

3.5.1　连接显示器

显示器是计算机的主要 I/O 设备之一，它通过一条视频信号线与计算机主机上的显卡视频信号接口连接。常见的显卡视频信号接口有 VGA、DVI 与 HDMI 这 3 种，显示器与主机之间所使用的视频信号线一般为 VGA 视频信号线或 DVI 视频信号线。

VGA(Video Graphics Array)是 IBM 在

1987 年随 PS/2 机一起推出的一种视频传输标准，具有分辨率高、显示速率快、颜色丰富等优点，在彩色显示器领域得到了广泛应用。不支持热插拔，不支持音频传输。

　　DVI(Digital Visual Interface)即数字视频接口，它是 1999 年由 Silicon Image、Intel(英特尔)、Compaq(康柏)、IBM、HP(惠普)、NEC、Fujitsu(富士通)等公司共同组成 DDWG (Digital Display Working Group，数字显示工作组)推出的接口标准。

　　高清晰度多媒体接口(High Definition Multimedia Interface，HDMI)是一种数字化视频/音频接口技术，是适合影像传输的专用型数字化接口，其可同时传送音频和影像信号。

　　连接主机与显示器时，使用视频信号线的一头与主机上的显卡视频信号插槽连接，将另一头与显示器背面的视频信号接口连接即可。

3.5.2　连接鼠标和键盘

　　目前，台式计算机常用的鼠标和键盘有 USB 接口、PS/2 接口、无线三种。

▶ USB 接口的键盘、鼠标与计算机主机背面的 USB 接口相连。

▶ PS/2 接口的键盘、鼠标与主机背面的 PS/2 接口相连(一般情况下鼠标与主机上的绿色 PS/2 接口相连，键盘与主机上的紫色 PS/2 接口相连)。

▶ 无线键鼠一般使用同配套的接收器，将接收器插入主机 USB 接口，安装驱动程序，即可连接无线键鼠。

3.6　开机检测

在完成组装计算机硬件设备的操作后,下面可以通过开机检测来查看连接是否存在问题。若一切正常,则可以整理机箱并合上机箱盖,完成组装计算机的操作。

3.6.1　开机前的检查

计算机组装完毕后不要立刻通电开机,还要再仔细检查一遍,以防出现意外。检查步骤如下所示。

step 1 检查主板上的各个控制线(跳线)的连接是否正确。

step 2 检查各个硬件设备是否安装牢固,如 CPU、显卡、内存和硬盘等。

step 3 检查机箱中的连线是否搭在风扇上,以防影响风扇散热。

step 4 检查机箱内有无其他杂物。

step 5 检查外部设备是否连接良好,如显示器和音箱等。

step 6 检查数据线、电源线是否连接正确。

3.6.2　进行开机检测

检查无误后,即可将计算机主机和显示器电源与市电电源连接。

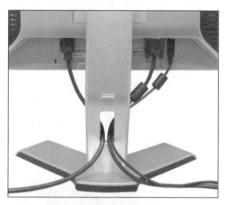

接通电源后,按下机箱开关,机箱电源灯亮起,并且机箱中的风扇开始工作。若用户听到"嘀"的一声,并且显示器出现自检画面,则表示计算机已经组装成功,用户可以正常使用。如果计算机未正常运行,则需要重新对计算机中的设备进行检查。

若计算机组装后未能正常运行,用户应首先检查内存与显卡的安装是否正确,包括内存是否与主板紧密连接,以及显卡的视频信号线是否与显示器紧密连接。

3.6.3 整理机箱内部线缆

开机检测无问题后,即可整理机箱内部的各种线缆。整理机箱内部线缆的主要原因有以下几点。

▶ 机箱内部线缆很多,如果不进行整理,会非常杂乱,显得很不美观。

▶ 计算机在正常工作时,机箱内部各设备的发热量非常大,如果线路杂乱,就会影响机箱内的空气流通,降低整体散热效果。

▶ 机箱中的各种线缆,如果不整理,很可能会卡住 CPU、显卡等设备的风扇,影响其正常工作,从而导致各种故障的出现。

3.7 案例演练

本章的案例演练是安装 CPU 散热器等几个具体的案例操作,用户通过练习从而巩固本章所学知识。

3.7.1 安装 CPU 散热器

【例 3-9】安装 CPU 散热器。

step 1 在安装散热器之前,首先拆开散热器的包装,整理并确认散热器的各部分配件是否齐全。

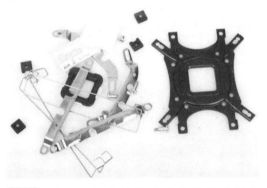

step 2 使用配件中的铁条将散热风扇固定在散热片上。

step 3 接下来,安装散热器底座上的橡胶片。大型散热器一般支持多种主板,在安装底座时,用户可以根据实际需求调整底座上螺丝孔的孔距。

step ④ 下面安装散热器底部的扣具，将散热器底部的螺丝松脱，然后将这些对应的扣具插入散热器与卡片之间。

step ⑤ 将不锈钢条牢牢固定在散热器底部后，用手摇晃一下，看看是否松动。

step ⑥ 将组装好的散热器底座扣到主板后面，这里要注意，一定要对正，并且仔细观察底座的金属部分是否碰到主板上的焊点。

step ⑦ 将散热器放到主板上，对准孔位，准备进行安装。

step ⑧ 使用螺丝将散热器固定在主板上。在固定四颗螺丝时，一定不要单颗拧死后，再进行下一颗的操作。正确的方法应该是每一颗拧一点，四颗螺丝循环地调整，直到散热器稳定地锁在主板上。

step ⑨ 最后，连接散热器电源，完成散热器的安装。

3.7.2 拆卸和更换硬盘

【例3-10】拆卸和更换硬盘。

step① 断开计算机主机电源，拆开机箱侧面的挡板。

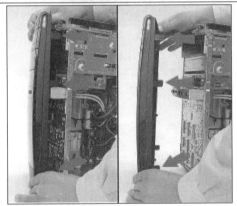

step② 使用螺丝刀拧下用于固定硬盘的螺丝钉。

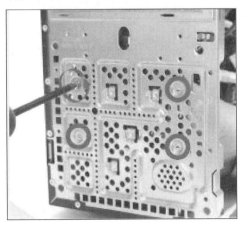

step③ 将硬盘从硬盘托架中取出后，拔下连接硬盘的电源线。

step④ 然后再拔下连接硬盘的SATA数据线，至此，硬盘的拆卸工作就完成了。

step⑤ 更换硬盘后，连接新硬盘的数据线和电源线。

step⑥ 完成后用螺丝刀将硬盘固定在机箱上的硬盘托架内，并重新装好机箱挡板。

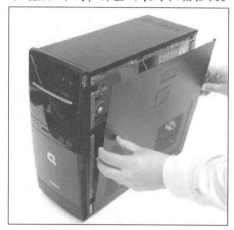

3.7.3 安装 M.2 固态硬盘

【例3-11】安装 M.2 固态硬盘。

step① 如今M.2接口的固态硬盘逐渐成为主流，与传统的SATA接口固态或机械硬盘不同，M.2 接口的固态硬盘与内存类似，直接安装在主板上的M.2 接口上。安装方法非常简单，先找到主板盒子中附送的M.2 固态螺丝，拿出固态的铜螺柱。

step② 根据固态硬盘的尺寸来安装铜螺柱，这款固态硬盘尺寸是2280(表示 22 毫米宽，80毫米长)，我们将铜螺柱拧到第一个位置上。

step③ 再将M.2 固态硬盘插入M.2 插槽中，并下压固态高点。

step④ 拧上对应的螺丝，固定M.2 固态硬盘，硬盘安装完毕。

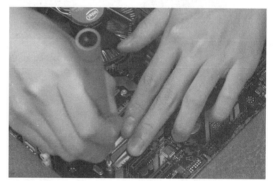

第4章

计算机常用外设

前面介绍的硬件设备都属于计算机必备硬件或经常需要使用的设备，除此之外，还有一些扩展性硬件也占据着不可替代的位置，如打印机、扫描仪、投影仪、交换机、路由器等，本章将介绍这些硬件和设备的主要性能以及一些注意事项。

 **本章对应视频**

例 4-1 安装本地打印机　　　　例 4-2 使用 U 盘复制数据

4.1 打印机

打印机作为现代办公的常用设备,已经成为各单位、企业以及各种集体组织不可或缺的办公设备之一,甚至很多个人和家庭用户也配备了这种设备。打印机的主要作用是将计算机编辑的文字、表格和图片等信息打印在纸张上,以方便用户查看。

4.1.1 打印机的类型

目前打印机在家用和商用两方面都有很大的使用市场,按打印原理的不同分为针式打印机、喷墨打印机和激光打印机 3 种。

1. 针式打印机

针式打印机主要由打印机芯、控制电路和电源 3 部分组成,一般为 9 针和 24 针。针式打印机打印速度较慢,但由于使用物理击打式的方式打印纸张,一般不用于打印文档,而是打印发票、回执之类,在一些机关和事业单位应用较多。

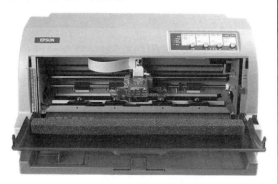

> **知识点滴**
>
> 针式打印机之所以在很长的一段时间内流行不衰,与它极低的打印成本和很好的易用性以及单据打印的特殊用途分不开的。当然,很低的打印质量、很大的工作噪声也是它无法适应高质量、高速度的商用打印需要的根结,所以现在只有在银行、超市等用于票单打印的地方还可以看见它的踪迹。

2. 喷墨打印机

喷墨打印机使用打印头在纸上形成文字或图像。打印头是一种包含数百个小喷嘴的设备,每一个喷嘴都装满了从可拆卸的墨盒中流出的墨。喷墨打印机打印的详细程度依赖于打印头在纸上打印的墨点的密度和精确度,打印品质根据每英寸上的点数来

度量,点越多,打印的效果就越清晰。喷墨打印机一般在家庭或一些商务场所使用较多。

> **知识点滴**
>
> 喷墨打印机有着良好的打印效果与较低的价位,占领了广大中低端市场。此外,喷墨打印机还具有更为灵活的纸张处理能力,在打印介质的选择上,喷墨打印机也具有一定的优势:既可以打印信封、信纸等普通介质,还可以打印各种胶片、照片纸、光盘封面、卷纸、T恤转印纸等特殊介质。

3. 激光打印机

激光打印机是利用激光束进行打印的一种打印机,工作原理是使用一个旋转多角反射镜来调制激光束,并将其射到具有光电导体表面的鼓轮或带子上。当光电导体表面移动时,经调制的激光束便在上面产生潜像,然后将上色剂吸附到表面潜像区,再以静电方式转印在纸上并溶化成永久图像或字符。激光打印机主要用于打印量较大的一些场合。

> **知识点滴**
>
> 激光打印机是高科技发展的一种新产物,分为黑白和彩色两种,它为我们提供了更高质量、更快速、更低成本的打印方式。

4.1.2 打印机的性能指标

打印机的性能指标主要有分辨率、打印速度、打印介质和打印耗材等，用户在购买打印机时可以根据这些指标进行选购。

1. 分辨率

打印机的分辨率是指每英寸打印的点数(dpi)，由横向和纵向两个方向的点数组成。标准的分辨率为600dpi，最高可达到1200dpi，分辨率越高，打印质量越好。但是，如果不需要顶级的图像处理效果，就不用追求1200dpi标准。

2. 打印速度

不同的打印机，打印速度可能差别很大，一般情况下，激光打印机比喷墨打印机快，文本打印比图片打印快。打印机的打印速度以每分钟打印页数(ppm)为标准。这个标准是从空白纸到打印文件的过程，并未包括系统的处理时间。

3. 打印介质

打印介质也是选购打印机时必须考虑的因素，如果需要打印的仅是文本文件，许多打印机通过普通打印纸就能实现。但是为达到最佳打印效果，彩色打印机往往需要特殊的打印纸，这时每张纸的成本也需要另作计算。至于纸张的尺寸，无论是喷墨打印机还是激光打印机，一般都能满足标准纸张打印的需求，而使用特殊纸张，如重磅纸、信封、幻灯片和标签打印的打印机价格则稍高。另外，打印机能够打印的最大幅面，即支持的纸张大小也不一样，一般用户只需打印A4纸张即可满足需求。但是如果需要打印工程图纸等，则需要能够打印A3幅面甚至更大幅面的打印机。

4. 打印耗材

打印耗材是用户购买打印机以后需要付出的潜在成本，这些耗材包括色带、墨粉、打印纸和打印机配件等，也是各厂商牟取巨额利润的地方。将这些耗材的成本分摊到打印的页数上，就可得到通常所说的单张成本。在选择耗材类型时，如果想要降低成本，可选择可以循环使用或市面上产品较多的类型。比如在选择硒鼓时，选择可以自行添加墨粉的硒鼓将比直接更换硒鼓成本低很多。

4.1.3 连接并安装打印机

在安装打印机前，应先将打印机连接到计算机上并装上打印纸。常见的打印机一般都为 USB 接口，只需要连接到计算机主机的 USB 接口，然后接好电源并打开打印机开关即可。

step 1 使用USB连接线将打印机与计算机主机的USB接口相连，并装入打印纸。

step 2 调整打印机中打印纸的位置，使它们位于打印机纸屉的中央。

step 3 接下来，连接打印机电源。

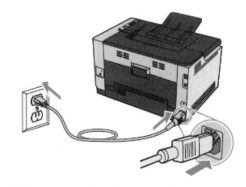

step 4 最后，打开打印机开关。

在 Windows 7 系统下安装打印机，可以使用控制面板中的添加打印机向导，引导用户按照步骤来安装打印机。要使用打印机还需要安装驱动程序，用户可以通过安装光盘和联网下载获得驱动程序；用户还可以选择 Windows 7 系统下自带的相应型号的打印机驱动程序来安装打印机，下面举例介绍使用系统自带驱动程序的方式来安装本地打印机。

【例 4-1】在 Windows 7 系统中安装本地打印机。
🎬视频

step 1 将计算机和打印机连接后，单击【开始】按钮，从弹出的【开始】菜单中选择【设备和打印机】命令。

step 2 打开【设备和打印机】窗口，单击【添加打印机】按钮。

step 3 打开【添加打印机】对话框，单击【添加本地打印机】按钮。

step 4 在打开的【选择打印机端口】对话框中，单击【下一步】按钮。

step 5　打开【安装打印机驱动程序】对话框，选中当前所使用的打印机的驱动程序，单击【下一步】按钮。

step 6　接下来在打开的【键入打印机名称】对话框中保持默认设置，单击【下一步】按钮，即可开始在Window系统中安装打印机驱动程序，完成安装后，在打开的对话框中单击【完成】按钮即可。

step 7　此时在【设备和打印机】窗口中，可以看到新添加的打印机。

　　打印机的作用就是将计算机的文档或图片通过打印机打印在纸张上，一般能查看文档和图片的软件都支持打印功能。例如使用 Word 软件打印一份文档文件，选择菜单栏上的【文件】|【打印】命令，打开【打印】对话框。在该对话框中可以进行打印设置，包括设置打印范围、打印份数、打印模式等内容，最后单击【确定】按钮，打印机就开始打印该文档。

4.2　扫描仪

　　扫描仪是一种光机一体化高科技产品，是一种输入设备，可以将图片、照片、胶片以及文稿资料等书面材料或实物的外观扫描后输入计算机并以图片文件格式保存起来。

4.2.1　扫描仪的类型

　　扫描仪是继键盘和鼠标之后功能极强的第三代计算机输入设备，从最直接的图片、照片到各类图纸图形，以及各类文稿等都可以用扫描仪扫描到计算机中，进而对这些图像形式的信息进行处理、转换、存储和输出等。根据不同的使用类型,扫描仪的外观也各不相同。

1. 按照扫描原理分类

扫描仪的种类很多,按照扫描原理的不同可分为手持式扫描仪、鼓式扫描仪、笔式扫描仪、实物扫描仪和 3D 扫描仪,特点分别如下:

▶ 手持式扫描仪:用手推动完成扫描工作,也有个别产品采用电动方式在纸面上移动,最大扫描宽度为 105mm。

▶ 鼓式扫描仪:又称为滚筒式扫描仪,使用电倍增管作为感光器件,性能远远高于 CCD 类扫描仪,这类扫描仪一般光学分辨率为 1000dpi~8000dpi,色彩位数为 24~48 位,在印刷排版领域应用广泛。

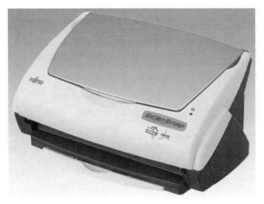

▶ 笔式扫描仪:又称为扫描笔,外形与普通的笔相似,扫描宽度大约只有四号汉字的宽度,使用时贴在纸上一行一行扫描,主要用于文字识别。

▶ 实物扫描仪:结构原理类似于数码相机,不过是固定式结构,拥有支架和扫描平台,分辨率远远高于市场上常见的数码相机,但一般只能拍摄静态物体。

▶ 3D扫描仪:一种针对实物的扫描仪,扫描后生成的文件能够精确描述物体三维结构的一系列坐标数据,输入 3ds Max中即可完整地还原出物体的 3D模型,由于只记录物体的外形,因此无彩色和黑白之分。

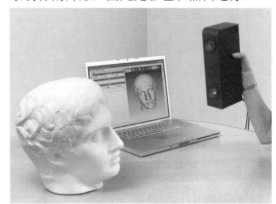

2. 按照用途分类

按照扫描仪的用途可分为家用扫描仪和工业使用扫描仪两种，特点分别如下：

➤ 家用扫描仪：一般为平板式的外形，使用方式类似于复印机，用户可将需要扫描的图片、照片和文稿等放在扫描仪的扫描板上，通过配套软件即可快速进行扫描。

➤ 工业使用扫描仪：体积通常较大，一般采用滚筒式或平台式，能够轻易地处理篇幅较大的文稿和照片，精确度和色彩逼真度都比家用扫描仪高，但价格也相对较贵。

> **知识点滴**
>
> 随着技术的发展和完善，出现了很多多功能一体机，包含打印、扫描、复印和传真等多项功能，扫描任务不多的用户可以选择这种机器。

扫描文件需要软件支持，一些常用的图形图像软件都支持使用扫描仪，例如 Microsoft Office 工具的 Microsoft Office Document Imaging 程序，用户可以通过【开始】菜单打开该软件进行操作。

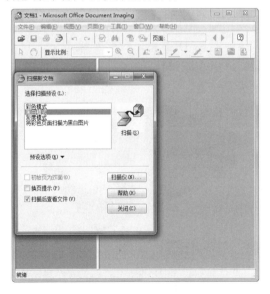

4.2.2　扫描仪的性能指标

扫描仪的性能指标有光学分辨率、色彩深度、灰度值、感光元件、光源和扫描速度等。用户在选购时，可参考这些指标。

1. 光学分辨率

光学分辨率是扫描仪最重要的性能指标之一，直接决定了扫描仪扫描图像的清晰程度。通常用每英寸长度上的点数(dpi)来表示。较普通的扫描仪，光学分辨率为 300×600dpi，扫描质量好一些的扫描仪，光学分辨率通常为 600×1200dpi。

2. 色彩深度、灰度值

扫描仪的色彩深度一般有24bit、30bit、32bit 和36bit 几种，较高的色彩深度位数可保证扫描仪保存的图像色彩与实物的真实色彩尽可能一致，而且图像色彩会更加丰富。通常光学分辨率为300×600dpi 的扫描仪，色彩深度为24bit 或30bit，而光学分辨率为600×1200dpi 的扫描仪为36bit，最高的有48bit。灰度值则是进行灰度扫描时对图像由纯黑到纯白整个色彩区域进行划分的级数，编辑图像时一般都使用8bit，即256级，而主流扫描仪通常为10bit，最高可达12bit。

3. 感光元件

感光元件是扫描图像的拾取设备，相当于人的眼睛，对于靠光线工作的扫描仪来说，其重要性不言而喻。目前扫描仪所使用的感光器件有 3 种，即光电倍增管、电荷耦合器(CCD) 和接触式感光器件(CIS 或 LIDE)。采用 CCD 的扫描仪技术经过多年的发展已经比较成熟，是目前大多数扫描仪主要采用的感光元件；而市场上能够见到的价格较便宜的光学分辨率为 600×1200dpi 的扫描仪几乎都是采用 CIS 作感光元件的，选购时要特别注意。

4. 光源

对于扫描仪而言，光源也是非常重要的一项性能指标，是指扫描仪机身内部的灯管与步进电机自成一体，随步进电机一起运动。因为 CCD 上所感受的光线全部来自于扫描仪自身的灯管。光源不纯或偏色，会直接影响扫描结果。扫描仪内部用得较多的光源类型主要有 3 种：冷阴极荧光灯、RGB 三色发光二极管(即 LED)和卤素灯光源，其中卤素灯光源使用较少。

5. 扫描速度

扫描速度是指扫描仪从预览开始到图像扫描完成后光头移动的时间，但这段时间并不足以准确地衡量扫描的速度，有时把扫描图像送到相应的软件或文档中所花费的时间，往往比单纯的扫描过程还要长。而作业任务从打开扫描仪完成预热，到把从原稿放置在扫描平台上开始，再到最终完成图像处理的整个过程都计算在内，全面体现了扫描仪的速度性能。

4.3 投影仪

随着科学技术的发展，投影技术也不断成熟。投影仪在各种公共场所发挥着扩大展示的作用，越来越多的学校和企业开始使用投影仪取代传统的黑板和显示器。

4.3.1 投影仪的类型

按照投影仪成像原理的不同，可分为 CRT(阴极射线管)投影仪、LCD(液晶)投影仪和 DLP(数字光处理器)投影仪 3 类，特点分别如下：

▶ CRT 投影仪：采用的技术和 CRT 显示器类似，是最早的投影技术。CRT 投影仪使用寿命较长，显示的图像色彩丰富，还原性好，具有丰富的几何失真调整能力。由于受到技术的制约，无法在提高分辨率的同时提高流明，直接影响 CRT 投影仪的亮度值，再加上体积较大和操作复杂，已逐渐被淘汰。

▶ LCD 投影仪：采用最为成熟的透射式投影技术，投影画面色彩还原真实鲜艳，色彩饱和度高，光利用效率很高，LCD 投影仪比用相同瓦数光源灯的 DLP 投影仪有更高的 ANSI 流明光输出。目前市场上高流明的投影仪主要以 LCD 投影仪为主，但缺点是黑色层次表现不是很好，对比度一般都在 500∶1 左右，可以明显看到投影画面的像素结构。

知识点滴

流明是指蜡烛的烛光在一米以外所显现出的亮度，一个 40W 的白炽灯泡，其发光效率大约是每瓦 10 流明，因此可以发出 400 流明的光。

▶ DLP 投影仪：采用反射式投影技术，DLP 投影仪的投影图像灰度等级、图像信号噪声相比其他类别的投影仪大幅度提高，画面质量细腻稳定，尤其在播放动态视频时，没有像素结构感，形象自然，数字图像还原真实精确，但由于考虑到成本和机身体积等因素，目前 DLP 投影仪多半采用单芯片设计，所以在图像颜色的还原上比 LCD 投影仪稍逊一筹，色彩不够鲜艳生动。

实用技巧

目前大多数 LCD 投影机产品的标称对比度为 400∶1，而大多数 DLP 投影机的标称对比度在 1500∶1 以上。如果仅用于演示文字和黑白图片，则对比度在 400∶1 左右即可。

4.3.2 投影仪的性能指标

作为一种计算机产品，投影仪也有一些

参数和性能指标，只有了解这些指标之后，才能更加深入地认识投影仪。

1. 分辨率

投影仪的分辨率关系到投影仪所能显示的图像清晰程度，是由投影仪内部的核心成像器决定的，目前投影仪的分辨率通常为SVGA(800×600dpi)、XGA(1024×768dpi)和SXGA(1280×1024dpi)3种。

2. 对比度

投影仪的对比度是指成像的画面中黑与白的比值，也就是从黑到白的渐变层次，比值越大，从黑到白的渐变层次就越多，色彩表现越丰富。对比度对视觉效果的影响非常大，一般来说对比度越大，图像越清晰，色彩也越鲜明、艳丽，对于图像的清晰度、细节表现、灰度层次表现都有很大帮助；反之，则会使整个画面都灰蒙蒙的。在一些黑白反差较大的文本显示、CAD显示和黑白照片显示等方面，高对比度产品在黑白反差、清晰度和完整性等方面都具有优势。对比度对动态视频显示效果的影响要更大一些，由于动态图像中明暗转换比较快，对比度越高，人眼越容易分辨出这样的转换过程。对比度高的产品在一些暗部场景中的细节表现、清晰度和高速运动物体的表现上优势更加明显。

3. 亮度

亮度的高低直接关系着在明亮的环境中是否能够看清楚投影的内容。一般来说，亮度较高的投影仪，画面效果也更好一些。但亮度并不是决定画面质量的唯一因素。一般亮度为300cd/m²的投影仪适合在有遮光装置的教室、办公室或大型娱乐场所使用，亮度为800cd/m²的投影仪可以满足采光条件一般的普通家庭使用，而亮度在1000cd/m²以上的投影仪可以在较明亮的场所使用。目前大多数小型高级影院和专业投影仪的亮度都在1000cd/m²以上，不过用户如果长时间观看这种投影仪所产生的图像，会对视力产生不良影响。

4. 灯泡

灯泡是投影仪的主要照明设备，使用寿命较短，目前大多数投影仪灯泡的寿命为12000~30000小时。灯泡的价格较贵，不同品牌的投影仪灯泡一般也不能通用，在选购投影仪时，应询问其所使用的灯泡的寿命和价格。

5. 梯形校正

在使用投影仪时，其位置应尽可能与投影屏幕成直角才能保证投影效果，如果无法保证两者垂直，画面就会产生梯形。如果投影仪不是吊装而是摆在桌面上，一般很难通过调整位置来保证垂直，此时可使用投影仪的梯形校正功能来进行校正，保证画面成标准的矩形。梯形校正通常有两种方法，即光学梯形校正和数码梯形校正。光学梯形校正是指通过调整镜头的物理位置来达到调整梯形的目的；数码梯形校正则是通过软件的方法来实现梯形校正。目前，几乎所有的投影仪厂商都采用了数码梯形校正技术，而且采用数码梯形校正的绝大多数投影仪都支持垂直梯形校正功能，即投影仪在垂直方向可调节自身的高度。通过投影仪进行垂直方向的梯形校正，可将画面调整成矩形，从而方便了用户的使用。

6. 噪声

投影仪的噪声主要是由投影仪的风扇旋转时产生的，由于投影仪的灯泡发热量较大，必须依靠机内风扇散热，在散热的同时会产生一些噪声。如果风扇噪声过大，会影响用户使用时的效果，所以用户在选购时最好对风扇的噪声进行测试，一般能将噪声控制在40dB以下比较好。

7. 投影距离

投影距离是指投影仪镜头与屏幕之间的距离，一般用米(m)作为单位。普通的投影仪为标准镜头，适合大多数用户使用。而在实际的应用中，如果在狭小的空间内要获取大画面,需要选用配有广角镜头的投影仪,这样就可以在很短的投影距离内获得较大的投影画面尺寸。

实用技巧

一般来讲,亮度越高的投影仪可以投射出较大的画面。根据镜头焦距有最小画面尺寸和最大画面尺寸,在这两个尺寸之间投影仪投射的画面很清晰。如果超出,可能会出现不清晰的情况。

8. 色彩数

色彩数就是屏幕上可以显示的颜色种类的总数。同显示器一样,投影仪投影出的画面能够显示的色彩数越丰富,投影效果就越好,现在多数投影仪都支持24位真彩色。

4.4　其他的输入和输出设备

除了前面介绍的常见的输入和输出设备外,用户还会接触到一些其他的设备,如指纹读取器、手写板和摄像头等,这些设备可能并不经常使用,但在一些场合或者对于一部分用户来说,确有其用。

4.4.1　指纹读取器

指纹读取器是一种特殊的输入设备,主要用于在司法工作中鉴别指纹。它通过光学传感器将手指上的指纹成像,然后传输至计算机的系统数据库中,和数据库中存储的信息进行校对,以识别指纹所有者的身份。

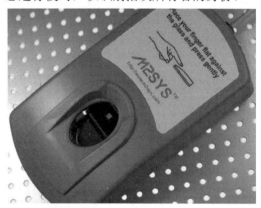

4.4.2　手写板

手写板也是一种输入设备,其作用和键盘类似,对于不习惯使用键盘的用户来说非常方便,只需通过手写笔在手写板上滑动便可实现文字输入等功能。手写板还可以用于精确制图,例如可用于电路设计、CAD设计、图形设计、自由绘画以及文本和数据的输入等。选购手写板时需要注意以下性能指标:

➤ 压感级数:电磁式感应板分为有压感和无压感两种,其中有压感的输入板可以感应到手写笔在手写板上的力度,以实现更多的功能。目前主流的电磁式感应板的压感已经达到了512级,压感级数越高越好。

➤ 分辨率:指手写板在单位长度上分布的感应点数,精度越高对手写的反应越灵敏。

➤ 最高读取速度:手写板每秒钟所能读取的最大感应点的数量,最高读取速度越高,手写板的反应速度越快,输入速度也就越快。

➤ 最大有效尺寸:表示手写板有效的手写区域,手写区越大,手写的回旋余地就越大,运笔也就更加灵活方便。

4.4.3　摄像头

摄像头是目前计算机最常用的视频交流设备,使用它可以通过网络聊天工具,例如腾讯QQ和视频电话等进行视频聊天,还可以通过摄像头对现场进行实时拍摄,然后通过电缆连接到电视机或计算机上,从而可以对现场进行实时监控。

摄像头有别于其他硬件，它的任何性能指标都关系到成像效果。

知识点滴

摄像头分为数字摄像头和模拟摄像头，数字摄像头可以将视频采集设备产生的模拟视频信号转换成数字信号，模拟摄像头必须通过转换才能应用，目前一般均为数字摄像头。

➤ 像素：摄像头的像素大小直接决定着摄像效果的清晰程度。由于大多数用户都是使用摄像头进行视频交流，因此在选择摄像头时，一定要关注拍摄动态画面的像素值，而不要被静态拍摄时的高像素所误导。

➤ 分辨率：分辨率就是摄像头解析辨别图像的能力，在实际使用时，640×480dpi的分辨率就已经可以满足普通用户的日常应用需求了。有些摄像头所标识的高分辨率是利用软件实现的，和硬件分辨率有一定的差距，购买时一定要注意。

➤ 调焦功能：调焦功能也是摄像头一项比较重要的性能指标，一般质量较好的摄像头都具备手动调焦功能，以得到清晰的图像。

➤ 感光元件：摄像头的感光元件主要由CCD(电荷耦合)和CMOS(互补金属氧化物导体)两种，相比较之下，采用CCD感光元件的摄像头的成像更清晰，色彩更逼真，但价格较高。对普通用户而言，选择CMOS感光元件的摄像头就足够了。

➤ 成像距离：摄像头的成像距离就是指摄像头可以相对清晰成像的最近距离到无限远这一范围。还有一个概念就是超焦距，它是指对焦以后能清晰成像的距离，摄像头一般都利用了超焦距的原理，即短焦镜头可以

让一定距离之外的景物都能比较清晰地成像的特点，省去对焦功能。

➤ 最大帧数：就是在 1 秒钟内传输的图片数量，通常用 fps(frames per second)表示，较高的帧率可以得到更流畅、更逼真的动画，所显示的动作也会越流畅。

4.4.4　传真机

传真机在日常办公事务中发挥着非常重要的作用，因其可以不受地域限制地发送信号，且具有传送速度快、接收的副本质量好、准确性高等特点已成为众多企业传递信息的重要工具。

传真机通常具有普通电话的功能，但其操作比电话机复杂一些。传真机的外观与结构各不相同，但一般都包括操作面板、显示屏、话筒、纸张入口和纸张出口等组成部分。其中，操作面板是传真机最为重要的部分，它包括数字键、【免提】键、【应答】键和【重拨/暂停】键等，另外还包括【自动/手动】键、【功能】键和【设置】键等，以及一些工作状态指示灯。

在连接好传真机之后，就可以使用传真机传递信息了。首先将传真机的导纸器调整到需要发送的文件的宽度，再将要发送的文件的正面朝下放入纸张入口中，在发送时，应把先发送的文件放置在最下面。然后拨打接收方的传真号码，要求对方传输一个信号，当听到从接收方传真机传来的传输信号(一般是"嘟"声)时，按【开始】键即可进行文件的传输。

接收传真的方式有两种：自动接收和手动接收。

▶ 设置为自动接收模式时，用户无法通过传真机进行通话，当传真机检查到其他用户发来的传真信号后，便会开始自动接收。

▶ 设置为手动接收模式时，传真的来电铃声和电话铃声一样，用户需手动操作来接收传真。手动接收传真的方法为：当听到传真机铃声响起时拿起话筒，根据对方要求，按【开始】键接收信号。当对方发送传真数据后，传真机将自动接收传真文件。

4.4.5　移动存储设备

移动存储设备主要包括 U 盘、移动硬盘以及各种存储卡，使用这些设备可以方便地将办公文件随身携带或传递给其他办公电脑中。

▶ U 盘：U 盘是 USB 盘的简称，是一种常见的移动存储设备。它的特点是体型小巧、存储容量大和价格便宜。目前常见的 U 盘的容量为 8GB、16GB 和 32GB 等。

▶ 移动硬盘：移动硬盘是以硬盘为存储介质并注重便携性的存储产品。相对于 U 盘

来说，它的存储容量更大，存取速度更快，但是价格相对昂贵一些。目前常见的移动硬盘的容量为 500GB 到 2TB。

▶ 存储卡：SD 卡和 TF 卡都属于存储卡，但又有所区别。从外形上来区分，SD 卡比 TF 卡要大；从使用环境上来分，SD 卡常用于数码相机等设备中。而 TF 卡比较小，常用于手机中。

4.5　交换机

交换(Switching)是按照通信两端传输信息的需要，用人工或设备自动完成的方法，将要传输的信息送到符合要求的相应路由上的技术统称。

4.5.1　集线器和交换机

局域网中的交换机也称为交换式 Hub(集线器)。20 世纪 80 年代初，第一代 LAN 技术开始应用时，即使在上百个用户共享网络介质的环境中，10Mbps 似乎也是一个非凡带宽。但随着计算机技术的不断发展和网络应用范围的不断扩宽，局域网远远超出了原有 10Mbps 传输的要求，网络交换技术开始出现并很快得到了广泛应用。

用集线器组成的网络通常被称为共享式网络，而用交换机组成的网络则被称为交换式网络。共享式以太网存在的主要问题是所有用户共享带宽，每个用户的实际可用带宽随着网络用户数量的增加而递减。这是因为当信息繁忙时，多个用户可能同时"争用"一个信道，而一个信道在某一时刻只允许一个用户占用，所以大量用户经常处于监测等待状态，从而致使信号传输时产生抖动、停滞或失真，严重影响网络的性能。

而在交换式以太网中，交换机提供给每个用户的信息通道，除非两个源端口企图同时将信息发送至一个目的端口，否则多个源端口与目的端口之间可同时进行通信而不会发生冲突。

综上所述，交换机只是在工作方式上与集线器不同，其他如连接方式、速度选择等都与集线器基本相同。目前，市场上常见的交换机从速度上分为 10/100Mbps、100Mbps和 1000Mbps 等几种，其所提供的端口数为8 口、16 口和 24 口等几种。

4.5.2　交换机的功能

交换式局域网可向用户提供共享式局域网不能实现的一些功能，主要包括隔离冲突域、扩展距离、扩大联机数量、数据率灵活等。

1. 隔离冲突域

在共享式以太网中，使用 CSMA/CD(带

有检测冲突的载波侦听多路访问协议)算法来进行介质访问控制。如果两个或更多个站点同时检测到信道空闲而又准备发射，它们将发生冲突。一组竞争信道访问的站点称为冲突域。显然同一个冲突域中的站点竞争信道，便会导致冲突和退避，而不同冲突的站点不会竞争公共信道，它们之间不会产生冲突。

在交换式局域网中，每个交换机端口就对应一个冲突域，端口就是冲突域的终点，由于交换机具有交换功能，不同端口的站点之间不会产生冲突。如果每个端口只连接一台计算机站点，那么在任何一对站点之间都不会有冲突。若一个端口连接一个共享式局域网，那么在该端口的所有站点之间会产生冲突，但该端口的站点和交换机其他端口的站点之间将不会产生冲突，因此交换机隔离了每个端口的冲突域。

2. 扩展距离、扩大联机数量

每个交换机端口可以连接一台计算机或不同的局域网。因此，每个端口都可以连接不同的局域网，其下级交换机还可以再次连接局域网，所以交换机扩展了局域网的连接距离。另外，用户还可以在不同的交换机中同时连接计算机，也扩展了局域网连接计算机的数量。

3. 数据率灵活

交换式局域网中交换的每个端口可以使用不同的数据率，所以能够以不同的数据率部署站点，非常灵活。

4.5.3　交换机的选购常识

目前，各种网络设备公司不断推出不同功能及种类的交换机产品，而且市场上交换机的价格也越来越低廉。但是众多的品牌和产品系列也给用户带来了一定的选择困难，选择交换机时需要考虑以下几个方面：

➤ 外形和尺寸：如果用户所应用的网络规模较大，或已经完成综合布线，工程要求

网络设备集中管理,用户可以选择功能较多、端口数量较多的交换机,比如 19 英寸宽的机架式交换机应该是首选。如果用户所应用的网络规模较小, 如家庭网, 则可以考虑选择性价比较高的桌面型交换机。

如家庭网,用户选择 6~8 端口的交换机就能够满足家庭上网需求。

> 端口数量: 所选购交换机的端口数量应该根据网络中的信息点数量来决定,但是在满足需求的情况下, 还应考虑到一定的冗余, 以便日后增加信息点。若网络规模较小,

> 背板带宽:交换机所有端口间的通信都要通过背板来完成, 背板所能够提供的带宽就是端口间通信时的总带宽。带宽越大,能够给各通信端口提供的可用带宽就越大,数据交换的速度就越快。因此, 在选购交换机时用户应根据自身的需要选择适当的背板带宽的交换机。

4.6 宽带路由器

宽带路由器是近年来新兴的一种网络产品,它伴随着宽带的普及应运而生。宽带路由器在一个紧凑的箱子中集成了路由器、防火墙、带宽控制和管理等功能, 具备快速转发能力,拥有灵活的网络管理和丰富的网络状态等特点。

4.6.1 路由器的功能

宽带路由器的 WAN 接口能够自动检测或手动设定宽带运营商的接入类型,具备宽带运营商客户端发起功能,例如可以作为 PPPoE 客户端, 也可以作为 DHCP 客户端,或是分配固定的 IP 地址。下面将介绍宽带路由器的一些常用功能。

1. 内置 PPPoE 虚拟拨号

在宽带数字线上进行拨号,不同于在模拟电话线上使用调制解调器的拨号。一般情况下, 采用专门的协议 PPPoE(Point-to-Point

Protocol over Ethernet),拨号后直接由验证服务器进行检验,检验通过后就建立起一条高速的用户数字通道,并分配相应的动态 IP。宽带路由器或带路由的以太网接口 ADSL 等都内置有 PPPoE 虚拟拨号功能,可以方便地替代手工拨号接入宽带。

2. 内置 DHCP 服务器

宽带路由器都内置 DHCP 服务器的功能和交换机端口,便于用户组网。DHCP 是 Dynamic Host Configuration Protocol(动态主机分配协议)的缩写,该协议允许服务器向客户端动态分配 IP 地址和配置信息。

3. 网络地址转换(NAT)功能

宽带路由器一般利用网络地址转换功能(NAT)实现多用户的共享接入, NAT 功能比传统的采用代理服务器 Proxy Server 的方式具有更多的优点。NAT 功能提供了连接互联网的一种简单方式,并且通过隐藏内部网络地址的手段为用户提供安全保护。

4.6.2　路由器的选购常识

由于宽带路由器和其他网络设备一样，品种繁多、性能和质量也参差不齐，因此在选购时，应充分考虑需求、品牌、功能、指标参数等因素，并综合各项参数做出最终的选择。

➤ 明确需求：用户在选购宽带路由器时，应首先明确自身需求。目前，由于应用环境的不同，用户对宽带路由器也有不同的要求。例如 SOHO(家庭办公)用户需要简单、稳定、快捷的宽带路由器；而中小型企业和网吧用户对宽带路由器的要求则是技术成熟、安全、组网简单方便、宽带接入成本低廉等。

➤ 指标参数：路由器作为一种网间连接设备，一个作用是连通不同的网络，另一个作用是选择信息传送的线路。选择快捷路径，能大大提高通信速度，减轻网络系统的通信负荷，节约网络系统资源，提高网络系统性能。宽带路由器的吞吐量、交换速度及响应时间是 3 个最为重要的参数，用户在选购时应特别留意。

➤ 功能选择：随着技术的不断发展，宽带路由器的功能不断扩展。目前，市场上大部分宽带路由器提供 VPN、防火墙、DMZ、按需拨号、支持虚拟服务器、支持动态 DNS 等功能。用户在选购时，应根据自己的需要选择合适的产品。

➤ 选择品牌：在购买宽带路由器时，应选择信誉较好的名牌产品，例如Cisco、D-Link、TP-Link等。

4.7　案例演练

本章的案例演练是使用 U 盘复制数据这个实例操作，用户通过练习从而巩固本章所学知识。

【例4-2】使用 U 盘复制数据。 📹视频

step ❶ 将U盘的数据线插入主机的USB接口中，在桌面任务栏右下角的通知区域中将显示连接 USB 设备的图标🔌，此时系统自动打开【自动播放】对话框，【可移动磁盘(G：)】列表框中提供了多个选项，选择【打开文件夹以查看文件】选项。

step ❷ 此时打开【可移动磁盘(G：)】窗口，查看 U 盘内容。

step ❸ 打开【计算机】窗口，双击【本地磁盘(C：)】图标，进入 C 盘根目录。选中【办公计划】文件夹，按 Ctrl+C 快捷键复制该文件夹。

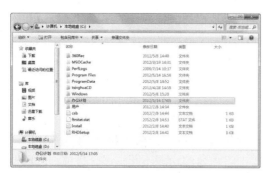

step 4 切换至【可移动磁盘(G：)】窗口，按 Ctrl+V 快捷键，粘贴该文件夹。

step 5 复制完成后，单击【关闭】按钮 x ，关闭【可移动磁盘(G：)】窗口。

step 6 单击任务栏右边的 图标，选择【弹出 Cruzer Blade】命令。

step 7 当桌面的右下角出现【安全地移除硬件】提示框，此时即可将 U 盘从计算机主机的 USB 接口拔下。

第5章

设置主板 BIOS

　　BIOS 是计算机硬件的设置和管理程序，了解 BIOS 的设置方法将有助于用户日后对计算机的使用和维护。本章将详细介绍 BIOS 的功能和作用，如何进入 CMOS 设置程序，以及常用的 CMOS 设置等。

5.1 BIOS 基础知识

BIOS 保存着计算机最重要的基本输入输出程序、系统设置信息、开机后自检程序和系统自启动程序，主要为计算机提供最直接的硬件设置和控制。

5.1.1 BIOS 简介

在安装操作系统前,先要对计算机进行正确的 BIOS 设置,那么什么是 BIOS 呢? BIOS (Basic Input/Output System,基本输入/输出系统)是厂家事先烧录在主板上只读存储器 (ROM)中的程序,主要负责管理或规划主板与附加卡上的相关参数的设定,并且此程序中保存的数据不会因计算机关机而丢失。

BIOS 为计算机提供最低级但却最直接的硬件控制并存储一些基本信息,计算机的初始化操作都是按照固化在 BIOS 里的内容来完成的。

准确地说,BIOS 是硬件与软件程序之间的"转换器",或者说是人机交流接口,负责解决硬件的即时要求,并按软件对硬件的操作具体执行。用户在使用计算机的过程中都会接触到 BIOS,BIOS 在计算机系统中起着非常重要的作用。

5.1.2 BIOS 与 CMOS 的区别

在日常操作与维护计算机的过程中,用户经常会接触到 BIOS 设置与 CMOS 设置的说法,一些计算机用户会把 BIOS 和 CMOS 的概念混淆起来。下面将详细介绍 BIOS 与 COMS 的区别。

CMOS 是英文"Complementary Metal Oxide Semiconductor"的简称,意思是"互补金属氧化物半导体存储器"。CMOS 是主板上一块可读写的 RAM 芯片,大小通常为 128B 或 256B,CMOS 的功耗极低,所以使用一块纽扣电池供电,即可保存其中的信息。

CMOS 中存储着计算机的重要信息,主要有:

> 系统的日期和时间。
> 主板上存储器的容量。
> 硬盘的类型和数目。
> 显卡的类型。
> 当前系统的硬件配置和用户设置的某些参数。

BIOS 设置的参数存放在 CMOS 存储器中,CMOS 存储器的耗电量很小,系统电源关闭后,CMOS 存储器靠主板上的后备电池供电,所以保存在 CMOS 中的用户设置参数不会丢失。

由此可见,BIOS 是用来完成系统设置与修改的工具,CMOS 是系统参数设定的存放场所。CMOS 芯片可由主板的电池供电,这样即使系统断电,CMOS 中的信息也不会丢失。目前,计算机的 BIOS 多采用 Flash ROM,可以通过主板跳线开关或专用软件对其实现重写,以实现对 BIOS 的升级。

5.1.3　BIOS 的分类

　　根据制造厂商的不同，可以将 BIOS 程序分为 Award BIOS、Phoenix BIOS、AMI BIOS 三种类型，由于 Award 和 Phoenix 已经合并，目前新主板使用的 BIOS 主要是 Phoenix-Award BIOS 和 AMI BIOS 两种。另外，Intel 公司还推出了一种图形化操作的 BIOS——UEFI，它将是下一代计算机的主流 BIOS。下面分别进行介绍。

　　➤ Phoenix-Award BIOS：Phoenix BIOS 是由 Phoenix 公司开发的 BIOS 程序，而 Award BIOS 是由以前的 Award Software 公司开发的 BIOS 程序，这两种 BIOS 也曾是市场上主流的计算机 BIOS 程序。两家公司合并后，推出了 Phoenix- Award BIOS。

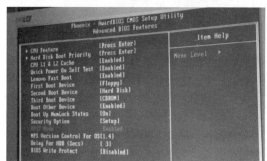

　　➤ AMI BIOS：开发于 20 世纪 80 年代中期，早期的 286、386 大多采用 AMI BIOS，它对各种软硬件的适应性好，能保证系统性能的稳定。到 20 世纪 90 年代后，绿色节能计算机开始普及，AMI 却没能及时推出新版本来适应市场，使得 Award BIOS 占领了大半壁江山。当然 AMI 也有非常不错的表现，新推出的版本依然功能强劲。

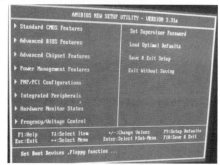

　　➤ UEFI BIOS：它是 Intel 公司推出的一种在未来的计算机系统中代替传统 BIOS 的升级方案，它全新的图像优化设计使 BIOS 设置就像使用操作系统一样简单，代替了传统 BIOS 的文字界面，并且支持高级显示模式和鼠标操作，目前 EFI BIOS 已经开始普及，逐步替代传统的 BIOS。

5.1.4　BIOS 的功能

　　BIOS 用于保存计算机最重要的基本输入输出程序、系统设置信息、开机上电自检程序及初始化程序。虽然 BIOS 设置程序目前存在各种不同版本，功能和设置方法也各自相异，但主要的设置项基本是相同的，一般包括如下几项。

　　➤ 设置 CPU：大多数主板采用软跳线的方式来设置 CPU 的工作频率。设置的主要内容包括外频、倍频系数等 CPU 参数。

　　➤ 设置基本参数：包括系统时钟、显示器类型和启动时对自检错误处理的方式。

　　➤ 设置磁盘驱动器：包括自动检测 IDE 接口、启动顺序和软盘硬盘的型号等。

　　➤ 设置键盘：包括接电时是否检测键盘、键盘类型和键盘参数等。

　　➤ 设置存储器：包括存储器容量、读写时序、奇偶校验和内存测试等。

　　➤ 设置缓存：包括内外缓存、缓存地址/尺寸和显卡缓存设置等。

　　➤ 设置安全：包括病毒防护、开机密码和 Setup 密码等。

　　➤ 设置总线周期参数：包括 AT 总线时钟(AT Bus Clock)、AT 周期等待状态(AT

Cycle Wait State)、内存读写定时、缓存读写等待、缓存读写定时、DRAM 刷新周期和刷新方式等。

▶ 管理电源：关于系统的绿色环保节能设置，包括进入节能状态的等待延时时间、唤醒功能、IDE 设备断电方式、显示器断电方式等。

▶ 监控系统状态：包括检测 CPU 工作温度，检测 CPU 风扇以及电源风扇转速等。

▶ 设置板上集成接口：包括串行并行接口、IDE 接口允许/禁止状态、I/O 地址、IRQ 及 DMA 设置、USB 接口和 IRDA 接口等。

5.2 BIOS 设置

在认识了 BIOS 后就可以开始设置 BIOS，常用的 BIOS 类型有 Award BIOS 和 AMI BIOS 两种，其实 Award BIOS 和 AMI BIOS 里面有很多内容是相同的，可以说基本上一致。本节将以 Award BIOS 为例来介绍 BIOS 设置。

5.2.1 何时需要设置 BIOS

用户在以下情况下需要设置 BIOS。

▶ 新配置的计算机：现在计算机的许多硬件虽然都有即插即用的功能，但是并非所有的硬件都能够被计算机自动识别，另外新配置的计算机的系统软件、硬件参数和系统时钟等都需要用户设置。

▶ 添加新硬件：当为计算机添加新硬件时，如果系统不能识别新添加的设备，此时可以通过 BIOS 设置来完成。另外，新添加的硬件与原有设备之间的 IRQ 冲突或 DMA 冲突也可以通过 BIOS 设置来解决。

▶ CMOS 数据丢失：主板的 CMOS 电池失效、CMOS 感染了病毒、意外清除了 CMOS 中的参数等情况都有可能导致 CMOS 中的数据丢失。这时可以进入 BIOS 设置程序对 CMOS 参数进行更改或重设。

▶ 安装或重装操作系统：当用户安装或重装操作系统时，需要进入 BIOS 更改计算机的启动方式，即把硬盘启动改为 CD-ROM 或以其他方式启动。

▶ 优化系统：当用户需要优化系统时，可以通过 BIOS 设置来更改内存读写等待时间、硬盘数据传输模式、内外 Cache 的使用、节能保护、电源管理以及开机时的启动顺序等参数。

BIOS 中的默认值对不同的系统来说并非最佳配置，因此需要进行多次实验，才能使系统性能得到充分发挥。

5.2.2 BIOS 设置中的常用按键

在开机时按下特定的热键就可以进入 BIOS 设置程序，需要注意的是，不同的 BIOS 设置程序的热键也不同，有的会在屏幕上给出提示信息，有的则没有。几种常见的 BIOS 设置程序的热键如下。

▶ Award BIOS：按 Delete 键或 Ctrl＋Alt＋Esc 组合键。

▶ AMI BIOS：按 Delete 键或 Esc 键。

▶ Phoenix BIOS：按 F2 键或 Ctrl＋Alt＋S 组合键。

在 BIOS 设置程序中所进行的操作都必须通过键盘来实现，因此熟练掌握 BIOS 设置程序中键盘按键的功能，对于初学 BIOS 设置的用户来说至关重要。下面介绍一些常用按键的作用。

▶ ↑(向上键)：移动到上一个选项。

▶ ↓(向下键)：移动到下一个选项。

▶ ←(向左键)：移动到左边的选项。

▽ →(向右键)：移动到右边的选项。

▶ Page Up 键/＋：改变设置状态，增加数值或改变选项。

▶ Page Down 键/－：改变设置状态，

减少数值或改变选项。

➤ Esc 键：回到主界面或从主界面中结束 SETUP 程序。

➤ Enter 键：选择此项。

➤ F1 功能键：显示目前设定项的相关信息。

➤ F5 功能键：装载上一次设定的值。

➤ F6 功能键：装载该画面，Fail-Safe 预设设定(最安全的值)。

➤ F7 功能键：装载该画面，Optimized 预设设定(最优化的值)。

➤ F8 功能键：进入 Q-Flash 功能。

➤ F9 功能键：系统信息。

➤ F10 功能键：保存设置并退出 BIOS。

5.2.3 认识 BIOS 设置界面

在 Award BIOS 设置主界面中，各选项的功能如下所示。

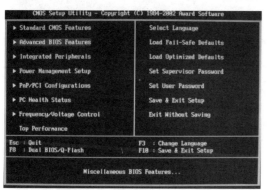

➤ Standard CMOS Features(标准 CMOS 设定)：用来设定日期、时间、硬盘规格、工作类型以及显示器类型。

➤ Advanced BIOS Features (BIOS 功能设定)：用来设定 BIOS 的特殊功能，如开机磁盘优先程序。

➤ Integrated Peripherals(内建整合设备周边设定)：这是主板整合设备设定。

➤ Power Management Setup(省电功能设定)：设定 CPU、硬盘、显示器等设备省电功能。

➤ PnP/PCI Configurations(即插即用设备与 PCI 组态设定)：用来设置 ISA、其他即插即用设备的中断和其他差数。

➤ Load Fail-Safe Defaults(载入 BIOS 预设值)：用于载入 BIOS 初始设置值。

➤ Load Optimized Defaults (载入主板 BIOS 出厂设置)：这是 BIOS 的最基本设置，用来确定故障范围。

➤ Set Supervisor Password(管理员密码)：用于设置进入 BIOS 管理员。

➤ Set User Password (用户密码)：用于设置开机密码。

➤ Save & Exit Setup(保存并退出设置)：用于保存已经更改的设置并退出 BIOS 设置。

➤ Exit Without Saving：用于不保存已经修改的设置，并退出 BIOS 设置。

5.2.4 常用 BIOS 设置

下面将以 Award BIOS 为例介绍常用 BIOS 设置。

1. 设置设备启动顺序

计算机要正常启动，需要通过硬盘、光驱等设备的引导。掌握设备启动顺序的设置十分重要。例如，要使用光盘安装操作系统，就需要将光驱设置为第一启动设备。

【例 5-1】设置计算机从光盘启动。

step 1 开机启动计算机后，打开 BIOS 设置界面后，使用方向键选择【Advanced BIOS Features 选项】，然后按下 Enter 键。打开【Advanced BIOS Features】选项的设置界面。

step ② 使用方向键选择【First Boot Device】选项。

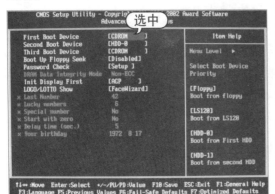

step ③ 按下Enter键，打开【First Boot Device】选项的设置界面，选择【CDROM】选项。按下Enter键确认即可设置光驱为第一启动设备，然后按F10键保存BIOS设置。

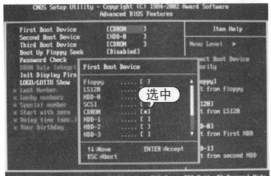

2. 启动 USB 接口

如果用户的计算机使用的是 USB 键盘与 USB 鼠标，在使用时应打开计算机 BIOS 中的 USB 键盘与鼠标支持，否则 USB 键盘与鼠标将不能使用。

【例5-2】设置启用 USB 接口。

step ① 进入BIOS设置界面后，使用方向键选择【Integrated Peripherals】选项。

step ② 按下Enter键，进入【Integrated Peripherals】选项界面，选择【USB Keyboard Support】选项。

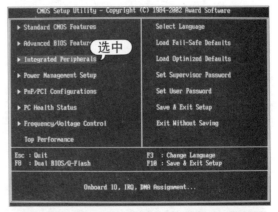

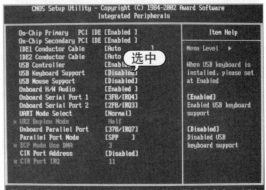

step ③ 按下Enter键，设置参数为Enabled，然后返回上一级界面，选择【USB Mouse Support】选项。

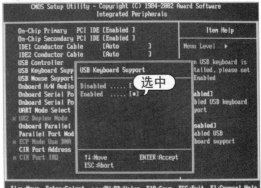

step ④ 按下Enter键，设置参数为Enabled，然后按下Enter键，返回【Integrated Peripherals】选项界面。按下F10键，保存并退出BIOS。

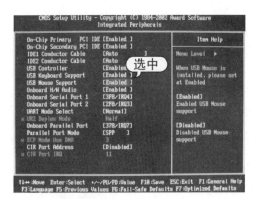

3. 屏蔽板载声卡

目前大多数主板都集成有声卡，但如果用户对板载声卡的音质不满意而购买了一块性能更强的声卡，就需要在 BIOS 中屏蔽板载的集成声卡。

【例5-3】屏蔽板载声卡。

step① 进入BIOS设置界面后，使用方向键选择【Integrated Peripherals】选项，然后按下Enter键。

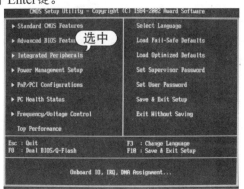

step② 进入【Integrated Peripherals】选项的设置界面，使用方向键选择【Onboard H/W Audio】选项。

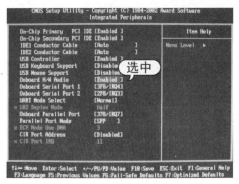

step③ 按下Enter键，打开【Onboard H/W Audio】选项的设置界面，使用方向键选择【Disabled】选项。设置完成后按Enter键确认并返回。

4. 保存并退出 BIOS

在进行一系列的 BIOS 设置操作后，需要将设置保存并重新启动计算机，才能使所做的修改生效。

BIOS 设置完成后，返回 BIOS 主界面，使用方向键选择【Save & Exit Setup】选项，然后按 Enter 键。

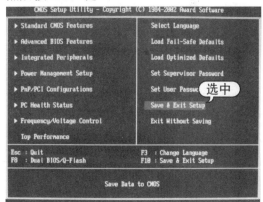

打开保存提示框，在其中输入 Y，然后按 Enter 键确认保存。

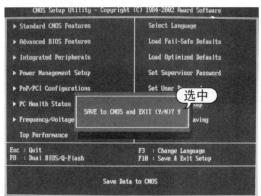

5.3　升级主板 BIOS

BIOS 程序决定了计算机对硬件的支持，由于新的硬件不断出现，使计算机无法支持旧的硬件设备，这就需要对 BIOS 进行升级，提高主板的兼容性和稳定性，同时还能获得厂家提供的新功能。

5.3.1　升级前的准备

由于现在的 BIOS 芯片都采用 Flash ROM，因此都能通过特定的写入程序实现 BIOS 的升级。

另外，由于 BIOS 升级具有一定的危险，各主要厂商针对自己的产品和用户的实际需求，也开发了许多 BIOS 升级特色技术。

各个厂商不断升级 BIOS 的原因有很多，总结一下主要有以下几点。

➤ 由于计算机技术的更新速度很快，因此主板厂商不断地更新主板 BIOS 程序，使主板能支持新频率、新类型的 CPU。

➤ 由于在开发 BIOS 程序的过程中，可能会存在一些 Bug，导致莫名其妙的故障，例如无故重启、经常死机、系统效能低下、设备冲突、硬件设备无故"丢失"等。另外，BIOS 编写，必然也有不尽如人意的地方，当厂商发现这些问题时或用户反馈 BIOS 的问题后，负责任的厂商都会及时推出新版的 BIOS 以修正这些已知的 Bug，从而解决那些莫名其妙的故障。

升级 BIOS 属于比较底层的操作，如果升级失败，将导致计算机无法启动，且处理起来比较麻烦，因此在升级 BIOS 之前应做好以下几方面的准备工作。

➤ 主板类型及 BIOS 的版本：不同类型的主板 BIOS 升级方法存在差异，可通过查看主板的包装盒及说明书、主板上的标注、开机自检画面等方法查明主板类型。另外需要确定 BIOS 的种类和版本，这样才能找到对应的 BIOS 升级程序。

➤ 准备 BIOS 文件和擦写软件：不同的主板厂商会不定期地推出其 BIOS 升级文件，用户可到主板厂商的官方网站进行下载。对于不同的 BIOS 类型，升级 BIOS 需要相应的 BIOS 擦写软件，如 AwdFlash 等。一些著名的主板会要求使用专门的软件。

➤ BIOS 和跳线设置：为了保障 BIOS 升级的顺畅无误，在升级前还需要进行一些相关的 BIOS 设定，如关闭病毒防范功能、关闭缓存和镜像功能、设置 BIOS 防写跳线为可写入状态等。

5.3.2　开始升级 BIOS

做好 BIOS 升级准备后，便可进入 DOS 系统，运行升级程序进行 BIOS 的升级。在 DOS 环境中，可下载 MaxDOS 工具进行安装，然后重新启动计算机到该系统下进行操作。

【例5-4】升级 BIOS。

step 1 打开机箱，查看主板型号，然后在官方网站上搜索，查找对应主板BIOS的升级程序。下载与主板BIOS型号相匹配的BIOS数据文件。

step 2 将下载的BIOS升级程序和数据文件复制到C盘下，在C盘根目录下新建一个名为UpdateBIOS的文件夹，然后将BIOS升级程序和数据文件复制到该目录下。

step 3 重启计算机，在出现开机画面时按下键盘对应键进入CMOS设置，进入【BIOS Features Setup】界面，将【Boot Virus Deltection】选项设置为Disabled。

step 6 在命令提示符下，输入命令Update BIOS，按下Enter键，进入BIOS更新程序，显示器上出现如下图所示的画面。

step 4 设置完成后，按下F10功能键保存，退出CMOS并重启计算机。在计算机启动过程中，不断按F8功能键以进入系统启动菜单，选择【带命令行提示的安全模式】选项。

step 7 根据屏幕提示，输入升级文件名bios.bin，并按下Enter键确定。

step 8 刷新程序提示是否备份主板的BIOS文件，把目前系统的BIOS内容备份到机器上并记住文件名。在此将BIOS备份文件命名为back.bin，以便在更新BIOS的过程中发生错误时，可以重新写回原来的BIOS数据。

step 5 在命令提示符下，输入命令，将当前目录切换至C:\UpdateBIOS下。

step 9 在【File Name to Save】文本框中输入要保存的文件名back.bin。按下Enter键，刷新程序开始读出主板的BIOS内容，保存成一个文件。

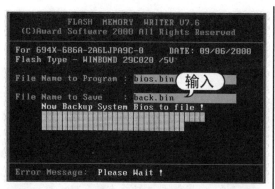

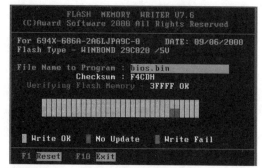

step 10 完成备份后，刷新程序出现的画面如下图所示，询问是否要升级BIOS。

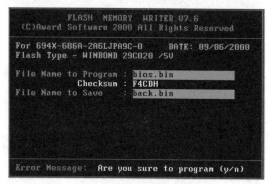

step 11 选择【y】选项，刷新程序开始正式刷新BIOS。在刷新BIOS的过程中，不要中途关机，否则计算机可能出现错误。

step 12 当进度条达到100%时，刷新过程就完成了，刷新程序提示按下F1功能键重启计算机或按F10功能键退出刷新程序。一般选择重启计算机，按F10功能键进入BIOS设置程序，进入【BIOS Features Setup】界面，将【Boot Virus Deltection】选项设置为Enable。再次重启计算机，至此，完成BIOS的升级工作。

5.4 BIOS 自检报警声的含义

启动计算机，经过大约3秒，如果一切顺利没有问题的话，机箱里的扬声器就会清脆地发出"嘀"的一声，并且显示器出现启动信息。否则，BIOS 自检程序会发出报警声音，根据出错的硬件不同，报警声音也不相同。

5.4.1 Award BIOS 报警声的含义

Award BIOS 报警声的含义解释如下：

➢ 1声长报警音：没有找到显卡。

➢ 2短1长声报警音：提示主机上没有连接显示器。

➢ 3短1长声报警音：与视频设备相关的故障。

➢ 1声短报警音：刷新故障，主板上的内存刷新电路存在问题。

➢ 2声短报警音：奇偶校验错误。

➢ 3声短报警音：内存故障。

➢ 4声短报警音：主板上的定时器没有正常工作。

➢ 5声短报警音：主板 CPU 出现错误。

➢ 6声短报警音：BIOS 不能正常切换到保护模式。

➢ 7声短报警音：处理器异常，CPU 产生了一个异常中断。

➢ 8声短报警音：显示错误，没有安装显卡或者内存有问题。

➢ 9声短报警音：ROM 校验和错误，与 BIOS 中的编码值不匹配。

➢ 10 声短报警音：CMOS 关机寄存器

出现故障。

> 11 声短报警音：外部高速缓存错误。

5.4.2 AMI BIOS 报警声的含义

AMI BIOS 报警声的含义解释如下：

> 1 声短报警音：内存刷新失败。

> 2 声短报警音：内存 ECC 校验错误。解决方法：在 BIOS 中将 ECC 禁用。

> 3 声短报警音：系统基本内存(第一个 64KB)检查失败。

> 4 声短报警音：校验时钟出错。解决方法：尝试更换主板。

> 5 声短报警音：CPU 出错。解决方法：检查 CPU 设置。

> 6 声短报警音：键盘控制器错误。

> 7 声短报警音：CPU 意外中断错误。

> 8 声短报警音：显存读写失败。

> 9 声短报警音：提示 ROM BIOS 检验错误。

> 10 声短报警音：CMOS 关机注册时读写出现错误。

> 11 声短报警音：Cache(高速缓存)存储错误。

5.4.3 常见的错误提示

除了报警提示音外，当计算机出现问题或 BIOS 设置错误时，在显示器屏幕上会显示错误提示信息，根据提示信息，用户可以快速了解问题所在并加以解决。常见错误提示与解决方法如下：

> Press TAB to show POST screen：有一些 OEM 厂商会以自己设计的显示画面来取代 BIOS 预设的开机显示画面。该提示就

是告诉用户，可以按 TAB 键切换厂商的自定义画面与 BIOS 预设的开机画面。

> CMOS battery failed：提示 CMOS 电池电量不足，需要更换新的主板电池。

> CMOS check sum error-defaults loaded：表示 CMOS 执行全部检查时发现错误，因此载入预设的系统设定值。通常发生这种状况都是因为主板电池电力不足造成的，所以不妨先换个电池试试。如果问题依然存在的话，那就说明 CMOS RAM 可能有问题，最好送回原厂处理。

> Display switch is set incorrectly：较旧的主板上有跳线可设定显示器为单色或彩色，而这个错误提示信息表示主板上的设定和 BIOS 里的设定不一致，重新设定即可。

> Press ESC to skip memory test：如果在 BIOS 内没有设定快速加电自检，则开机时就会测试内存。如果不想等待，可按 Esc 键跳过或到 BIOS 设置程序中开启【Quick Power On Self Test】选项。

> Secondary slave hard fail：表示检测从盘失败。原因有两种：一种是 CMOS 设置不当，例如没有从盘但在 CMOS 中设有从盘；另一种是硬盘的数据线可能未接好或者硬盘跳线设置不当。

> Override enable-defaults loaded：表示当前 BIOS 设定无法启动计算机，载入 BIOS 预设值以启动计算机。这通常是由于 BIOS 设置错误造成的。

5.5 案例演练

本章的案例演练是设置 BIOS 访问密码这个实例操作，用户通过练习从而巩固本章所学知识。

【例5-5】设置 BIOS 访问密码。

step 1 进入BIOS设置界面后，使用方向键

选择【Set Supervisor Password】选项，然后按Enter键。

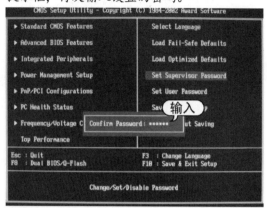

step 2 打开【Enter Password】提示框，输入设置的密码。

step 3 按Enter键，打开【Confirm Password】提示框，再次输入设置的密码。

step 4 输入完成后按Enter键确认返回，选择【Save & Exit Setup】选项，然后按Enter键，在提示框中输入Y，然后按Enter键确认保存。

第6章

安装操作系统

在为计算机安装操作系统之前，需要对计算机的硬盘进行分区和格式化。对计算机硬盘进行分区和格式化之后，就可以安装操作系统了。本章将介绍在计算机中安装 Windows 7 与 Windows 10 系统的步骤，帮助用户掌握安装计算机操作系统的方法与技巧。

本章对应视频

例 6-5 设置默认启动的系统
例 6-6 在 Windows 7 系统下对硬盘分区
例 6-7 使用 Disk Genius 为硬盘分区

6.1 硬盘分区与格式化

硬盘分区就是将硬盘内部的空间划分为多个区域，以便在不同的区域中存储不同的数据；而硬盘格式化则是将分好区的硬盘，根据操作系统的安装格式需求进行格式化处理，以便在系统安装时，安装程序可以对硬盘进行访问。

6.1.1 认识硬盘的分区和格式化

要进行硬盘分区和格式化，就必须掌握硬盘分区、硬盘格式化、文件系统、分区原则等基础知识。

1. 硬盘分区

硬盘分区是指将硬盘分割为多个区域，以方便数据的存储与管理。对硬盘进行分区主要包括创建主分区、扩展分区和逻辑分区3部分。主分区一般用来安装操作系统，然后将剩余的空间作为扩展分区，在扩展分区中再划分一个或多个逻辑分区。

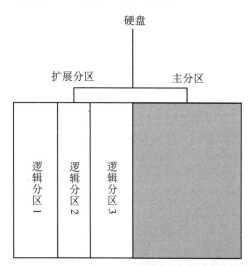

硬盘

扩展分区　　　主分区

逻辑分区1　逻辑分区2　逻辑分区3

知识点滴

一块硬盘上只能有一个扩展分区，而且扩展分区不能直接使用，必须将扩展分区划分为逻辑分区才能使用。在 Windows 7、Linux 等操作系统中，逻辑分区的划分数量没有上限。但分区数量过多会造成系统的启动速度变慢，而单个分区的容量过大也会影响系统读取硬盘的速度。

2. 硬盘格式化

硬盘格式化是指将一张空白的硬盘划分成多个小的区域，并且对这些区域进行编号。对硬盘进行格式化后，系统就可以读取硬盘，并在硬盘中写入数据了。作个比喻，格式化相当于在一张白纸上用铅笔打上格子，这样系统就可以在格子中读写数据了。如果没有格式化操作，计算机就不知道要往哪里写、哪里读。另外，如果硬盘中存有数据，那么经过格式化操作后，这些数据将会被清除。

3. 文件系统

文件系统是基于一个存储设备而言的，通过格式化操作可以将硬盘分区格式化为不同的文件系统。文件系统是有组织地存储文件或数据的方法，目的是便于数据的查询和存取。

在 DOS/Windows 系列操作系统中，常用的文件系统为 FAT 16、FAT 32、NTFS 等。

> FAT 16：FAT 16 是早期 DOS 操作系统中的格式，它使用 16 位的空间来表示每个扇区配置文件的情形，故称为 FAT 16。由于设计上的原因，FAT 16 不支持长文件名，受到 8 个字符的文件名加 3 个字符的扩展名的限制。另外，FAT 16 所支持的单个分区的最大容量为 2GB，单个硬盘的最大容量一般不能超过 8GB。如果硬盘容量超过 8GB，8GB 以上的空间将会因无法利用而浪费，因此 FAT 16 文件系统对磁盘的利用率较低。此外，这种系统的安全性比较差，易受病毒的攻击。

> FAT 32：FAT 32 是继 FAT 16 后推出的文件系统，它采用 32 位的文件分配表，并且突破了 FAT 16 分区格式中每个分区容量只有 2GB 的限制，大大减少了对磁盘的浪费，提高了磁盘的利用率。FAT 32 是目前普遍使用的文件系统分区格式。FAT 32 分区格式也有缺点，由于这种分区格式支持的磁

盘分区文件表比较大,因此其运行速度略低于 FAT 16 分区格式的磁盘。

▶ NTFS:NTFS是Windows NT的专用格式,具有出色的安全性和稳定性。这种文件系统与DOS以及Windows 98/Me系统不兼容,要使用NTFS文件系统,就必须安装Windows 2000操作系统及其以上版本。另外,使用NTFS分区格式的另一个优点是在用户使用过程中不易产生文件碎片,还可以对用户的操作进行记录。NTFS格式是目前最常用的文件格式。

4. 硬盘分区原则

对硬盘分区并不难,但要将硬盘合理地分区,则应遵循一定的原则。对于初学者来说,如果能掌握一些硬盘分区的原则,就可以在对硬盘分区时得心应手。

总的来说,在对硬盘进行分区时可参考以下原则。

▶ 分区实用性:对硬盘进行分区时,应根据硬盘的大小和实际的需求对硬盘分区的容量和数量进行合理划分。

▶ 分区合理性:分区合理性是指对硬盘的分区应便于日常管理,过多或过细会降低系统启动和访问资源管理器的速度,同时也不便于管理。

▶ 最好使用NTFS文件系统:NTFS文件系统是一个基于安全性及可靠性的文件系统,除兼容性外,在其他方面远远优于FAT 32文件系统。NTFS文件系统不但可以支持多达2TB大小的分区,而且支持对分区、文件夹和文件进行压缩,可以更有效地管理磁盘空间。对于局域网用户来说,在NTFS分区上允许用户对共享资源、文件夹以及文件设置访问许可权限,安全性要比FAT 32高很多。

▶ C盘分区不宜过大:一般来说,C盘是系统盘,硬盘的读写操作比较多,产生磁盘碎片和错误的概率也比较大。如果C盘分得过大,会导致扫描磁盘和整理碎片这两项

日常工作变得很慢,影响工作效率。

▶ 双系统或多系统优于单一系统:如今,病毒、木马、广告软件、流氓软件无时无刻不在危害着用户的计算机,轻则导致系统运行速度变慢,重则导致计算机无法启动甚至损坏硬件。一旦出现这种情况,重装、杀毒要消耗很多时间,往往令人头疼不已。并且有些顽固的开机即加载的木马和病毒甚至无法在原系统中删除。此时,如果用户的计算机中安装了双操作系统,事情就会简单得多。用户可以启动到其中一个系统,然后进行杀毒并删除木马来修复另一个系统,甚至可以用镜像把原系统恢复。另外,即使不做任何处理,也同样可以用另外一个系统展开工作,而不会因为计算机故障而耽误正常工作。

6.1.2 安装系统时建立主分区

对于一块全新的没有进行过分区的硬盘,用户可在安装 Windows 7 的过程中,使用安装光盘轻松地对硬盘进行分区。

【例 6-1】使用 Windows 7 安装光盘为硬盘创建主分区

step① 在安装操作系统的过程中,当安装进行到如下图所示步骤时,单击【驱动器选项(高级)】链接。

step② 在打开的新界面中,选择列表中的磁盘,然后单击【新建】链接。

step 3 打开【大小】微调框，在其中输入要设置的主分区的大小(该分区会默认为C盘)，设置完成后，单击【应用】按钮。

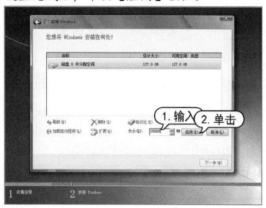

step 4 在弹出的提示框中单击【确定】按钮。

6.1.3 格式化硬盘主分区

对硬盘划分主分区后，在安装操作系统前，还应对该主分区进行格式化。

比如使用Windows 7安装光盘对主分区进行格式化。首先选择刚刚创建的主分区，然后单击【格式化】链接。

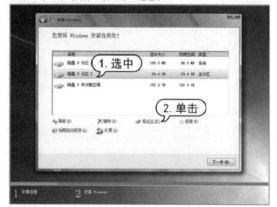

打开提示框，直接单击【确定】按钮，即可进行格式化操作。主分区格式化完成后，选中主分区，然后单击【下一步】按钮，之后开始安装操作系统。

6.2 安装 Windows 7 操作系统

Windows 7是微软公司推出的 Windows 系列操作系统中比较稳定的版本，与之前的版本相比，Windows 7不仅具有靓丽的外观和桌面，而且操作更方便，功能更强大。

6.2.1 Windows 7 简介

在计算机中安装 Windows 7 系统之前，用户应了解该系统的版本、特性以及安装需求的相关知识。

1. Windows 7 版本介绍

Windows 7 系统共包含 Windows 7 Starter(初级版)、Windows 7 Home Basic(家庭普通版)等 6 个版本。

▶ Windows 7 Starter(初级版)的功能较少，缺乏 Aero 特效功能，没有 64 位支持，没有 Windows 媒体中心和移动中心等，对更换桌面背景有限制。

▶ Windows 7 Home Basic(家庭普通版)是简化的家庭版，支持多显示器，有移动中心，限制部分 Aero 特效，没有 Windows 媒体中心，缺乏 Tablet 支持，没有远程桌面，只能加入而不能创建家庭网络组(Home Group)等。

▶ Windows 7 Home Premium(家庭高级版)主要面向家庭用户，满足家庭娱乐需求，包含所有桌面增强和多媒体功能，如 Aero 特效、多点触控功能、媒体中心、建立家庭网络组、手写识别等。

▶ Windows 7 Professional(专业版)主要面向计算机爱好者和小企业用户，满足办公开发需求，包含加强的网络功能，如对活动目录和域的支持、远程桌面等；另外，还包括网络备份、位置感知打印、加密文件系统、演示模式、Windows XP 模式等功能。64 位的 Windows 7 专业版可支持更大内存(192GB)。

▶ Windows 7 Ultimate(旗舰版)拥有新操作系统的所有功能，与企业版基本上是相同的产品，仅仅在授权方式和相关应用及服务上有区别，面向高端用户和软件爱好者。

▶ Windows 7 Enterprise(企业版)主要面向企业市场的高级版本，满足企业数据共享、管理、安全等需求。包含多语言包、UNIX 应用支持、BitLocker 驱动器加密、分支缓存

(Branch Cache)等。

> **知识点滴**
>
> 在以上 6 个版本中，Windows 7 家庭高级版和 Windows 7 专业版是两大主力版本。前者面向家庭用户，后者针对商业用户。此外，32 位版本和 64 位版本没有外观或者功能上的区别，但 64 位版本支持 16GB(最高至 192GB)内存，而 32 位版本只能支持最大 4GB 内存。

2. Windows 7 系统特性

Windows 7 具有以往 Windows 操作系统无法比拟的特性，可以为用户带来全新体验，具体如下。

▶ 任务栏：Windows 7 全新设计的任务栏，可以将来自同一个程序的多个窗口集中在一起并使用同一个图标来显示，使有限的任务栏空间发挥更大的作用。

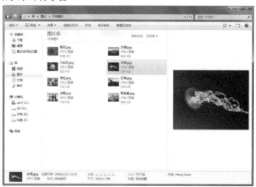

▶ 文件预览：使用 Windows 7 的资源管理器，用户可以通过文件图标的外观预览文件的内容，从而可以在不打开文件的情况下直接通过预览窗格来快速查看各种文件的详细内容。

▷ 窗口智能缩放：Windows 7 系统中加入了窗口智能缩放功能，当用户使用鼠标将窗口拖动到桌面的边缘时，窗口即可最大化或平行排列。

▷ 自定义通知区域图标：在 Windows 7 操作系统中，用户可以对通知区域的图标进行自由管理。可以将一些不常用的图标隐藏起来，通过简单拖动来改变图标的位置，通过设置面板对所有的图标进行集中管理。

▷ Jump List 功能：Jump List 是 Windows 7 的一个新功能，用户可以通过【开始】菜单和任务栏的右键快捷菜单使用该功能。

▷ 常用操作更加方便：在 Windows 7 中，一些常用操作也更加方便快捷。例如，单击任务栏右下角的【网络连接】按钮，即可显示当前环境中的可用网络和信号强度，单击即可进行连接。

3. Windows 7 安装需求

要在计算机中正常安装 Windows 7，需要满足以下最低配置需求。

▷ CPU：1GHz 或更快的 32 位(×86)或 64 位(×64)CPU。

▷ 内存：1GB 物理内存(基于 32 位)或 2GB 物理内存(基于 64 位)。

▷ 硬盘：16GB 可用硬盘空间(基于 32 位)或 20GB 可用硬盘空间(基于 64 位)。

▷ 显卡：带有 WDDM 1.0 或更高版本的驱动程序的 DirectX 9 图形设备。

▷ 显示设备：显示器屏幕的纵向分辨率不低于 768 像素。

> **知识点滴**
>
> 如果要使用 Windows 7 的一些高级功能，则需要满足额外的硬件标准。例如，要使用 Windows 7 的触控功能和 Tablet PC，就需要使用支持触摸功能的屏幕。要完整地体验 Windows 媒体中心，则需要电视卡和 Windows 媒体中心遥控器。

6.2.2 全新安装 Windows 7

要全新安装 Windows 7，应先将计算机设置为从光盘启动，然后将 Windows 7 的安装光盘放入光驱，重新启动计算机，再按照提示逐步操作即可。

【例 6-2】在计算机中全新安装 Windows 7 操作系统。

step 1 将计算机设置为光盘启动，然后将光盘放入光驱。重新启动计算机后，系统将开始加载文件。

step 2 文件加载完成后，系统将打开如下图所示的界面，用户可选择要安装的语言、时间和货币格式以及键盘和输入方法等。选择完成后，单击【下一步】按钮。

step 3 打开如下图所示的界面，单击【现在安装】按钮。

step 4 打开【请阅读许可条款】界面，在该界面中必须选中【我接受许可条款】复选框，继续安装系统，单击【下一步】按钮。

step 5 打开【您想进行何种类型的安装】界面，单击【自定义(高级)】按钮。

step 6 选择要安装的目标分区，单击【下一步】按钮。

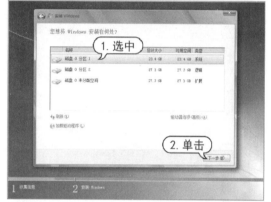

step 7 开始复制文件并安装Windows 7，该过程大概需要15~25分钟。在安装的过程中，系统会多次重新启动，用户无须参与。

step 8 打开如下图所示界面，设置用户名和计算机名称，然后单击【下一步】按钮。

step 9 打开设置账户密码界面，也可不设置，直接单击【下一步】按钮。

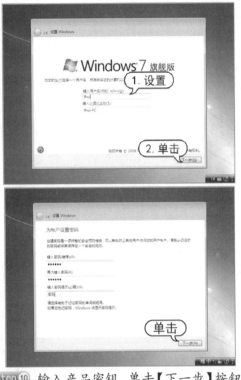

step ⑩ 输入产品密钥，单击【下一步】按钮。

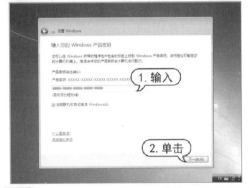

step ⑪ 设置Windows更新，单击【使用推荐设置】按钮。

step ⑫ 设置系统的日期和时间，保持默认设置即可，单击【下一步】按钮。

step ⑬ 设置计算机的网络位置，其中共有【家庭网络】【工作网络】和【公用网络】3种选择，单击【家庭网络】按钮。

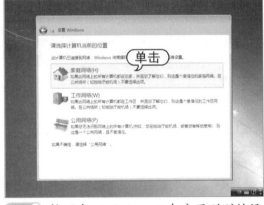

step ⑭ 接下来，Windows 7 会启用刚刚的设置，并显示如下图所示的界面。

step ⑮ 稍等片刻后，系统打开Windows 7 的登录界面，输入正确的登录密码后，按下Enter键。

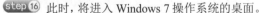

step 16　此时，将进入 Windows 7 操作系统的桌面。

6.3　安装 Windows 10 操作系统

作为 Windows 7 的"继任者"，Windows 10 操作系统在视觉效果、操作体验以及应用功能上的突破与创新都是革命性的，该系统大幅改变了以往操作的逻辑，提供了超酷的触摸体验。

6.3.1　Windows 10 简介

Windows 10 是美国微软公司研发的跨平台及设备应用的操作系统。是微软发布的最后一个独立 Windows 版本。与之前的版本相比，Windows 10 不仅具有靓丽的外观和桌面，而且操作更方便、功能更强大。

Windows 10 共有 7 个发行版本，分别面向不同用户和设备。

▶　家庭版(Home)：包含 Cortana 语音助手(选定市场)、Edge 浏览器、面向触控屏设备的 Continuum 平板电脑模式、Windows Hello(脸部识别、虹膜、指纹登录)、串流 Xbox One 游戏的能力、微软开发的通用 Windows 应用。

▶　专业版(Professional)：以家庭版为基础，增添了管理设备和应用，保护敏感的企业数据，支持远程和移动办公，使用云计算技术。另外，它还带有 Windows Update for Business，微软承诺该功能可以降低管理成本、控制更新部署，让用户更快地获得安全补丁软件。

▶　企业版(Enterprise)：以专业版为基础，增添了大中型企业用来防范针对设备、身份、应用和敏感企业信息的现代安全威胁的先进功能，供微软的批量许可(Volume Licensing)客户使用，用户能选择部署新技术的节奏，其中包括使用 Windows Update for Business 的选项。作为部署选项，Windows 10 企业版将提供长期服务分支。

▶　教育版(Education)：以企业版为基础，面向学校职员、管理人员、教师和学生。它将通过面向教育机构的批量许可计划提供给客户，学校将能够升级 Windows 10 家庭版和 Windows 10 专业版设备。

▶　移动版(Mobile)：面向尺寸较小、配置触控屏的移动设备，例如智能手机和小尺寸平板电脑，集成有与 Windows 10 家庭版相同的通用 Windows 应用和针对触控操作优化的 Office。部分新设备可以使用 Continuum 功能，因此连接外置大尺寸显示屏时，用户可以把智能手机用作 PC。

➤ 移动企业版(Mobile Enterprise)：以 Windows 10 移动版为基础，面向企业用户。它将提供给批量许可客户使用，增添了企业管理更新，以及及时获得更新和安全补丁软件的方式。

➤ 物联网核心版(Windows 10 IoT Core)：主要面向低成本的物联网设备。

6.3.2 全新安装 Windows 10

若需要通过光盘启动安装 Windows 10，应重新启动计算机并将光驱设置为第一启动选项，然后使用 Windows 10 安装光盘引导完成系统的安装。

【例 6-3】在计算机中全新安装 Windows 10 操作系统。

step 1 将计算机的启动方式设置为光盘启动，然后将安装光盘放入光驱中。重新启动计算机后，系统将开始等待Windows 10 安装程序加载完毕，无须任何操作。

step 2 加载完毕后，打开【Windows 安装程序】对话框，设置安装语音、时间格式等，可以保持默认设置，单击【下一步】按钮。

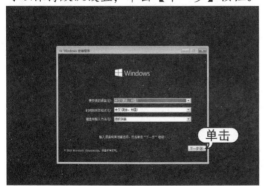

step 3 在打开的【Windows安装程序】窗口中，单击【现在安装】按钮。

step 4 在提示输入产品密钥以激活Windows的对话框中，输入购买Windows系统时微软公司提供的密钥，单击【下一步】按钮。

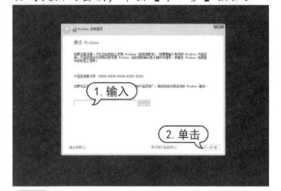

step 5 打开【选择要安装的操作系统】对话框，选择【Windows 10 专业版】选项，单击【下一步】按钮。

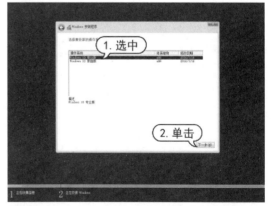

step 6 在打开的对话框中选中【我接受许可条款】复选框，单击【下一步】按钮。

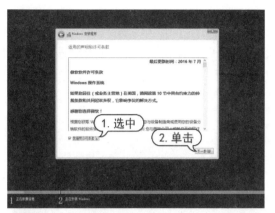

step 7 打开【你想执行哪种类型的安装？】对话框，单击【自定义：仅安装Windows(高级)】按钮。

step 8 打开【你想将Windows安装在哪里？】对话框，选择要安装到的硬盘分区，单击【下一步】按钮，如果硬盘是新硬盘，则可对其进行分区。

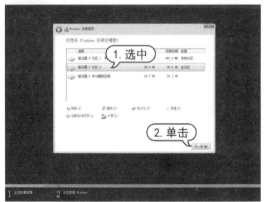

step 9 打开【正在安装Windows】界面，并开始复制和展开Windows文件，此步骤由系统自动进行，用户需要等待期复制、安装和更新完成。

step 10 安装更新完毕后，计算机会自动重启，需要等待系统的安装设置。

step 11 打开【快速上手】界面，系统提示用户可进行的自定义设置，单击【使用快速设置】按钮。用户也可以单击【自定义】按钮，根据需要进行设置。

step 12 在【谁是这台电脑的所有者？】界面上，如果不需要加入组织环境，选择【我拥有它】选项，单击【下一步】按钮。

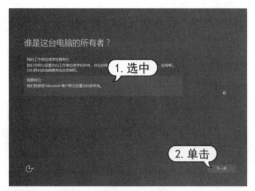

step 13 在【个性化设置】界面，用户可以输入Microsoft账户，单击【登录】按钮，如果没有，可选择【没有账户，创建一个】选项进行创建，也可以选择【跳过此步骤】选项。

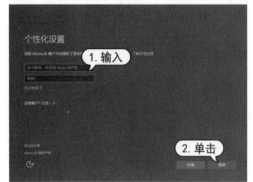

step 14 选择【没有账户，创建一个】选项后，打开【为这台电脑创建一个账户】界面，输入要创建的用户名、密码和提示内容，单击【下一步】按钮。

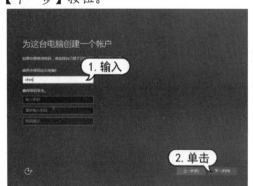

step 15 完成设置后，即可进入Windows 10系统。

6.3.3 升级安装 Windows 10

升级安装指的是将当前 Windows 系统中的一些内容(可自选)迁移到 Windows 10 中，并替换当前操作系统。

【例 6-4】在 WIndows 7 操作系统下升级安装 Windows 10 操作系统。

step 1 启动计算机后，打开Windows 10 安装镜像(Windows 7中需要通过虚拟光驱软件Daemon Tool打开镜像文件)。

step 2 运行镜像文件中的Setup.exe文件，在打开的界面中单击【下一步】按钮。

step 3 在打开的【许可条款】界面中单击【接受】按钮，此时，安装程序将会检测系统安装环境，稍等片刻。

step 4 打开【准备就绪，可以安装】对话框，单击【安装】按钮。

step 5 打开【选择需要保留的内容】对话框，选择当前系统需要保留的内容后，单击【下一步】按钮，开始安装Windows 10。

step 6 经过数次重启，完成操作系统的安装后进入系统设置界面，根据系统提示完成对操作系统的配置，即可将当前系统升级为Windows 10。

step 7 升级安装后的Windows 10 系统，将保留原系统的桌面及软件。

在计算机中成功安装 Windows 10 后，用户可以参考以下方法启动与退出操作系统。

▷ 启动 Windows 10：按下计算机机箱上的电源开关按钮启动计算机，稍等片刻后

在打开的 Windows 10 登录界面中单击【登录】按钮，输入相应的登录密码即可。

▷ 退出 Windows 10：单击系统桌面左下角的【开始】按钮▦，在弹出的菜单中选择【电源】选项◉，继续在弹出的子菜单中选择【关机】命令即可。

6.4　安装多操作系统

安装多操作系统是指在一台计算机上安装两个或两个以上操作系统，它们分别独立存在于计算机中，并且用户可以根据不同的需求来启动其中的任意一个操作系统。本节将向用户介绍多操作系统的相关基础知识以及安装多操作系统的方法。

6.4.1　多操作系统的安装原则

与单一操作系统相比，多操作系统具有以下优点。

▷ 避免软件冲突：有些软件只能安装在特定的操作系统中，或者只有在特定的操作系统中才能达到最佳效果。因此，如果安装了多操作系统，就可以将这些软件安装在最适宜运行的操作系统中。

▷ 更高的系统安全性：当一个操作系统受到病毒感染而导致系统无法正常启动或杀毒软件失效时，就可以使用另外一个操作系统来修复中毒的系统。

▷ 有利于工作和保护重要文件：当一个操作系统崩溃时，可以使用另一个操作系统继续工作，并对磁盘中的重要文件进行备份。

▷ 便于体验新的操作系统：用户可在保留原系统的基础上，安装新的操作系统，

以免因新系统的不足带来不便。

在计算机中安装多操作系统时，应对硬盘分区进行合理的配置，以免产生系统冲突。安装多操作系统时，应遵循以下原则。

▷ 由低到高原则：由低到高是指根据操作系统版本级别的高低，先安装较低版本，再安装较高版本。例如用户要在计算机中安装 Windows 7 和 Windows 10 双操作系统，最好先安装 Windows 7 系统，再安装 Windows 10 系统。

▷ 单独分区原则：单独分区是指应尽量将不同的操作系统安装在不同的硬盘分区上，最好不要将两个操作系统安装在同一个硬盘分区上，以避免操作系统之间的冲突。

▷ 保持系统盘的清洁：用户应养成不要随便在系统盘中存储资料的好习惯，这样不仅可以减轻系统盘的负担，而且在系统崩溃或要格式化系统盘时，也不用担心会丢失重要资料。

6.4.2 安装双系统

在计算机中安装多操作系统时，应对硬盘分区进行合理的配置，以免产生系统冲突。

在为计算机安装多操作系统之前，需要做好以下准备工作。

▶ 对硬盘进行合理的分区，保证每个操作系统各自都有一个独立的分区。

▶ 分配好硬盘的大小，对于 Windows 7 系统来说，最好应有 20GB~25GB 的空间，对于 Windows 10 系统来说，最好应有 40GB~60GB 的空间。

▶ 对于要安装 Windows 7、Windows 8 或 Windows Server 2008 系统的分区，应将其格式化为 NTFS 格式。

▶ 备份好磁盘中的重要文件，以免出现意外损失。

用户可以使用第三方的"小白一键重装系统"软件，在 Windows 7 下安装 Windows10 系统。

step 1 在安装双系统之前，使用"小白一键重装系统"软件制作一个装有Windows 10 系统的U盘启动盘。插入U盘，然后打开"小白一键重装系统"，选择【U盘模式】选项。

step 2 进入U盘模式后，选中插入的U盘，单击【一键制作启动U盘】按钮。选择需要安装的系统，单击下载系统且制作U盘。

step 3 通过U盘启动快捷键，进入U盘制作维护工具。

step 4 选择【[02]Windows PE/RamOS(新机型)】选项，进入U盘的PE系统。

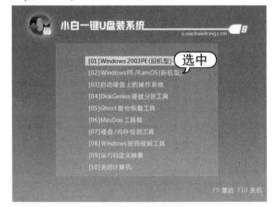

step 5 选择硬盘中的空白卷，单击【安装系统】按钮，"小白一键重装系统"就会自动将Windows 10 系统安装到空白卷中。

step 6 安装系统后，不要选择自动重启选项。而是单击【取消】按钮，关掉工具。因为在安装完Windows 10 之后，还需要进行引导修复。

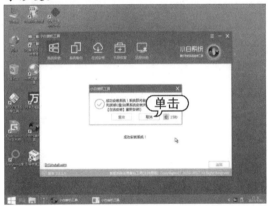

step 7 双击桌面上的【Windows引导修复】图标，将其打开。

step 8 出现一个选择需要修复的引导分区界面，单击C盘。

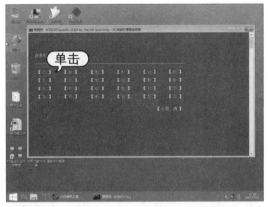

step 9 单击【开始修复】按钮或按数字键 1 进行修复。

step 10 弹出对话框提示修复已成功，单击【退出】按钮或者按数字键 2 退出。

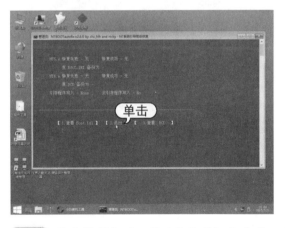

step 11 重启计算机后，可以看见开机启动项中可以选择Windows 10 系统。

6.4.3　设置双系统启动顺序

计算机在安装了双操作系统后，用户还可设置两个操作系统的启动顺序或者将其中的任意一个操作系统设置为系统默认启动的操作系统。

【例6-5】设置Windows 7为默认启动的操作系统，并设置等待时间为10秒。 视频

step 1 启动Windows 7系统，在桌面上右击【计算机】图标，选择【属性】命令。

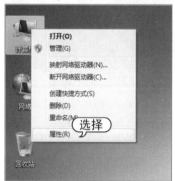

step 2 在打开的【系统】窗口中，单击左侧的【高级系统设置】链接。

step 3 打开【系统属性】对话框。在【高级】选项卡的【启动和故障恢复】区域单击【设置】按钮。

step 4 打开【启动和故障恢复】对话框。在【默认操作系统】下拉列表中选择【Windows 7】选项。选中【显示操作系统列表的时间】复选框，然后在其后的微调框中设置时间为10秒。最后单击【确定】按钮即可。

6.5 案例演练

本章的案例演练是对硬盘进行分区等几个实例操作，用户通过练习从而巩固本章所学知识。

6.5.1 Windows 7 磁盘管理

【例6-6】使用 Windows 7 的磁盘管理功能对硬盘进行分区。 ▶️视频

step 1 在桌面上右击【计算机】图标，在弹出的快捷菜单中选择【管理】命令。

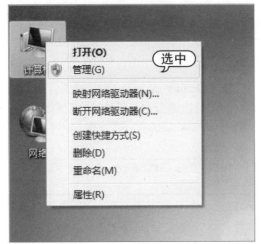

step 2 打开【计算机管理】窗口，选择左侧的【磁盘管理】选项。

step 3 打开【磁盘管理】窗口，在【未分配】卷标上右击，选择【新建简单卷】命令。

step 4 打开【新建简单卷向导】对话框，单击【下一步】按钮。

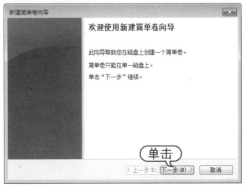

step 5 打开【指定卷大小】对话框，为新建的卷指定大小，此处的单位是MB，其中1GB= 1024MB。设置完成后，单击【下一步】按钮。

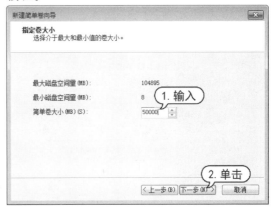

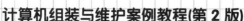

step 6 打开【分配驱动器号和路径】对话框，可为驱动器指定编号，保持默认设置，单击【下一步】按钮。

step 7 打开【格式化分区】对话框，为【文件系统】选择NTFS格式，【分配单元大小】保持默认，使用【卷标】为分区起个名字，然后选中【执行快速格式化】复选框。单击【下一步】按钮。

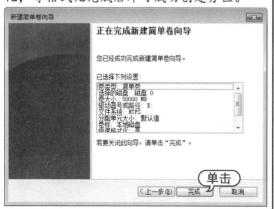

step 8 单击【完成】按钮，将自动进行格式化，等格式化完成后即可成功创建分区。

step 9 使用同样的操作方法，可以为其余未分配的磁盘空间创建分区。

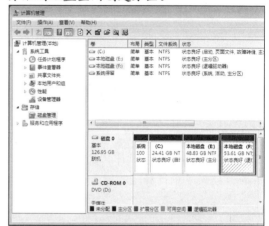

6.5.2　DiskGenius 硬盘分区

DiskGenius 是一款常用的硬盘分区工具，它支持快速分区、新建分区、删除分区、隐藏分区等多项功能，是对硬盘进行分区的好帮手。

【例 6-7】使用 DiskGenius 为硬盘手动分区。
🔘 视频

step 1 启动DiskGenius软件，在左侧列表中选择要进行快速分区的硬盘，然后单击【新建分区】按钮。

step 2 打开【建立新分区】对话框，在【请选择分区类型】区域选中【主磁盘分区】单选按钮，在【请选择文件系统类型】下拉列表中选择NTFS选项，然后在【新分区大小】微调框中设置数值，单击【详细参数】按钮。

step 3 可设置起止柱面、分区名字等更加详细的参数。如果用户对这些参数不了解，保持默认设置即可。设置完成后，单击【确定】按钮。

step 4 此时即可成功建立第一个主分区。

step 5 在【硬盘分区结构图】中选择【空闲】分区，单击【新建分区】按钮。

step 6 打开【建立新分区】对话框，在【请选择分区类型】区域选中【扩展磁盘分区】单选按钮，在【新分区大小】微调框中保持默认数值，单击【确定】按钮。

step 7 此时把所有剩余分区划分为扩展分区。在左侧列表中选择【扩展分区】选项，然后单击【新建分区】按钮。

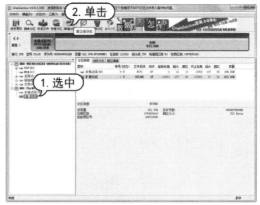

step⑧ 打开【建立新分区】对话框,此时可将扩展分区划分为若干个逻辑分区。在【新分区大小】微调框中输入想要设置的第一个逻辑分区的大小,其余选项保持默认设置,然后单击【确定】按钮,即可划分第一个逻辑分区。

step⑨ 使用同样的方法将剩余空闲分区根据需求划分为逻辑分区。分区划分完成后,在软件主界面左侧列表中选择刚刚进行分区的硬盘,然后单击【保存更改】按钮。

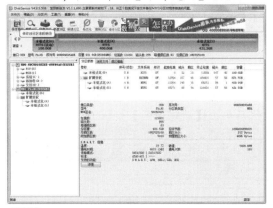

step⑩ 在打开的提示中,单击【是】按钮。

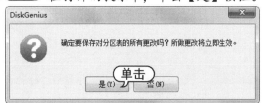

step⑪ 打开提示框,单击【是】按钮。

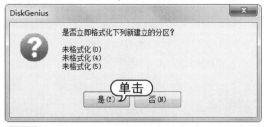

step⑫ 开始对新分区进行格式化,格式化完成后,完成对硬盘的分区操作。

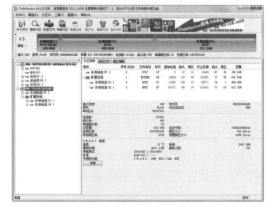

6.5.3 全新安装 Windows 8

Windows 8 全新的系统画面和操作方式与传统 Windows 相比变化极大,采用了全新的 Metro 风格用户界面,各种应用程序、快捷方式等能够以动态方块的样式呈现在屏幕上。若需要通过光盘启动安装 Windows 8,应重新启动计算机并将光驱设置为第一启动选项,然后使用 Windows 8 安装光盘引导完成系统的安装操作。

【例6-8】使用安装光盘在计算机中安装Windows 8系统。

step① 在BIOS设置中将光驱设置为第一启动选项后,将Windows 8 安装光盘放入光驱,然后启动计算机,并在启动提示Press any key to boot from CD or DVD时,按下键盘上的任意键进入Windows 8 安装程序。

step② 在打开的【Windows安装程序】窗口中,单击【现在安装】按钮。

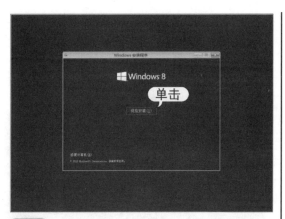

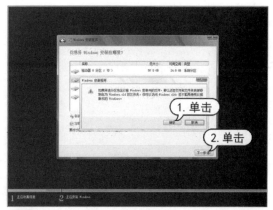

step 3　在打开的【输入产品密钥以激活 Windows】窗口中，输入Windows 8的产品密钥后，单击【下一步】按钮。

step 6　在系统的安装提示下，单击【立即重启】按钮，重新启动计算机。

step 4　在打开的对话框中选择Windows 8 的安装路径后，单击【下一步】按钮。

step 7　在打开的【个性化】设置界面中输入计算机名称(如home-PC)后，单击【下一步】按钮。

step 5　在打开的提示对话框中单击【确定】按钮，然后单击【下一步】按钮。Windows 8 操作系统将完成系统安装信息的收集，开始系统的安装阶段。

step 8　在打开的【设置】界面中，单击【使用快速设置】按钮。

step 9 在打开的【登录到电脑】界面中，输入电子邮箱，单击【下一步】按钮。

step 10 完成以上操作后，根据安装程序的提示完成相应的操作，即可开始安装系统应用与桌面，并进入Metro UI界面。单击Metro UI界面左下角的【桌面】图标，可以打开Windows 8 的系统桌面。

第7章

安装驱动并检测硬件

安装完操作系统后,还要为硬件安装驱动程序(也可简称为驱动),这样才能使计算机中的各个硬件有条不紊地进行工作。另外,用户还可以使用工具软件对计算机硬件的性能进行检测,了解自己的硬件配置,方便进行升级和优化。

 **本章对应视频**

7.1 安装硬件驱动程序

在安装完操作系统后，计算机仍不能正常使用。此时计算机的屏幕还不是很清晰、分辨率还不是很高，甚至可能没有声音，因为计算机还没有安装硬件的驱动程序。一般来说，需要手动安装的驱动程序主要有主板驱动、显卡驱动、声卡驱动、网卡驱动和一些外设驱动等。

7.1.1 认识驱动程序

驱动程序的全称是设备驱动程序，是一种可以使操作系统和硬件设备进行通信的特殊程序。其中包含了硬件设备的相关信息，可以说，驱动程序为操作系统访问和使用硬件提供了一个程序接口，操作系统只有通过该接口，才能控制硬件设备有条不紊地进行工作。

如果计算机中某个设备的驱动程序未能正确安装，该设备便不能正常工作。因此，驱动程序在系统中占有重要地位。一般来说，操作系统安装完毕后，首先要安装硬件设备的驱动程序。

> **知识点滴**
> 常见的驱动程序的文件扩展名有以下几种：.dll、.drv、.exe、.sys、.vxd、.dat、.ini、.386、.cpl、.inf和.cat等。其中核心的有.dll、.drv、.vxd 和.inf。

驱动程序是硬件不可缺少的组成部分。一般来说，驱动程序具有以下几项功能。

➤ 初始化硬件设备功能：实现对硬件的识别和硬件端口的读写操作，并进行中断设置，实现硬件的基本功能。

➤ 完善硬件功能：驱动程序可对硬件所存在的缺陷进行消除，并在一定程度上提升硬件的性能。

➤ 扩展辅助功能：目前驱动程序的功能不仅仅局限于对硬件进行驱动，还增加了许多辅助功能，以帮助用户更好地使用计算机。驱动程序的多功能化已经成为未来发展的一个趋势。

驱动程序按照其支持的硬件来分，可分为主板驱动程序、显卡驱动程序、声卡驱动程序、网卡驱动程序和外设驱动程序(如打印机和扫描仪驱动程序)等。

另外，按照驱动程序的版本分，一般可分为以下几类。

➤ 官方正式版：官方正式版驱动程序是指按照芯片厂商的设计研发出来的、并经过反复测试和修正、最终通过官方渠道发布出来的正式版驱动程序，又称公版驱动程序。在运行时正式版本的驱动程序可保证硬件的稳定性和安全性，因此，建议用户在安装驱动程序时，尽量选择官方正式版本。

➤ 微软 WHQL 认证版：这是微软对各硬件厂商驱动程序的一种认证，是为了测试驱动程序与操作系统的兼容性和稳定性而制定的。凡是通过了 WHQL 认证的驱动程序，都能很好地和 Windows 操作系统相匹配，并具有非常好的稳定性和兼容性。

➤ Beta 测试版：Beta 测试版是指处于测试阶段、尚未正式发布的驱动程序，这种驱动程序的稳定性和安全性没有足够的保障，建议用户最好不要安装这种驱动程序。

➤ 第三方驱动：第三方驱动是指硬件厂商发布的，在官方驱动程序的基础上优化而成的驱动程序。与官方驱动程序相比，它具有更高的安全性和稳定性，并且拥有更加完善的功能和更加强劲的整体性能。因此，推荐品牌机用户使用第三方驱动；但对于组装机用户来说，官方正式版驱动仍是首选。

7.1.2 安装驱动的顺序和途径

在安装驱动程序时，为了避免安装后造成资源的冲突，应按照正确的顺序进行安装。一般来说，正确的驱动安装顺序如下。

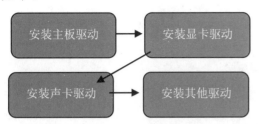

在安装硬件设备的驱动程序前，首先需要了解该设备的产品型号，然后找到对应的驱动程序。通常用户可以通过以下 4 种方法来获得硬件的驱动程序。

1. 操作系统自带驱动

现在的操作系统对硬件的支持越来越好，操作系统本身就自带大量的驱动程序，这些驱动程序可随着操作系统的安装而自动安装。因此，无须单独安装，便可使相应的硬件设备正常运行。

2. 产品自带驱动光盘

一般情况下，硬件生产厂商都会针对自己产品的特点，开发出专门的驱动程序，并在销售硬件时将这些驱动程序以光盘的形式免费附赠给购买者。由于这些驱动程序针对性比较强，因此其性能优于操作系统自带的驱动程序，能更好地发挥硬件的性能。

3. 通过网络下载驱动程序

用户可以通过访问相关硬件设备的官方网站，下载相应的驱动程序。这些驱动程序大多是最新推出的新版本，比购买硬件时赠送的驱动程序具有更高的稳定性和安全性，用户可及时地对旧版的驱动程序进行升级更新。

4. 使用万能驱动程序

如果用户通过以上方法仍不能获得驱动程序，可以通过网站下载该类硬件的万能驱动，以解燃眉之急。

7.1.3 安装驱动程序

用户购买的计算机会自带一些必备的硬件驱动程序,如主板驱动、显卡驱动、网卡驱动等驱动程序。用户可以用光盘进行安装,比如用光盘安装显卡驱动,可参考下面的步骤进行。

step 1 首先,将显卡驱动程序的安装光盘放入光驱中,此时系统会自动开始初始化安装程序,并打开选择安装目录界面。保持默认设置,然后单击OK按钮,安装程序开始提取文件。

step 2 打开安装界面,单击【同意并继续】按钮,打开【安装选项】对话框。

step 2 选中【精简】单选按钮,然后单击【下一步】按钮。

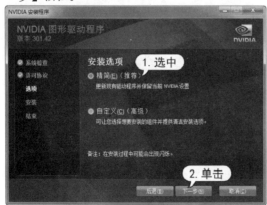

step 3 选中【安装NVIDIA更新】复选框,然后单击【下一步】按钮。

step 4 系统将开始自动安装显卡驱动程序,驱动程序安装完成后,打开【NVIDIA安装程序已完成】对话框,单击【关闭】按钮,完成显卡驱动程序的安装。

除了使用光盘安装驱动的方法外,用户还可以使用第三方软件进行联网安装驱动。比如驱动精灵就是一款优秀的驱动程序管理专家,它不仅能够快速而准确地检测计算机中的硬件设备,为硬件寻找最佳匹配的驱动程序,而且还可以通过在线更新,及时升级硬件驱动程序。另外,它还可以快速地提取、备份以及还原硬件设备的驱动程序。

【例7-1】使用【驱动精灵】安装驱动。 视频

step 1 要使用【驱动精灵】软件管理驱动程序,首先要安装驱动精灵。用户可通过网络下载并进行安装,网址为http://www.drivergenius.com。

step ② 启动【驱动精灵】程序后，单击软件主界面中的【立即检测】按钮，将开始自动检测计算机的软硬件信息。

step ③ 检测完成后，会进入软件的主界面，单击【驱动管理】标签，可以检测到已安装的驱动程序，它们按列表排列。

step ④ 如果有驱动未安装，可以单击程序选项后的【安装】按钮，此时软件开始联网下载该驱动。

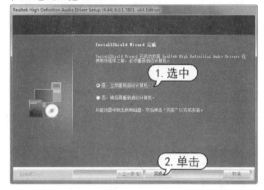

step ⑤ 在打开的驱动程序安装向导中，单击【下一步】按钮。

step ⑥ 最后，驱动程序的安装程序将引导计算机重新启动，根据需要选中对应的单选按钮，单击【完成】按钮。

7.1.4　备份和恢复驱动程序

　　【驱动精灵】还具有备份驱动程序的功能，用户可使用【驱动精灵】方便地备份硬件的驱动程序，以保证在驱动丢失或更新失败时，可以通过备份方便地进行还原。

1. 备份驱动程序

　　用户可以参考下面介绍的方法，使用【驱动精灵】软件备份驱动程序。

【例 7-2】使用【驱动精灵】备份驱动。视频

step ① 启动【驱动精灵】程序后，在其主界面中单击【驱动管理】标签，然后在驱动程序选项右侧单击下拉按钮，在弹出的菜单中选择【备份】选项。

step ② 打开【驱动备份还原】对话框，单击【一键备份】按钮。

step ③ 开始备份选中的驱动程序,并显示备份进度。

step ④ 驱动程序备份完成后,【驱动精灵】程序将显示界面,提示已完成指定驱动程序的备份。

2. 还原驱动程序

如果用户备份了驱动程序,那么当驱动程序出错或更新失败而导致硬件不能正常运行时,就可以使用【驱动精灵】的还原功能来恢复驱动程序。

启动【驱动精灵】程序后,在其主界面中单击【驱动管理】标签,然后在驱动程序选项右侧单击下拉按钮,在弹出的菜单中选择【还原】选项,打开【驱动备份还原】对话框,选中需要还原的驱动前面的复选框,然后单击【还原】按钮,还原完成后,重新启动计算机即可完成操作。

7.2 管理硬件驱动程序

设备管理器是 Windows 系统中的一种管理工具,可以用来管理计算机上的硬件设备。比如查看和更改设备属性、更新设备驱动程序、配置设备设置和卸载设备等。

7.2.1 查看硬件设备信息

通过设备管理器,用户可查看硬件的相关信息。例如,哪些硬件没有安装驱动程序、哪些设备或端口被禁用等。

【例 7-3】 查看计算机中硬件设备的相关信息。
视频

step ① 在系统的桌面上右击【计算机】图标,在弹出的快捷菜单中选择【管理】命令。

step 2 打开【计算机管理】窗口，单击【计算机管理】窗口左侧列表中的【设备管理器】选项，即可在窗口的右侧显示计算机中安装的硬件设备的信息。

在【计算机管理】窗口中，当某个设备不正常时，通常会出现以下 3 种提示。

▶ 红色叉号：表示设备已被禁用，这些通常是用户不常用的一些设备或端口，禁用后可节省系统资源，提高启动速度。要想启用这些设备，可在设备上右击，在弹出的快捷菜单中选择【启用】命令即可。

▶ 黄色的问号：表示硬件设备未能被操作系统识别。

▶ 黄色的感叹号：表示硬件设备没有安装驱动程序或驱动安装不正确。

出现黄色的问号或黄色的感叹号时，用户只需重新为硬件安装正确的驱动程序即可。

7.2.2　更新硬件驱动程序

用户可通过设备管理器窗口查看或更新驱动程序。

【例 7-4】在计算机中更新驱动程序。视频

step 1 用户要查看显卡驱动程序，可在桌面上右击【计算机】图标，在弹出的快捷菜单中选择【管理】命令。在打开的【计算机管理】窗口中，单击其左侧列表中的【设备管理器】选项，打开设备管理器。单击【显示适配器】选项前面的 ▷ 号。

step 2 在展开的列表中，右击 NVIDIA GeForce 9600 GT 选项，在弹出的快捷菜单中选择【属性】命令。打开【NVIDIA GeForce 9600 GT 属性】对话框，在该对话框中，用户可查看显卡驱动程序的版本等信息。

step 3 在设备管理器中右击 NVIDIA GeForce 9600 GT 选项，在弹出的菜单中选择【更新驱动程序软件】选项，打开更新向导。

step④ 在更新向导中，选中【自动搜索更新的驱动程序软件】选项。

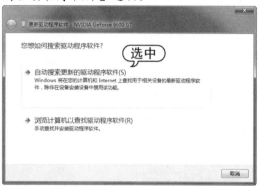

step⑤ 系统开始自动检测已安装的驱动信息，并搜索可以更新的驱动程序信息。

step⑥ 如果用户已经安装了最新版本的驱动，将显示如下图所示的对话框，提示用户无须更新，单击【关闭】按钮。

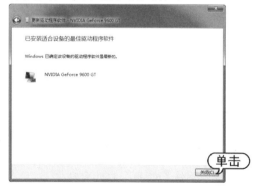

7.2.3　卸载硬件驱动程序

用户可通过设备管理器卸载硬件驱动程序，本节以卸载声卡驱动为例来介绍驱动程序的卸载方法。

【例 7-5】使用设备管理器卸载声卡驱动程序。
视频

step① 打开设备管理器，然后单击【声音、视频和游戏控制器】选项前方的▷号，在展开的列表中右击要卸载的目标，在弹出的快捷菜单中选择【卸载】命令。

step② 弹出【确认设备卸载】对话框，选中【删除此设备的驱动程序软件】复选框，单击【确定】按钮，即可开始卸载驱动程序。

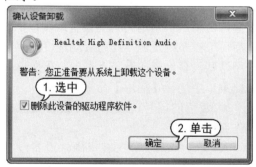

7.3　查看计算机硬件参数

系统装好了，用户可以对计算机的各项硬件参数进行查看，以便更好地了解计算机的性能。查看硬件参数包括查看 CPU 主频、硬盘容量、显卡属性等。

7.3.1　查看 CPU 主频

CPU 主频即 CPU 内核工作的时钟频率。用户可通过设备管理器查看 CPU 的主频。

首先在桌面上右击【计算机】图标，在弹出的快捷菜单中选择【管理】命令。

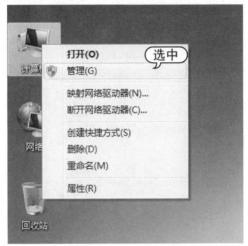

打开【计算机管理】窗口，选择【计算机管理】窗口左侧列表中的【设备管理器】选项，即可在窗口的右侧显示计算机中安装的硬件设备的信息。展开【处理器】前方的选项，即可查看 CPU 的主频。

7.3.2　查看硬盘容量

硬盘是计算机的主要数据存储设备，硬盘容量决定着个人计算机的数据存储能力。用户可通过设备管理器查看硬盘的总容量和各个分区的容量。

在桌面上右击【计算机】图标，在弹出的快捷菜单中选择【管理】命令，打开【计算机管理】窗口，选择【磁盘管理】选项，即可在窗口的右侧显示硬盘的总容量和各个分区的容量。

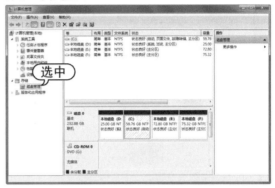

7.3.3　查看显卡属性

显卡是组成计算机的重要硬件设备之一，显卡性能的好坏直接影响着显示器的显示效果。查看显卡的相关信息可以帮助用户了解显卡的型号和显存等信息，方便以后维修或排除故障。

选择【开始】|【控制面板】命令，打开【控制面板】窗口，单击【显示】图标。

打开【显示】窗口，然后在窗口的左侧单击【调整分辨率】链接。

打开【屏幕分辨率】窗口，单击【高级设置】链接。

打开下图所示对话框，在其中可以查看显卡的型号以及驱动等信息。

7.4　检测计算机硬件性能

在了解了计算机硬件的参数以后，还可以通过性能检测软件来检测硬件的实际性能。这些硬件测试软件会将测试结果以数字的形式展现给用户，方便用户更直观地了解设备性能。

7.4.1　检测 CPU 性能

CPU-Z 是一款常见的 CPU 测试软件，除了使用 Intel 或 AMD 推出的检测软件之外，人们平时使用最多的此类软件就数它了。CPU-Z 支持的 CPU 种类相当全面，软件的启动速度及检测速度都很快。另外，它还能检测主板和内存的相关信息。

【例7-6】使用CPU-Z检测计算机中CPU的具体参数。 📹视频

step① 在计算机中安装并启动CPU-Z程序后，该软件将自动检测当前计算机中CPU的参数(包括名字、工艺、型号等)，并显示在其主界面中。

step② 在CPU-Z界面中，选择【缓存】选项卡，可以查看缓存的类型、大小。

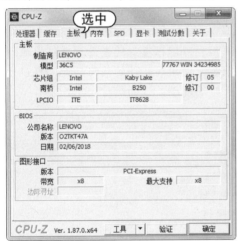

step 3　选择【主板】选项卡，可以查看当前主板所用芯片组的型号和架构等信息。

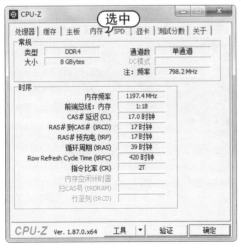

step 4　选择【内存】选项卡，查看当前内存的大小、通道数、各种时钟信息以及延迟时间。

step 5　选择SPD选项卡，打开【内存插槽选择】下拉列表，选择【插槽#1】选项，查看该选项内存信息。

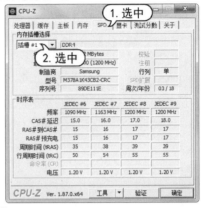

step 6　选择【显卡】选项卡，可以查看性能等级、图形处理器、时钟、显存等信息。

step 7　选择【测试分数】选项卡，在【参考】下拉列表中，选择作为参考的CPU，单击【测试处理器分数】按钮，和本机处理器进行对比。

step⑧ 选择【关于】选项卡, 单击【保存报告(.HTML)】按钮。

step⑨ 在弹出的【另存为】对话框中选择保存路径, 输入文件名, 再单击【保存】按钮。

step⑩ 在保存的目录下打开上述所保存的HTML文件。

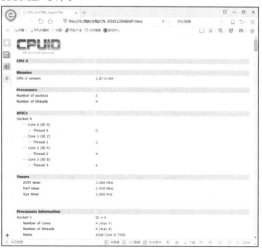

7.4.2　检测内存性能

内存主要用来存储当前执行的程序的数据, 并与 CPU 进行交换。使用内存检测工具可以快速扫描内存, 测试内存的性能。

DMD 是腾龙备份大师配套增值工具中的一员, 中文名为系统资源监测与内存优化工具。它是一款可运行在全系列 Windows 平台上的资源监测与内存优化软件, 该软件为腾龙备份大师的配套增值软件。DMD 无须安装直接解压缩即可使用。它是一款基于汇编技术的高效率、高精确度的内存、CPU 监测及内存优化整理系统, 能够让计算机系统长时间保持最佳的运行状态。

【例 7-7】使用 DMD 软件检测计算机中的内存。
▶ 视频

step① 在计算机中安装并启动DMD软件后, 用户可以很直观地查看到系统资源所处的状态。使用该软件的优化功能, 可以让系统长时间处于最佳的运行状态。

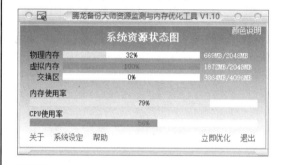

step② 将鼠标指针放置在【颜色说明】选项上, 即可在打开的颜色说明浮动框中查看绿色、黄色、红色所代表的含义, 然后单击【系统设定】链接。

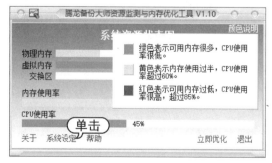

step ③ 打开【设定】对话框，拖动内存滑块至 90%，选中【启用自动整理功能】和【整理前显示警告信息】复选框，单击【确定】按钮。

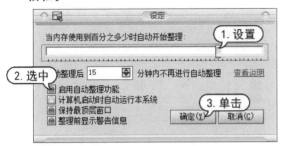

step ④ 在主界面下方单击【立即优化】文本链接，将显示系统正在进行内存优化。

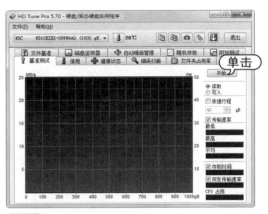

7.4.3　检测硬盘性能

硬盘是计算机的主要存储设备，是存储计算机数据资料的仓库。使用硬盘检测工具可以快速测试硬盘的性能。

HD Tune Pro 是一款小巧易用的硬盘工具软件，其主要功能包括检测硬盘传输速率，检测健康状态，检测硬盘温度及磁盘表面扫描等。另外，HD Tune Pro 还能检测出硬盘的固件版本、序列号、容量、缓存大小以及当前的 Ultra DMA 模式等。

【例 7-8】使用 HD Tune Pro 软件测试硬盘性能。

🎬 视频

step ① 在计算机中安装并启动 HD Tune Pro 软件，然后在软件界面中单击【开始】按钮。HD Tune Pro 将开始自动检测硬盘的基本性能。

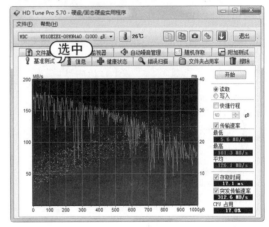

step ② 选择【基准测试】选项卡，会显示通过检测得到的硬盘基本性能信息。

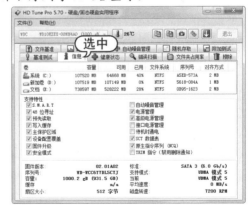

step ③ 选择【信息】选项卡，可以查看硬盘的基本信息，包括分区、支持特性、固件版本、序列号以及容量等。

step ④ 选择【健康状态】选项卡，可以查阅硬盘内部存储的运行记录。

计算机组装与维护案例教程(第 2 版)

step ⑤ 选择【错误扫描】选项卡，单击【开始】按钮，检查硬盘坏道。

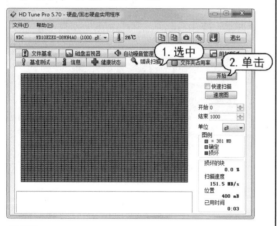

step ⑥ 选择【擦除】选项卡，单击【开始】按钮，软件即可安全擦除硬盘中的数据。

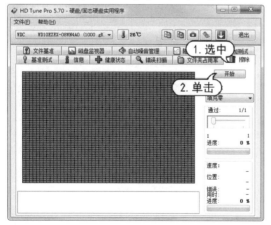

step ⑦ 选择【文件基准】选项卡，单击【开始】按钮，可以检测硬盘的缓存性能。

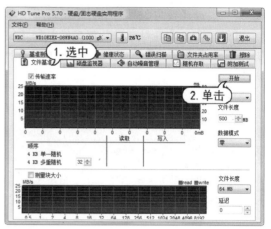

step ⑧ 选择【磁盘监视器】选项卡，单击【开始】按钮，可监视硬盘的实时读写状况。

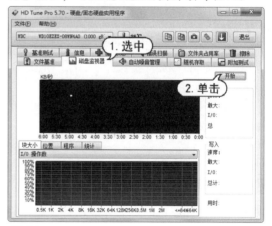

step ⑨ 选择【自动噪音管理】选项卡，在其中拖动滑块可以降低硬盘的运行噪音。

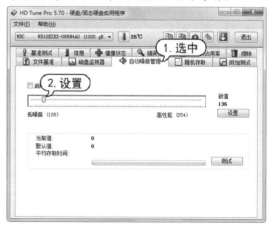

step ⑩ 选择【随机存取】选项卡，单击【开始】按钮，可测试硬盘的寻道时间。

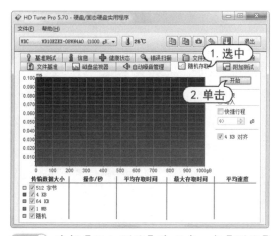

step 11 选择【附加测试】选项卡，在【测试】列表框中，可以选择更多的一些硬盘性能测试，单击【开始】按钮开始测试。

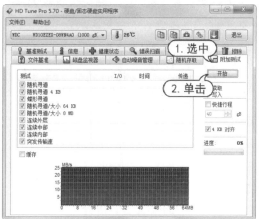

7.4.4　检测显示器性能

显示器属于计算机的 I/O 设备，即输入/输出设备，是一种将一定的电子文件通过特定的传输设备显示到屏幕上再反射到人眼的显示工具。使用显示器检测工具软件可以快速测试显示器的问题。

DisplayX 是一款小巧的显示器常规检测和液晶显示器坏点、延迟时间检测软件，它可以在微软 Windows 全系列操作系统中正常运行。

【例 7-9】使用 DisplayX 软件检测显示器性能。
📹 视频

step 1 在计算机中安装并启动DisplayX软件后，在菜单中选择【常规完全测试】选项。

step 2 首先看到的是对比度检测界面，在此界面中调节亮度，让色块都能显示出来并且高度不同，确保黑色不要变灰，每个色块都能显示出来。

step 3 进入对比度检测，能分清每个黑色和白色区域的显示器为上品。

step 4 进入灰度检测，测试显示器的灰度还原能力，看到的颜色过渡越平滑越好。

step 5 进入 256 级灰度，测试显示器的灰度还原能力，最好让色块全部显示出来。

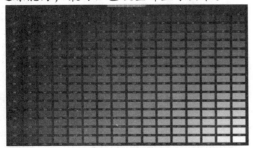

step 6 进入呼吸效应检测，单击鼠标时，画面在黑色和白色之间过渡时，若看到画面边界有明显的抖动，就说明显示器不好，不抖动则为好。

step 7 进入几何形状检测，调节控制台的几何形状，确保不变形。

step 8 测试CRT显示器的聚焦能力，需要特别注意四个边角的文字,各位置越清晰越好。

step 9 进入纯色检测，主要用于检测LCD坏点，共有黑、红、绿、蓝等多种纯色显示方案，很方便查出坏点。

step 10 进入交错检测，用于查看显示器效果的干扰。

step 11 进入锐利检测，也是最后一项检测，好的显示器可以分清边缘的每一条线。

7.4.5　使用鲁大师检测硬件

　　鲁大师是一款专业的硬件检测工具，它能轻松辨别硬件真伪，主要功能包括查看计算机配置、实时检测硬件温度、测试计算机性能以及驱动的安装与备份等。

　　鲁大师自带的硬件检测功能是最常用的硬件检测方式，不仅检测准确，而且可以对整个计算机的硬件信息(包括 CPU、显卡、内存、主板和硬盘等核心硬件的品牌型号)进行全面查看。

【例 7-10】使用鲁大师检测计算机的硬件详细信息。
🔑视频

step 1 下载并安装鲁大师软件，然后启动该软件，将自动检测计算机硬件信息。

step 2 在鲁大师的界面左侧，单击【硬件健康】按钮，在打开的界面中将显示硬件的制造信息。

step 3 单击软件界面左侧的【处理器信息】按钮，在打开的界面中可以查看CPU的详细信息，例如处理器类型、速度、生产工艺、插槽类型、缓存以及处理器特征等。

step 4 单击软件界面左侧的【主板信息】按钮，显示主板的详细信息，包括型号、芯片组、BIOS版本和制造日期等。

step 5 单击软件界面左侧的【内存信息】按钮，显示内存的详细信息，包括制造日期、型号和序列号等。

step 6 单击软件界面左侧的【硬盘信息】按钮，显示硬盘的详细信息，包括产品型号、容量大小、转速、缓存、使用次数、数据传输率等。

step 7 单击软件界面左侧的【显卡信息】按钮，显示显卡的详细信息，包括显卡型号、显存大小、制造商等。

step 8 单击软件界面左侧的【显示器信息】按钮，显示显示器的详细信息，包括产品型号、显示器平面尺寸等。

step 9 单击软件界面左侧的【其他硬件】按钮，显示网卡、声卡、键盘、鼠标的详细信息。

step ⑩ 单击软件界面左侧的【功耗估算】按钮，显示计算机中各硬件的功耗信息。

7.5 案例演练

本章的案例演练是使用鲁大师对硬件进行温度测试等几个案例操作，用户通过练习从而巩固本章所学知识。

7.5.1 使用鲁大师测试温度

【例 7-11】使用鲁大师进行硬件的温度测试。
⊙视频

step ① 启动鲁大师软件，单击【温度管理】按钮，选择【温度监控】选项卡，单击【温度压力测试】按钮。

step ② 在弹出的提示框中单击【确定】按钮。

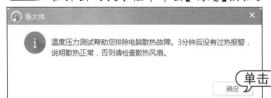

step ③ 进行温度压力测试，屏幕显示动画。

step ④ 返回初始界面，单击【温度管理】按钮，默认选择【温度监控】选项卡，在展开的界面中显示了当前计算机的散热情况。

step ⑤ 在【资源占用】栏中显示了CUP和内存的使用情况，单击右上角的【优化内存】

链接，鲁大师将自动优化计算机的物理内存，使其达到最佳运行状态。

step 6 选择【节能降温】选项卡，其中提供了全面节能和智能降温两种模式，选中【全面节能】单选按钮，单击【节能设置】|【设置】链接。

step 7 打开【鲁大师设置中心】对话框，在【节能降温】选项卡中选中【根据检测到的显示器类型，自动启用合适的节能墙纸】复选框，单击【关闭】按钮。

step 8 返回【节能降温】选项卡，此时在【节能设置】选项区域中，【启用节能墙纸】选项显示已开启。

7.5.2　使用 Performance Test 测试硬件

Performance Test 是一款专门用来测试计算机性能的软件。该软件包含多种独立的测试项目，共包含六大类：CPU 浮点运算器测试、标准的 2D 图形性能测试、3D 图形性能测试、磁盘文件的读取/写入、搜寻测试、内存测试等。

【例 7-12】使用 Performance Test 软件测试计算机硬件。🔑 视频

step 1 启动 Performance Test，单击左侧的【系统信息】按钮 📊。

step 2 此时显示各个硬件如 CPU、显卡、内存、硬盘等信息参数。

step③ 单击左侧的【CPU分数】按钮，显示
CPU评分界面。

step④ 单击【CPU评分】下面的RUN按钮即
可开始检测CPU各项参数，并对比全球CPU
进行测评。

step⑤ 单击左侧的PASSMARK按钮，显示
PASSMARK分数界面，单击【PassMark分数】
下的RUN按钮，即可开始检测全部系统硬
件，并对比全球系统进行测评。

step⑥ 测评完毕后，选择【文件】|【将结
果保存为图片】命令。

step⑦ 打开【另存为图片】对话框，设置保
存路径和格式，单击【保存】按钮。

step⑧ 打开保存的图片，显示评测结果。

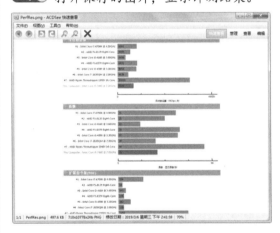

7.5.3 查看键盘属性

键盘是重要的输入设备，了解键盘的型
号和接口等属性，有助于用户可以更好地组
装和使用键盘。

【例7-13】通过【控制面板】窗口查看键盘属性。
📀视频

step 1　选择【开始】|【控制面板】命令，打开【控制面板】窗口，单击【键盘】图标。

step 2　打开【键盘 属性】对话框，在【速度】选项卡中，用户可对键盘的各项参数进行设置，如【重复延迟】【重复速度】和【光标闪烁速度】等。

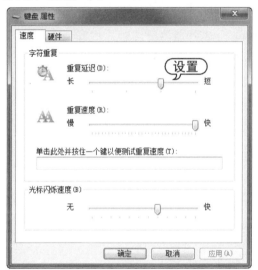

step 3　选择【硬件】选项卡，查看键盘型号和接口属性，单击【属性】按钮。

step 4　在弹出的对话框中查看键盘的驱动程序信息。

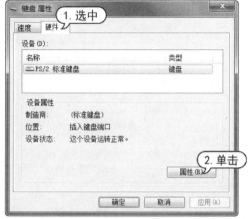

7.5.4　检测显卡性能

显卡是计算机中处理和显示数据、图像信息的设备，是连接显示器和计算机主机的重要部件。使用显卡检测工具软件可以快速测试显卡的性能。下面通过一个实例，介绍使用 GPU-Z 软件检测显卡性能的方法。

【例 7-14】使用 GPU-Z 软件检测显卡性能。

🔘 视频

step 1　启动 GPU-Z 软件，运行后即可显示 GPU 核心，以及运行频率、带宽等信息。

step ② 选择【传感器】选项卡，显示GPU核心时钟、GPU显示时钟、GPU温度、GPU负载等信息。

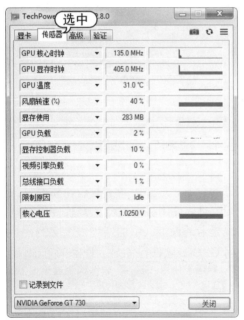

step ③ 选择【高级】选项卡，选择下拉列表中的参数选项，比如选择【DXVA2.0 硬件解码】。

step ④ 此时该选项卡将显示有关DXVA 2.0硬件解码的相关支持参数。

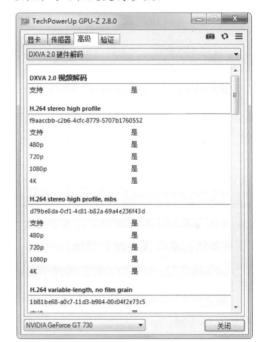

第8章

操作系统和常用软件

安装好 Windows 7 操作系统之后，就可以开始体验该操作系统了。计算机在日常办公使用中，需要很多软件加以辅助。本章将详细介绍 Windows 7 操作系统和一些常用软件的使用方法。

本章对应视频

8.1 Windows 7 的桌面

在 Windows 7 操作系统中,"桌面"是一个重要的概念,它指的是当用户启动并登录操作系统后,用户所看到的一个主屏幕区域。

8.1.1 认识桌面

启动并登录 Windows 7 后,出现在整个屏幕的区域称为"桌面"。在 Windows 7 系统中,大部分的操作都是通过桌面完成的。桌面主要由桌面图标、任务栏、【开始】菜单等组成。

▶ 桌面图标:桌面图标就是整齐排列在桌面上的一系列图片,由图标和图标名称两部分组成。有的图标左下角有一个箭头,这些图标被称为"快捷方式图标",双击此类图标可以快速启动相应的程序。

▶ 任务栏:任务栏是位于桌面底部的一块条形区域,它显示了系统正在运行的程序、打开的窗口和当前时间等内容。

▶ 【开始】菜单:【开始】按钮位于桌面的左下角,单击该按钮将弹出【开始】菜单。【开始】菜单是 Windows 7 操作系统中的重要元素,其中存放了操作系统或系统设置的绝大多数命令,而且还可以使用当前操作系统中安装的所有程序。

8.1.2 使用桌面图标

常用的桌面系统图标有【计算机】【网络】【回收站】和【控制面板】等。除了添加系统图标之外,用户还可以添加快捷方式图标。并且可以进行排列图标和重命名操作。

1. 添加系统图标

用户第一次进入 Windows 7 操作系统的时候,会发现桌面上只有一个回收站图标。而计算机、网络和控制面板这些常用的系统图标都没有显示在桌面上,用户可以在桌面上添加这些系统图标。

【例 8-1】在桌面上添加【计算机】和【网络】桌面图标。 ◉视频

step① 右击桌面空白处,在弹出的快捷菜单中选择【个性化】命令。

step② 在打开的【个性化】窗口中单击【更改桌面图标】链接。

step③ 弹出【桌面图标设置】对话框。选中【计算机】和【网络】两个复选框,单击【确定】按钮。

step④ 此时,即可在桌面上添加这两个系统图标,效果如下图所示。

2. 添加快捷方式图标

除了系统图标外,还可以添加其他应用程序或文件夹的快捷方式图标。

一般情况下,在安装一个新的应用程序后,都会自动在桌面上建立相应的快捷方式图标,如果没有自动建立快捷方式图标,可采用以下方法来添加。

在程序的启动图标上右击,选择【发送到】|【桌面快捷方式】命令,即可创建一个快捷方式图标并将其显示在桌面上。

3. 排列桌面图标

用户可以按照名称、大小、项目类型和修改日期来排列桌面图标。

首先右击桌面空白处,在弹出的快捷菜单中选择【排序方式】|【修改日期】命令。此时桌面图标即可按照修改日期的先后顺序进行排列。

4. 重命名图标

用户还可以根据自己的需要和喜好为桌面图标重命名。一般来说,重命名的目的是为了让图标的意思表达得更明确,以方便用户使用。例如,右击【计算机】图标,在弹出的快捷菜单中选择【重命名】命令,此时,图标的名称会显示为可编辑状态,直接使用键盘输入新的图标名称,然后按 Enter 键或者在桌面的其他位置单击,即可完成图标的重命名。

8.1.3 使用任务栏

用户通过任务栏可以完成许多操作。任务栏最左边圆(球)状的立体按钮便是【开始】按钮,在【开始】按钮的右边依次是快速启动区(包含 IE 图标、库图标等系统自带程序、当前打开的窗口和程序等)、语言栏(输入法语言)、通知区域、【显示桌面】按钮(单击按钮即可显示完整桌面,再次单击即会还原)。

1. 任务栏按钮

Windows 7 的任务栏可以将计算机中运行的同一程序的不同文档集中在同一个图标上,如果是尚未运行的程序,单击相应图标可以启动对应的程序;如果是运行中的程序,单击图标则会将此程序放在最前端。在任务栏上,用户可以通过鼠标的各种按键操作来实现不同的功能。

➤ **单击左键**:如果图标对应的程序尚未运行,单击左键即可启动对应的程序;如果已经运行,单击左键则会将对应的程序窗口放置于最前端。如果该程序打开了多个窗口和标签,单击左键可以查看所有窗口和标签的缩略图,再次单击缩略图中的某个窗口,即可将该窗口显示于桌面的最前端。

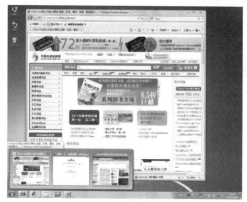

➤ **单击中键**:中键单击程序的图标后,会新建该程序的一个窗口。如果鼠标上没有中键,也可以单击滚轮实现中键单击的效果。

➤ **单击右键**:右击程序的图标,可以打开跳转列表,查看程序的历史记录以及用于解锁任务栏和关闭程序的命令。

2. 任务进度监视

在 Windows 7 操作系统中，任务栏中的按钮具有任务进度监视的功能。例如，用户在复制某个文件时，在任务栏的按钮中同样会显示复制的进度。

8.1.4　使用【开始】菜单

在 Windows 7 操作系统中，【开始】菜单主要由固定程序列表、常用程序列表、所有程序列表、启动菜单列表、搜索文本框和关机按钮组等组成。

其各构成元素的作用如下。

▶ 常用程序列表：该列表列出了最近频繁使用的程序的快捷方式，只要是在所有程序列表中运行过的程序，系统会按照使用频率的高低自动将它们排列在常用程序列表中。另外，对于某些支持跳转列表功能的程序(右侧会带有箭头)，也可以在这里显示出跳转列表。

▶ 所有程序列表：系统中所有的程序都能在所有程序列表里找到。用户只需将光标指向或单击【所有程序】命令，即可显示所有程序列表，如果将光标指向或单击【返回】命令，则恢复为常用程序列表。

▶ 固定程序列表：里面列出了硬盘上的一些常用位置，使用户能快速进入常用文件夹或系统设置。比如有【计算机】【控制面板】【设备和打印机】等常用程序及设备。

▶ 搜索文本框：在搜索文本框中输入关键字，即可搜索本机安装的程序或文档。

▶ 关机按钮组：由【关机】按钮和旁边可通过单击按钮 ▶ 打开的下拉菜单组成，下拉菜单中包含关机、睡眠、锁定、注销、切换用户、重新启动这些系统命令。

8.2 Windows 7 的窗口和对话框

窗口是 Windows 操作系统的重要组成部分，很多操作都是通过窗口来完成的。对话框是用户在操作计算机的过程中由系统弹出的一种特殊窗口，在对话框中用户通过对选项的选择和设置，可以对相应的对象进行某项特定操作。

8.2.1 窗口的组成

Windows 7 中最常用的就是【计算机】窗口和一些应用程序的窗口，这些窗口的组成元素基本相同。

以【计算机】窗口为例，窗口的组成元素主要由标题栏、地址栏、搜索栏、工具栏、窗口工作区等元素组成。

> 标题栏：标题栏位于窗口的顶端，标题栏最右端显示【最小化】按钮、【最大化/还原】按钮、【关闭】按钮。通常情况下，用户可以通过标题栏移动窗口、改变窗口的大小和关闭窗口。

> 地址栏：用于显示和输入当前浏览位置的详细路径信息，Windows 7 的地址栏提供了按钮功能，单击地址栏文件夹后的按钮，弹出一个下拉菜单，里面列出了与该文件夹同级的其他文件夹，在这个下拉菜单中选择相应的路径便可跳转到对应的文件夹。

> 搜索栏：Windows 7 窗口右上角的搜索栏与【开始】菜单中的搜索文本框的作用和用法相同，都具有在计算机中搜索各种文件的功能。搜索时，地址栏中会显示搜索进度。

> 工具栏：工具栏位于地址栏下方，提供了一些基本工具和菜单。

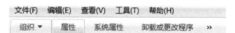

> 窗口工作区：用于显示主要的内容，如多个不同的文件夹、磁盘驱动器等。它是窗口中最主要的部分。

> 导航窗格：位于窗口的左侧，给用户提供了树状结构的文件夹列表，从而方便用户迅速地定位所需的目标。导航窗格从上到下分为不同的类别，通过单击每个类别前的箭头，可以展开或合并。

> 状态栏：位于窗口的最底部，用于显示当前操作的状态及提示信息，或当前用户选定对象的详细信息。

8.2.2　调整窗口大小

在 Windows 7 中，用户可以使用窗口标题栏中的【最小化】、【最大化】、【关闭】 3 个按钮来操作窗口。

> 最小化：是指将窗口以标题按钮的形式最小化到任务栏中，不显示在桌面上。

> 最大化：是指将当前窗口放大显示在整个屏幕上，当窗口为最大化时，【最大化】按钮变为【还原】按钮，单击则会缩放至原来大小。

> 关闭：是指把窗口完全关闭。

此外，用户可通过对窗口的拖曳来改变窗口的大小，只需将鼠标指针移动到窗口四周的边框或 4 个角上，当光标变成双箭头形状时，按住鼠标左键不放进行拖曳便能拉伸或收缩窗口。Windows 7 系统特有的 Aero 特效功能也可以改变窗口大小，比如用鼠标拖曳【计算机】窗口标题栏至屏幕的最上方，当光标碰到屏幕的上边沿时，会出现放大的"气泡"，同时将会看到 Aero Peek 效果(窗口边框里面透明)，此时松开鼠标左键，【计算机】窗口即可全屏显示。

8.2.3　排列和预览窗口

当用户打开多个窗口，需要它们同时处于显示状态时，排列好窗口就会让操作变得很方便。Windows 7 系统提供了层叠、堆叠、并排三种窗口排列方式。

用户可以右击任务栏，在弹出的快捷菜单里选择【层叠窗口】命令，窗口即可以层叠窗口方式排列。

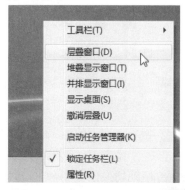

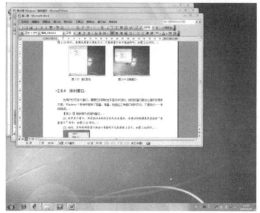

选择【堆叠显示窗口】命令，窗口即可以如下图所示的方式排列。

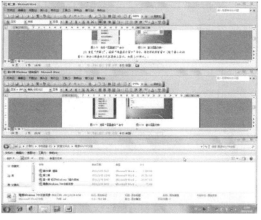

选择【并排显示窗口】命令，窗口即可以如下图所示的方式排列。

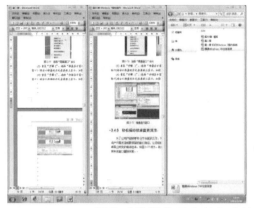

Windows 7 操作系统提供了多种方式让用户快捷方便地切换预览多个窗口,切换预览窗口的几种方式如下。

➤ Alt+Tab 键预览窗口:当用户使用了 Aero 主题时,在按下 Alt+Tab 键后,用户会发现切换面板中会显示当前打开的窗口的缩略图,并且除了当前选定的窗口外,其余的窗口都呈现透明状态。按住 Alt 键不放,再按 Tab 键或滚动鼠标滚轮就可以在现有窗口缩略图之间切换。

➤ 3D 切换效果:当用户按下 Win+Tab 键切换窗口时,可以看到 3D 立体切换效果。按住 Win 键不放,再按 Tab 或鼠标滚轮来切换各个窗口。

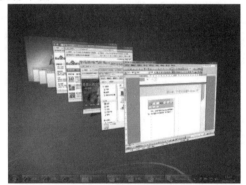

➤ 通过任务栏图标预览窗口:当用户将鼠标指针移至任务栏中某个程序的按钮上时,在该按钮的上方会显示与程序相关的所有已打开窗口的预览缩略图,单击其中的某个缩略图,即可切换至相应的窗口。

8.2.4 对话框的组成

Windows 7 中的对话框多种多样,一般来说,对话框中的可操作元素主要包括命令按钮、选项卡、单选按钮、复选框、文本框、下拉列表框和数值框等。但并不是所有的对话框都包含以上所有元素。

对话框中各组成元素的作用如下。

➤ 选项卡:对话框内一般有多个选项卡,选择不同的选项卡可以切换到相应的设置界面。

➤ 单选按钮:单选按钮是一些互相排斥的选项,每次只能选择其中的一项,被选中的圆圈中将会有个黑点。

➤ 文本框：文本框主要用来接收用户输入的信息，以便正确地完成对话框中的操作。如下图所示，【数值数据】选项下方的矩形白色区域即为文本框。

➤ 数值框：数值框用于输入或选中一个数值。它由文本框和微调按钮组成。在微调框中，单击上三角的微调按钮，可增加数值；单击下三角的微调按钮，可减少数值。也可以在文本框中直接输入需要的数值。

➤ 复选框：复选框中列出的各个选项是

不互相排斥的，用户可根据需要选择其中的一个或几个选项。当选中某个复选框时，框内出现一个"√"标记，一个选择框代表一个可以打开或关闭的选项。在空白选择框上单击便可选中它，再次单击这个选择框便可取消选择。

➤ 下拉列表框：下拉列表框是一个带有下拉按钮的文本框，用来从多个项目中选择一项，选中的选项将在下拉列表框内显示。当单击下拉列表框右边的下三角按钮时，将出现一个下拉列表供用户选择。

8.3　设置计算机办公环境

使用 Windows 7 进行计算机办公时，用户可根据自己的习惯和喜好为系统打造个性化的办公环境，如设置桌面背景、设置日期和时间等。

8.3.1　设置桌面背景

桌面背景就是 Windows 7 系统桌面的背景图案，又称为墙纸。用户可以根据自己的喜好更换桌面背景。

【例 8-2】更换桌面背景。　视频

step 1　启动 Windows 7 系统后，右击桌面空白处，在弹出的快捷菜单中选择【个性化】命令。

step 2　打开【个性化】窗口，单击【桌面背景】图标。

step 3　打开【桌面背景】窗口，单击【浏览】按钮，选中一幅图片，单击【保存修改】按钮。

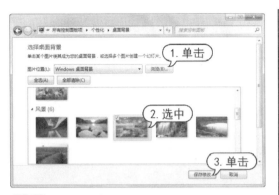

step 4 此时，操作系统桌面背景的效果如下图所示。

8.3.2 设置屏幕保护程序

屏幕保护程序是为了保护显示器而设计的一种专门的程序。屏幕保护程序是指在一定时间内，没有使用鼠标或键盘进行任何操作而在屏幕上显示的画面。设置屏幕保护程序可以对显示器起到保护作用，使显示器处于节能状态。

【例 8-3】设置屏幕保护程序。 视频

step 1 在桌面空白处右击，在弹出的快捷菜单中选择【个性化】命令，弹出【个性化】窗口，单击下方的【屏幕保护程序】按钮。

step 2 打开【屏幕保护程序设置】对话框。在【屏幕保护程序】下拉列表中选择【气泡】选项。在【等待】微调框中设置时间为 1 分钟，设置完成后，单击【确定】按钮，完成屏幕保护程序的设置。

step 3 当屏幕静止时间超过设定的等待时间时(鼠标键盘均没有任何操作)，系统即可自动启动屏幕保护程序。

8.3.3 更改颜色和外观

在 Windows 7 操作系统中，用户可根据自己的喜好自定义窗口、【开始】菜单以及任务栏的颜色和外观。

【例 8-4】为 Windows 7 操作系统的窗口设置个性化的颜色和外观。 视频

step 1 在桌面空白处右击，在弹出的快捷菜

单中选择【个性化】命令，弹出【个性化】窗口，单击【窗口颜色】图标。

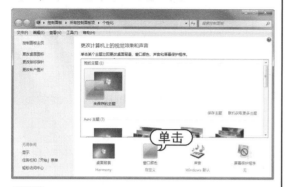

step 2 打开【窗口颜色和外观】窗口，单击【高级外观设置】链接。

step 3 打开【窗口颜色和外观】对话框，在【项目】下拉列表中选择【活动窗口标题栏】选项。

step 4 在【颜色1】下拉列表中选择【绿色】，在【颜色2】下拉列表中选择【紫色】。

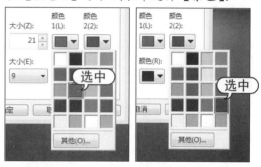

step 5 选择完成后，在【窗口颜色和外观】对话框中单击【确定】按钮。

8.4 安装和卸载软件

使用计算机离不开软件的支持，操作系统和应用程序都属于软件。Windows 7 操作系统提供了一些用于文字处理、图片编辑、多媒体播放的程序组件，但是这些程序组件还无法满足实际应用的需求，所以在安装操作系统之后，用户会经常安装其他的软件或删除不适合的软件。

8.4.1 安装软件

用户首先要选择好适合自己需求且硬件允许安装的软件，然后再选择安装方式和步骤来安装软件。

1. 安装软件前的准备

安装软件前，首先要了解硬件能否支持软件，然后获取软件的安装文件和安装序号，只有做足了准备工作，才能有针对性地安装用户所需的软件。

> 首先，用户需要检查硬件的配置，看看是否能够运行该软件，一般软件尤其是大型软件，对硬件的配置要求是不尽相同的。除了硬件配置，操作系统的版本兼容性也要考虑到。

> 然后，用户需要获取软件的安装程

序，用户可以通过两种方式来获取安装程序：第一种是从网上下载安装程序，第二种是购买安装光盘。

▶ 正版软件一般都有安装的序列号，也叫注册码。安装软件时必须要输入正确的序列号，才能够正常安装。序列号可通过以下途径找到：如果用户购买了安装光盘，软件的安装序列号一般印刷在光盘的包装盒上；如果用户从网上下载软件，一般是通过网络注册或手机注册的方式来获得安装序列号。

2. 安装软件程序

做好准备之后，用户就可以安装软件了，用户可以在安装程序目录下找到安装可执行文件【Setup】或【Install】，双击运行该文件，然后按照打开的安装向导，根据提示进行操作。

【例8-5】安装暴风影音软件。 视频

step① 双击暴风影音的安装文件，启动安装向导，单击【自定义选项】下拉按钮。

step② 展开自定义选项，单击【选择目录】按钮。

step③ 打开【浏览文件夹】对话框，选择要安装到的目录位置，单击【确定】按钮。

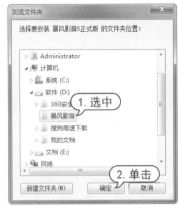

step④ 返回安装界面，单击【开始安装】按钮。

step⑤ 开始进行安装，安装完成后，可以单击【立即体验】按钮。

step⑥ 此时即可打开暴风影音的软件界面。

8.4.2　运行软件

在 Windows 7 操作系统里，用户可以有多种方式来运行安装好的软件。这里以暴风影音为例，介绍软件的启动方式。

➤ 从【开始】菜单选择：单击【开始】按钮，打开【开始】菜单，选择【所有程序】选项，然后在程序列表中找到要打开的软件的快捷方式即可，例如要选择暴风影音的启动程序，如下图所示。

➤ 双击桌面上的快捷方式图标：用鼠标双击桌面上暴风影音的快捷方式图标，即可打开该程序。

➤ 使用任务栏启动：如果运行的软件在任务栏中的快速启动区有快捷方式图标，单击该快捷方式图标即可启动。

➤ 双击安装目录下的可执行文件：找到软件安装好的目录下的可执行文件，例如暴风影音的可执行文件为【Storm.exe】，双击即可运行暴风影音。

8.4.3　卸载软件

如果用户不想再使用某个软件了，可以将其卸载。卸载软件时，用户可采用两种方法，一种是通过软件自身提供的卸载功能；另一种是通过控制面板来完成。

1. 使用软件自带的卸载功能

大部分软件都内置了卸载功能，一般都是以【uninstall.exe】为文件名的可执行文件。例如，用户需要卸载暴风影音软件，可以单击【开始】按钮，选择【所有程序】|【暴风软件】|【暴风影音 5】|【卸载暴风影音 5】命令。

此时系统会弹出对话框，选中有关卸载的单选按钮，单击【继续】按钮即可开始卸载软件，以后按照卸载界面的提示一步步执行下去，暴风影音软件将会从当前计算机里被删除。

2. 通过控制面板卸载

如果软件没有自带卸载功能，则可以通过控制面板中的【卸载或更改程序】窗口来卸载软件。

首先选择【开始】|【控制面板】命令，打开【控制面板】窗口后，在该窗口中单击【卸载程序】链接。

打开【卸载或更改程序】窗口，在程序列表中右击需要卸载的软件，在弹出的快捷菜单中选择【卸载/更改】命令即可进行卸载操作。

8.5 WinRAR 压缩软件

在使用计算机的过程中，经常会碰到一些容量比较大的文件或者比较零碎的文件。这些文件放在计算机中会占据比较大的空间，也不利于计算机中文件的整理。此时，可以使用 WinRAR 将这些文件压缩，以便管理和查看。

8.5.1 压缩文件

WinRAR 是目前最流行的一款文件压缩软件，界面友好，使用方便，能够创建自释放文件，修复损坏的压缩文件，并支持加密功能。使用 WinRAR 压缩软件有两种方法：一种是通过 WinRAR 的主界面来压缩；

另一种是直接使用右键快捷菜单来压缩。

1. 通过 WinRAR 主界面来压缩

本节通过一个具体实例介绍如何通过 WinRAR 的主界面压缩文件。

【例 8-6】使用 WinRAR 的主界面压缩文件。
视频

step① 打开WinRAR软件主界面，选择要压缩的文件夹的路径，然后在下面的列表中选中要压缩的多个文件。

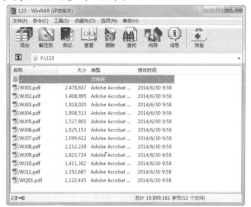

step② 单击工具栏中的【添加】按钮，打开【压缩文件名和参数】对话框。在【压缩文件名】文本框中输入"我的收藏"，然后单击【确定】按钮，即可开始压缩文件。

在【压缩文件名和参数】对话框的【常规】选项卡中有【压缩文件名】【压缩文件格式】【压缩方式】【切分为分卷(V)，大小】、【更新方式】和【压缩选项】几个选项，它们的含义分别如下。

➤ 【压缩文件名】：单击【浏览】按钮，可选择一个已经存在的压缩文件。此时，WinRAR 会将新添加的文件压缩到这个已经存在的压缩文件中。另外，用户还可输入新的压缩文件名。

➤ 【压缩文件格式】：选择 RAR 格式可得到较大的压缩率，选择 ZIP 格式可得到较快的压缩速度。

➤ 【压缩方式】：选择【标准】选项即可。

➤ 【切分为分卷(V)，大小】：当把一个较大的文件分成几部分来压缩时，可在这里指定每一部分文件的大小。

➤ 【更新方式】：选择压缩文件的更新方式。

➤ 【压缩选项】：可进行多项选择。例如，选择压缩完成后是否删除源文件等。

2. 通过右键快捷菜单压缩文件

WinRAR 成功安装后，系统会自动在右键快捷菜单中添加压缩和解压缩文件的命令，以方便用户使用。

【例 8-7】使用右键快捷菜单将多本电子书压缩为一个文件。 视频

step① 打开要压缩的文件所在的文件夹。按 Ctrl+A 组合键选中这些文件，然后在选中的文件上右击，在弹出的快捷菜单中选择【添加到压缩文件】命令。

step② 在打开的【压缩文件名和参数】对话框中输入"PDF备份"，单击【确定】按钮，即可开始压缩文件。

8.5.2　解压文件

压缩文件必须要解压才能查看。要解压文件,可采用以下两种方法。

1. 通过 WinRAR 的主界面解压文件

首先启动 WinRAR,选择【开始】|【所有程序】|WinRAR|WinRAR 命令,在打开的界面中选择【文件】|【打开压缩文件】命令。

在打开的对话框中选择要解压的文件,然后单击【打开】按钮。选定的压缩文件将会被解压,并将解压的结果显示在 WinRAR 主界面的文件列表中。

另外,通过 WinRAR 的主界面还可将压缩文件解压到指定的文件夹中。方法是单击【路径】文本框最右侧的按钮,选择压缩文件的路径,并在下面的列表中选中要解压的文件,然后单击【解压到】按钮。

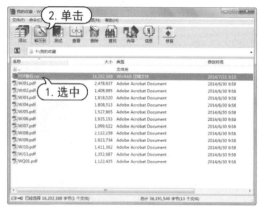

打开【解压路径和选项】对话框,在【目标路径】下拉列表中设置解压的目标路径后,单击【确定】按钮,即可将压缩文件解压到指定的文件夹中。

2. 使用右键快捷菜单解压文件

直接右击要解压的文件,在弹出的快捷菜单中有【解压文件】【解压到当前文件夹】和【解压到】3 个相关命令可供选择。它们的具体功能分别如下。

➢ 选择【解压文件】命令,可打开【解压路径和选项】对话框。用户可对解压后文件的具体参数进行设置,如【目标路径】【更新方式】等。设置完成后,单击【确定】按钮,即可开始解压文件。

➢ 选择【解压到当前文件夹】命令,系统将按照默认设置,将该压缩文件解压到当前的目录中。

保存到和压缩文件同名的文件夹中。

▶ 选择【解压到】命令，可将压缩文件解压到当前的目录中，并将解压后的文件

8.6　ACDSee 图片浏览软件

要查看计算机中的图片，就要使用图片查看软件。ACDSee 是一款非常好用的图像查看软件，被广泛地应用于图像的获取、管理以及优化等方面。另外，使用 ACDSee 内置的图片编辑工具可以轻松处理各类图片。

8.6.1　浏览和编辑图片

ACDSee 软件提供了多种查看方式供用户浏览图片，用户在安装 ACDSee 软件后，双击桌面上的软件图标，即可启动 ACDSee。

ACDSee 15

启动 ACDSee 后，在软件界面左侧的【文件夹】列表框中选择图片的存放位置，双击某幅图片的缩略图，即可查看该图片。

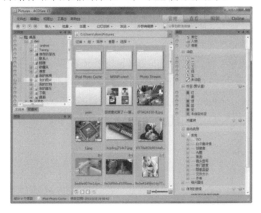

使用 ACDSee 不仅能够浏览图片，还可对图片进行简单的编辑。

step 1 启动 ACDSee 后，双击打开需要编辑的图片。

step 2 单击图片查看窗口右上方的【编辑】按钮，打开图片编辑面板。单击 ACDSee 软件界面左侧的【曝光】选项，打开曝光参数设置面板。

step 3 在【预设值】下拉列表框中，选择【加亮阴影】选项，然后拖动下方的【曝光】滑块、【对比度】滑块和【填充光线】滑块，可以调整图片曝光的相应参数值，设置完成后，单击【完成】按钮。

step④ 返回【图片管理器】窗口，单击软件界面左侧工具箱中的【裁剪】按钮。

step⑤ 可打开【裁剪】面板，在软件界面的右侧，可拖动图片显示区域的 8 个控制点来选择图片的裁剪范围。

step⑥ 选择完成后，单击【完成】按钮，完成图片的裁剪。

8.6.2 批量重命名图片

如果用户需要一次性对大量的图片进行统一命名，可以使用 ACDSee 的批量重命名功能。

【例8-8】使用 ACDSee 批量重命名图片。● 视频

step① 启动ACDSee，在软件界面左侧的【文件夹】列表框中依次展开【桌面】|【我的图片】选项。

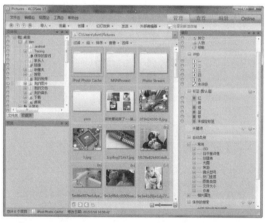

step② 此时，ACDSee软件界面中间的文件区域将显示【我的图片】文件夹中的所有图片。按Ctrl+A组合键，选定该文件夹中的所有图片，然后选择【工具】|【批量】|【重命名】命令。

step 3 打开【批量重命名】对话框，选中【使用模板重命名文件】复选框，在【模板】文本框中输入"摄影###"。选中【使用数字替换#】单选按钮，在【开始于】区域选中【固定值】单选按钮，在其后的微调框中设置数值为1(此时，在对话框的【预览】列表框中将会显示重命名前后的图片名称)。设置完成后，单击【开始重命名】按钮。

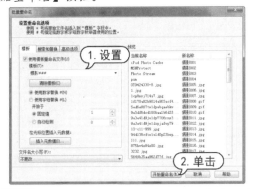

step 4 系统开始批量重命名图片。命名完成后，打开【正重命名文件】对话框，单击【完成】按钮，显示重命名后的图片文件。

8.6.3　转换图片格式

　　ACDSee 具有图片文件格式的相互转换功能，使用它可以轻松地执行图片格式的转换操作。

【例8-9】使用 ACDSee 转换图片格式。 视频

step 1 在 ACDSee 中按住 Ctrl 键选中需要转换格式的图片文件。选择【工具】|【批量】|【转换文件格式】命令。

step 2 打开【批量转换文件格式】对话框，在【格式】列表框中选择 BMP 格式，单击【下一步】按钮。

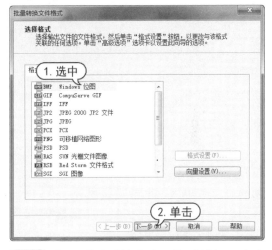

step 3 打开【设置输出选项】对话框，选中【将修改后的图像放入源文件夹】单选按钮，单击【下一步】按钮。

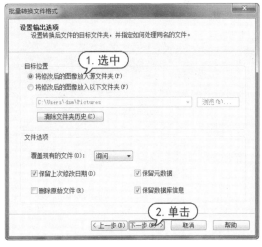

step 4 打开【设置多页选项】对话框，保持默认设置，单击【开始转换】按钮。

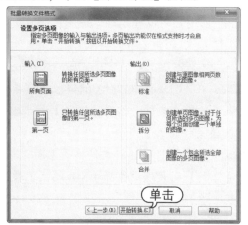

step 5 开始转换图片文件并显示进度，格式转换完成后，单击【完成】按钮即可。

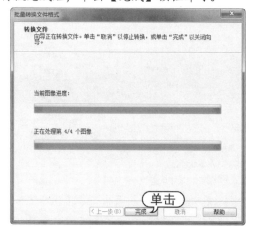

8.7 HyperSnap 截图软件

在日常办公中，经常需要截取计算机屏幕上显示的图片，并且将其放入文档中。这时，使用专业的 HyperSnap 截图软件，可以非常方便地截取图片。

8.7.1 认识 HyperSnap

HyperSnap 是一个屏幕截图工具，它不仅能截取标准的桌面程序，还能截取 DirectX、3Dfx Glide 游戏和视频或 DVD 屏幕图，另外它还能以 20 多种图形格式(包括 BMP、GIF、JPEG、TIFF 和 PCX)保存图片。要使用 HyperSnap 截图，需要先下载和安装 HyperSnap。

HyperSnap 下载并安装完成后，启动软件，其界面如下图所示。

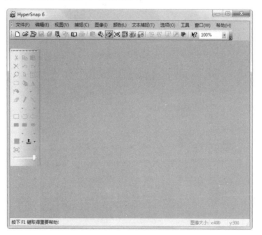

HyperSnap 主界面各组成部分作用如下。

▶ 菜单和工具栏：集成了软件的常用命令和截图时的常用按钮。

▶ 图片显示窗格：用于显示所截取的图片效果。

▶ 编辑工具按钮：用于编辑、选择和修改图片。

▶ 状态栏：显示帮助信息以及所截取的图片的大小。

选择【捕捉】|【捕捉设置】命令，打开【捕捉设置】对话框，可以设置截图捕捉选项。

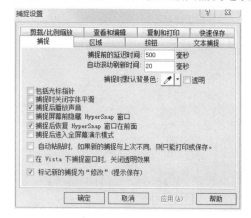

8.7.2　设置截图热键

在使用 HyperSnap 截图之前，用户首先需要配置屏幕捕捉热键，通过热键可以方便地调用 HyperSnap 的各种截图功能，从而更有效地进行截图。

【例 8-10】配置 HyperSnap 中的屏幕捕捉热键。 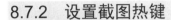视频

step 1 启动 HyperSnap，然后选择【捕捉】|【配置热键】命令。

step 2 打开【屏幕捕捉热键】对话框，在【捕捉窗口】功能左侧的文本框中单击鼠标，然后直接按下 F2 键，设置该功能的捕捉热键为 F2。

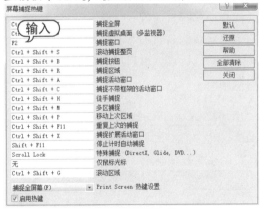

step 3 使用同样的方法，设置【捕捉按钮】功能的热键为 F3，【捕捉区域】的热键为 F6，然后选中底部的【启用热键】复选框。单击【关闭】按钮，完成热键的设置。在配置热键的过程中，如果想恢复到初始热键配置，可以单击

右侧的【默认】按钮，即可快速恢复为默认热键配置。

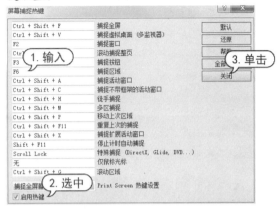

8.7.3　截取图片

热键设置完成后，就可以使用 HyperSnap 来截图了。使用 HyperSnap 的各种截图功能，用户可以轻松地截取屏幕上的不同部分，例如截取全屏、截取窗口、截取对话框、截取某个按钮或截取某个区域等。

【例 8-11】使用 HyperSnap 截取【Windows 资源管理器】窗口。 视频

step 1 启动 HyperSnap，并将其最小化，然后单击快速启动栏中的【Windows 资源管理器】图标，启动资源管理器。

step 2 按下【捕捉窗口】功能对应的热键 F2，然后将光标移动至【资源管理器】窗口的边缘，当整个窗口四周显示闪烁的黑色边框时，按下鼠标左键，即可截取该窗口。

HyperSnap 中，如下图所示，单击工具栏中的复制按钮，可复制该截图图片。

step 3 截取成功后，截取的图片显示在

8.8 暴风影音播放软件

暴风影音是北京暴风科技有限公司推出的一款视频播放器，该播放器兼容大多数的视频和音频格式。暴风影音是目前最为流行的影音播放软件，支持超过 500 种视频格式，使用领先的 MEE 播放引擎，使播放更加清晰流畅。

8.8.1 播放本地影片

暴风影音可以打开 RMVB、AVI、WMV、MPEG、MKV 等格式的视频文件。将暴风影音安装到计算机后，启动软件，其中各组成部分的作用分别如下。

▶ 播放界面：用于显示所播放视频的内容，在其上右击，在打开的快捷菜单中通过不同命令可实现文件的打开、播放的控制和界面尺寸的调整等。

▶ 播放工具栏：该栏中集合了暴风影音的各种控制按钮，通过单击这些按钮可实现视频播放的控制、工具的启用、播放列表和暴风盒子的显示与隐藏等。

▶ 播放列表：该列表由两个选项卡组成，其中"影视列表"选项卡中罗列了暴风

影音整理的各种网络视频；"播放列表"选项卡中显示的则是当前正在播放和添加到该选项卡中准备播放的视频文件。

▶ 暴风盒子：位于最右侧，可专门在观看网络视频时使用，通过暴风盒子可以更加方便地查找和观看网络视频。

安装暴风影音后，系统中视频文件的默认打开方式一般会自动变更为使用暴风影音打开。此时直接双击该视频文件，即可开始使用暴风影音进行播放。如果默认打开方式不是暴风影音，用户可将默认打开方式设置为暴风影音。

【例 8-12】将系统中视频文件的默认打开方式修改为使用暴风影音打开。 ▣视频

step 1 右击视频文件，选择【打开方式】|【选择默认程序】命令。

step 2 打开【打开方式】对话框，在【推荐的程序】列表中选择【暴风影音5】选项，然后选中【始终使用选择的程序打开这种文件】复选框，单击【确定】按钮。

step 3 即可将视频文件的默认打开方式设置为使用暴风影音打开，此时视频文件的图标也会变成暴风影音的格式。

step 4 双击视频文件，即可使用暴风影音播放。

在使用暴风影音观看电影时，如果能熟记一些常用的快捷键操作，则可增加更多的视听乐趣。常用的快捷键如下。

➤ 全屏显示影片：按 Enter 键，可以全屏显示影片，再次按下 Enter 键即可恢复原始大小。

➤ 暂停播放：按 Space(空格)键或单击影片，可以暂停播放。

➤ 快进：按右方向键→或者向右拖动播放控制条，可以快进。

➤ 快退：按左方向键←或者向左拖动播放控制条，可以快退。

➤ 加速/减速播放：按 Ctrl+↑键或 Ctrl+↓键，可使影片加速/减速播放。

➤ 截图：按 F5 键，可以截取当前影片显示的画面。

➤ 升高音量：按向上方向键↑或者向前滚动鼠标滚轮，可以升高音量。

➤ 减小音量：按向下方向键↓或者向后滚动鼠标滚轮，可以减小音量。

➤ 静音：按 Ctrl+M 键可关闭声音。

8.8.2 播放网络影片

为了方便用户通过网络观看影片，暴风影音提供了在线影视的功能。使用该功能，用户可方便地通过网络观看自己想看的电影。

首先启动暴风影音播放器，默认情况下会自动在播放器右侧打开播放列表。切换至【影视列表】选项卡，在该列表中双击想要观看的影片，稍作缓冲后，即可开始播放。

暴风盒子是一种交互式播放平台，它不仅可以指导用户选择需要的视频文件，也允许用户进行实时评论。使用暴风盒子的几种常用操作分别如下。

▶ 使用类型导航：利用暴风盒子上方的类型导航栏，可以按视频类别选择所有需要观看的对象，包括电影、电视、动漫、综艺、教育、资讯、游戏、音乐和记录等多种类别可供选择。如单击【电影】超链接，便可根据需要继续在暴风盒子中进行筛选，包括按地区、按类别、按年代和按格式筛选等，从而方便更准确地搜索需要观看的视频。

▶ 搜索影片：直接在暴风盒子上方的文本框中输入视频名称，单击右侧的【搜索】按钮可快速搜索相关视频。

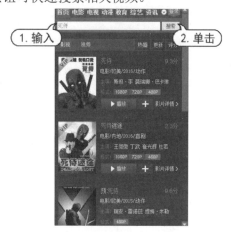

▶ 查看并管理影片：找到需要观看的视频后，可将鼠标指针移至该视频的缩略图上，并单击出现的【详情】超链接，此时将显示该视频的相关内容，包括评分、演员和剧情介绍等。单击【播放】按钮即可播放视频。

8.9 WPS Office 办公软件

WPS Office 是由金山软件股份有限公司自主研发的一款办公软件套装,可以实现办公软件最常用的文字、表格、演示等多种功能。支持阅读和输出 PDF 文件、全面兼容微软 Office97-2016 格式、覆盖 Windows、Linux、Android、iOS 等多个平台。

8.9.1 办公文字处理

WPS Office 集文字、表格、PDF 等于一体，可以实现办公软件常用的文字、表格、演示等多种功能。具有内存占用低、运行速度快、体积小巧、强大插件平台支持等特点。

打开 WPS Office 2019，单击界面左侧的【新建】按钮。打开【新建】标签页，提供了【文档】【表格】【演示】【流程图】【思维导图】几大版块的使用，要进行文字处理可以在【文档】选项卡下单击【空白文档】按钮。

此时即可创建一个空白文档，如下图所示。

1. 输入文本

输入文本是 WPS Office 的一项基本操作。新建一个文档后，在文档的开始位置将出现一个闪烁的光标，称为"插入点"。在文档中输入的任何文本都会在插入点处出现。定位了插入点的位置后，选择一种输入法即可开始文本的输入。按 Enter 键，可以另起一行继续输入。

选择文本既可以使用鼠标，也可以使用键盘，还可以结合鼠标和键盘进行选择。使用鼠标选择文本是最基本、最常用的方法。使用鼠标可以轻松地改变插入点的位置，因此使用鼠标选择文本十分方便。使用鼠标拖动选择：将鼠标指针定位在起始位置，按住鼠标左键不放，向目的位置拖动鼠标以选择文本。选择文本后，按 Backspace 键或 Delete 键均可删除所选文本。

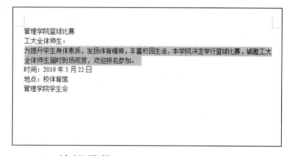

2. 编辑段落

段落是构成整个文档的骨架，它是由正文、图表和图形等加上一个段落标记构成的。为了使文档的结构更清晰、层次更分明，可对段落格式进行设置。

段落对齐指文档边缘的对齐方式，包括两端对齐、左对齐、右对齐、居中对齐和分散对齐。设置段落对齐方式时，先选定要对齐的段落，或将插入点移到新段落的开始位置，然后可以通过单击【开始】选项卡【段落】组(或浮动工具栏)中的相应按钮来实现，也可以在【段落】对话框中选择【对齐方式】

下拉列表中的选项来实现。

段落缩进指段落中的文本与页边距之间的距离,使用【段落】对话框可以准确地设置缩进尺寸。

段落间距的设置包括文档行间距与段间距的设置。行间距是指段落中行与行之间的距离;段间距是指前后相邻的段落之间的距离。打开【段落】对话框的【缩进和间距】选项卡,在【行距】下拉列表中选择所需的选项,并在【设置值】微调框中输入值,可以重新设置行间距;在【段前】和【段后】微调框中输入值,可以设置段间距。

8.9.2 制作电子表格

用户要在 WPS 中创建电子表格,可以单击界面左侧的【新建】按钮,在【表格】选项卡下单击【空白表格】按钮,此时即可创建一个空白工作簿。

1. 工作表和单元格

电子表格主要由 3 部分组成,分别是工作簿、工作表和单元格,工作簿是用来处理和存储数据的文件。新建的表格文件就是一个工作簿,它可以由一个或多个工作表组成。

工作表是 WPS 中用于存储和处理数据的主要区域,在 WPS 中,用户可以通过单击 + 按钮,创建工作表,工作表名称默认为 Sheet1、Sheet2、Sheet3、...以此类推下去。

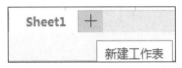

单元格是工作表中的最基本单位,对数据的操作都是在单元格中完成的。单元格的位置由行号和列标来确定,每一行的行号由1、2、3 等数字表示;每一列的列标由 A、B、C 等字母表示。行与列的交叉形成一个单元格。

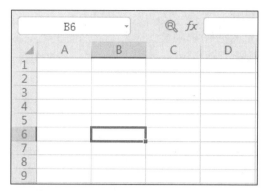

单元格区域是一组被选中的相邻或分离的单元格。单元格区域被选中后，所选范围内的单元格都会高亮度显示，取消选中状态后又恢复原样。

2. 填充表格数据

当需要在连续的单元格中输入相同或者有规律的数据(等差或等比)时，可以使用WPS提供的填充数据功能来实现。

选定单元格或单元格区域时会出现一个黑色边框的选区，此时选区右下角会出现一个控制柄，将鼠标光标移动至它的上方时会变成╋形状，通过拖动该控制柄可实现数据的快速填充。

填充有规律的数据的方法：在起始单元格中输入起始数据，在第二个单元格中输入第二个数据，然后选择这两个单元格，将鼠标光标移动到选区右下角的控制柄上，拖动鼠标左键至所需位置，最后释放鼠标即可根据第一个单元格和第二个单元格中数据间的关系自动填充数据。

3. 套用表格样式

WPS提供了几十种表格格式，为用户格式化表格提供了丰富的选择方案。选中数据表中的任意单元格后，在【开始】选项卡中单击【表格格式】下拉按钮，从弹出的列表中选择一个表格样式选项。

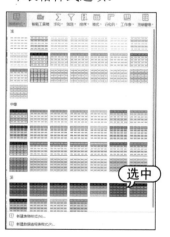

打开【套用表格样式】对话框,确认引用的单元格范围,单击【确定】按钮。

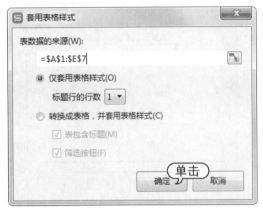

此时表格格式将应用选择的样式,效果如下图所示。

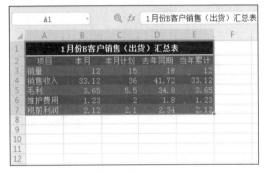

4. 使用公式和函数

公式是对工作表中的数据进行计算和操作的等式,函数是运用一些称为参数的特定数据值按特定的顺序或者结构进行计算的公式。

任何函数和公式都以"="开头,输入"="后,Excel 会自动将其后的内容作为公式处理。函数以函数名称开始,其参数则以"("开始,以")"结束。每个函数必定对应一对括号。函数中还可以包含其他的函数,即函数的嵌套使用。在多层函数嵌套使用时,尤其要注意一个函数一定要对应一对括号。","用于在函数中将各个函数区分开。

WPS 提供的内置函数包括财务函数、日期与时间函数、数学与三角函数、统计函数、查找与引用函数、数据库函数、文本函数、逻辑函数、信息函数和工程函数等。

【例8-13】插入求和函数计算销售总额。

视频+素材 (素材文件\第08章\例8-13)

step 1 启动WPS Office,新建一个工作簿,然后输入表格文本。

step 2 选定D9 单元格,然后打开【公式】选项卡,单击【插入函数】按钮,打开【插入函数】对话框,在【选择函数】列表框中选择SUM函数,单击【确定】按钮。

step 3 打开【函数参数】对话框,单击【数值1】文本框右侧的 按钮。

step 4 返回工作表中，选中要求和的单元格区域，这里选中D3:D7单元格区域，然后单击圖按钮。

step 5 返回【函数参数】对话框，单击【确定】按钮。

step 6 此时，利用求和函数计算出D3:D7单元格区域中所有数据的和，并显示在D9单元格中。

8.9.3　制作演示

用户要在 WPS 中制作演示，可以单击界面左侧的【新建】按钮，在【演示】选项卡下单击【空白演示】按钮，此时即可创建

一个空白演示。

1. 添加幻灯片和文本

在创建演示后，会自动建立一张新的幻灯片，随着制作过程的推进，需要在演示中添加更多的幻灯片。打开【开始】选项卡，单击【新建幻灯片】按钮，即可插入一张默认版式的幻灯片。

在制作演示文稿时，如果需要重新排列幻灯片的顺序，就需要移动幻灯片。直接用鼠标

对幻灯片进行选择并拖动,可以实现幻灯片的移动。

在制作演示时,有时需要两张内容基本相同的幻灯片。此时,可以利用幻灯片的复制功能,复制出一张相同的幻灯片,然后对其进行适当的修改。复制幻灯片的方法:选中需要复制的幻灯片,在【开始】选项卡的【剪贴板】组中单击【复制】按钮。然后在需要插入幻灯片的位置单击【粘贴】按钮。

WPS 不能直接在幻灯片中输入文字,只能通过占位符或文本框来添加文本。大多数幻灯片的版式中都提供了文本占位符,这种占位符中预设了文字的属性和样式,供用户添加标题文字、项目文字等。

2. 添加多媒体

幻灯片中只有文本会显得单调,WPS支持在幻灯片中插入各种多媒体元素,包括艺术字、图片、声音和视频等,来丰富幻灯片的内容。

打开【插入】选项卡,单击【艺术字】按钮,在弹出的下拉列表中选择需要的样式,可以在幻灯片中插入艺术字。

单击【表格】按钮,在弹出的下拉列表中选择表格的行列数,或者选择【插入表格】命令,打开对话框设置表格,即可在幻灯片中插入表格。

单击【图片】下拉按钮,在弹出的下拉列表中选择【来自文件】命令,打开【插入图片】对话框,选择相应图片,单击【打开】按钮,即可在幻灯片中插入图片。

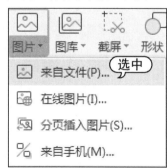

单击【音频】【视频】【Flash】按钮，可以如插入图片的步骤一样选择相应的音频、视频、Flash 动画等多媒体文件，插入幻灯片中。

3. 设置幻灯片动画

幻灯片切换动画效果是指一张幻灯片如何从屏幕上消失，以及另一张幻灯片如何显示在屏幕上的方式。要为幻灯片添加切换动画，可以打开【动画】选项卡，选择幻灯片后，单击切换动画下拉按钮，在下拉列表中选择切换动画。

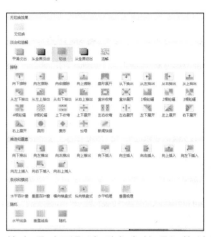

单击【动画】选项卡中的【切换效果】按钮，打开【幻灯片切换】窗格，可以设置切换动画效果的声音、速度、换片方式等选项。

8.10　有道词典翻译软件

有道词典是由网易有道出品的全球首款基于搜索引擎技术的全能免费语言翻译软件，为全年龄段学习人群提供优质顺畅的查词翻译服务。

8.10.1 查询中英文单词

有道词典是目前最流行的英语翻译软件之一。该软件可以实现中英文互译、单词发声、屏幕取词、定时更新词库以及生词本辅助学习等功能，是不可多得的实用软件。

【例 8-14】使用有道词典查询中英文单词。视频

step 1 启动"有道词典"软件，在输入文本框中输入要查询的英文单词 sky，即可显示该单词的意思和与其相关的词语。

step 2 在下方选择不同词典的选项卡，如选择【新牛津】，可在下面查看权威词典中的单词释义。

step 3 选择【例句】选项卡，可在下面看到相关单词的例句说明。

step 4 在输入文本框中输入汉字"丰富"，则系统会自动显示"丰富"的英文单词和与"丰富"相关的汉语词组。

step 5 选择【例句】选项卡，可在下面看到相关单词的例句说明。

step 6 当需要查询法语、日语等其他语言的互译时，可以单击【自动检测语言】下拉按钮，选择其他语言互译选项。

8.10.2　整句翻译

在有道词典的主界面中，单击【翻译】按钮，可打开翻译界面，在该界面中可进行中英文整句完整互译。

例如，在上面的文本框中输入"我们一起去上学"，然后单击【翻译】按钮，即可在下方自动将该句翻译成英文。

单击【逐句对照】按钮，可以在英文翻译上面显示中文原句。这样在多个句子翻译的时候比较方便。

8.10.3　屏幕取词

有道词典的屏幕取词功能是非常人性化的一个附加功能。只要将鼠标指针指向屏幕中的任何中、英字词，有道词典就会出现浮动的取词条。用户可以方便地看到单词的音标、注释等相关内容。

将鼠标指针放在需要翻译的词语上，软件即可自动进行翻译，并打开翻译信息。

在网页中如果遇到需要翻译的、稍长的词句，可以通过拖动选择需要翻译的词句，停止选取后，有道词典将自动打开翻译的内容。

8.10.4　使用单词本

"有道词典"软件还为用户提供了单词本功能，可以将遇到的生词放入单词本，其具体操作如下。

【例 8-15】使用有道词典的单词本。 视频

step 1 启动"有道词典"软件，输入要加入单词本的单词，单击【加入单词本】按钮☆。

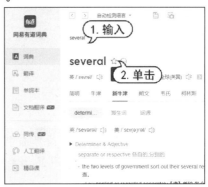

step 2 再次单击【加入单词本】按钮，打开【修改单词】对话框。可以在其中对单词的音标和解释等进行设置。

编辑单词	✕
单词	several 　　　　　　　　　　　　从单词本中删除
分组	未分组
音标	ˈsevrəl
释义	adj. 几个的；各自的 pron. 几个；数个
☑ 加入复习计划	确定　　取消

step 3 单击左侧【单词本】按钮，进入单词本界面，显示加入的单词。

step 4 单击【卡片】按钮，显示为卡片状态。

step 5 单击【复习】按钮，在该界面中如果不单击【查看释义】按钮将不显示单词的

翻译，单击【记得】按钮可以完成该单词的复习。

step 6 单击【更多功能】按钮✿，选择【偏好设置】命令，打开【单词本设置】对话框。在其中可以对相关选项进行设置。

单词本设置
☑ 在系统任务栏（系统托盘）提醒复习
☐ 单词浏览时自动发音
☐ 单词复习时自动发音
☑ 添加单词时默认加入复习计划
☐ 查过的词自动加入单词本（按下回车和点击"查询"按钮后有效）
☐ 单词播放时直接显示释义
每日进入复习流程的新单词上限：　30　个
添加单词时默认添加到：
保存设置　　取消

8.10.5 文档翻译

有道词典提供整篇文档的翻译功能，包括 pdf、doc、docx 等格式的文档。

【例 8-16】使用有道词典翻译 docx 格式的文档。
📹视频

step 1 启动"有道词典"软件，单击【文档翻译】按钮，然后单击【选择文档】按钮。

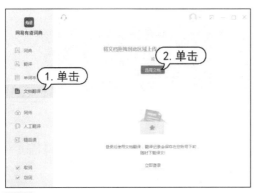

step 2 打开【选择文档】对话框，选择docx 格式的文档，单击【打开】按钮。

step 4 进行整篇文档的翻译，翻译完毕后界面左侧显示原文，右侧显示英文翻译。

step 3 打开【文档翻译】对话框，保持中文翻译成英文的默认设置，单击【翻译文档】按钮。

8.11 QQ 网络聊天软件

腾讯 QQ 是当前众多的聊天软件中比较出色的一款软件。QQ 提供在线聊天、视频聊天、点对点断点续传文件、共享文件、网络硬盘、自定义面板、QQ 邮箱等多种功能，是目前使用最为广泛的聊天软件之一。

8.11.1 申请 QQ 号码

要使用 QQ 与他人聊天，首先要有一个 QQ 号码，这是用户在网上与他人聊天时对个人身份的特别标识。用户可以在腾讯的官网进行申请注册。

首先打开浏览器，在地址栏中输入网址：http://zc.qq.com/chs/index.html。然后按 Enter 键，打开 QQ 注册的首页。

输入昵称、密码、手机号码等文本框中的内容，并单击【发送短信验证码】按钮，以获得手机短信验证码并输入文本框。然后，再单击【立即注册】按钮。

注册成功后，将打开【注册成功】页

面。如下图所示的页面中显示的号码就是刚刚申请成功的 QQ 号码。

8.11.2 登录 QQ

QQ 号码申请成功后，就可以使用该 QQ 号码了。在使用 QQ 前首先要登录 QQ。

双击系统桌面上的 QQ 的启动图标，打开 QQ 的登录界面。在【账号】文本框中输入 QQ 号码，然后在【密码】文本框中输入申请 QQ 时设置的密码。输入完成后，按 Enter 键或单击【登录】按钮。

此时，即可开始登录 QQ。登录成功后将显示 QQ 的主界面。

8.11.3 设置个人资料

在申请 QQ 的过程中，用户已经填写了部分资料。为了能使好友更加了解自己，用户可在登录 QQ 后，对个人资料进行更加详细的设置。

QQ 登录成功后，在 QQ 的主界面中，单击其左上角的头像图标，打开一个界面。单击其中的【编辑资料】链接，将展开可编辑个人资料的界面，用户可以输入个人资料信息。

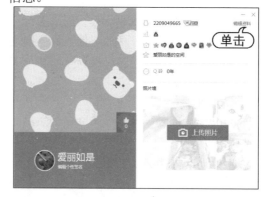

8.11.4　添加 QQ 好友

如果用户知道要添加好友的 QQ 号码，可使用精确查找的方法查找并添加好友。

【例 8-17】添加好友的 QQ 号码。〔视频〕

step ①　当 QQ 登录成功后，单击其主界面下方的【加好友】按钮。

step ②　打开【查找】对话框，选择【找人】选项卡，在文本框中输入好友的 QQ 账号，单击【查找】按钮。

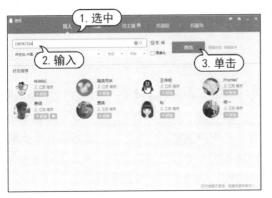

step ③　系统即可查找出 QQ 上的相应好友，选中该用户，然后单击按钮 + 好友。

step ④　在弹出的【添加好友】对话框中要求用户输入验证信息，输入完成后，单击【下一步】按钮。

step ⑤　接着可以输入备注姓名和选择分组，这里默认保持原样，单击【下一步】按钮。

step ⑥　此时即可发出添加好友的申请，单击【完成】按钮等待对方验证。

8.11.5　开始聊天对话

QQ 中有了好友后，就可以与好友进行对话了。用户可在好友列表中双击对方的头像，打开聊天窗口，即可开始进行聊天。

1. 文字聊天

在聊天窗口下方的文本区域中输入聊天的内容，然后按下 Ctrl+Enter 键或者单击【发送】按钮，即可将消息发送给对方。

同时该消息以聊天记录的形式出现在聊天窗口上方的区域中，对方接到消息后，若对用户进行了回复，则回复的内容会出现在聊天窗口上方的区域中。

如果用户关闭了聊天窗口，则对方再次发来信息时，任务栏通知区域中的 QQ 图标会变成对方的头像并不断闪动。使用鼠标单击该头像即可打开聊天窗口并查看信息。

2. 语音和视频聊天

QQ 不仅支持文字聊天，还支持语音和视频聊天，要与好友进行语音和视频聊天，计算机必须要安装摄像头和麦克风。与计算机正确连接后，用户就可以与好友进行语音和视频聊天了。

用户登录 QQ，然后双击好友的头像，打开聊天窗口。单击上方的【发起语音通话】按钮或者【发起视频通话】按钮，给好友发送语音或视频聊天的请求，等对方接受后，双方就可以进行语音或视频聊天了。

8.11.6　加入 QQ 群

QQ 群是腾讯公司推出的一个多人聊天服务。当用户创建了一个群后，可邀请其他的用户加入到一个群中共同交流。在其中可以很容易地找到一些志同道合的朋友。

用户可在 QQ 的主界面中单击【查找】按钮，打开【查找】对话框。选择【找群】选项卡，在左侧的不同类型的选项卡里，寻找个人有兴趣的类型群，例如，单击【生活休闲】|【旅行】链接。

此时显示多个群的简介，选择一个群，单击【加群】按钮。

在弹出的【添加群】对话框中输入验证信息，单击【下一步】按钮。

向该群发送加入请求，单击【完成】按钮，关闭对话框并等待对方验证。

加入群后，选择 QQ 主面板上的【群聊】选项卡。双击群名称即可打开群聊天窗口和群友进行聊天了。

8.12　迅雷下载软件

迅雷是一款基于 P2SP(Peer to Server&Peer，点对服务器和点)技术的免费下载软件，能够将网络上存储的服务器和计算机资源进行整合，构成独特的迅雷网络，各种数据文件能以最快的速度在迅雷网纹中进行传递。

8.12.1　设置下载路径

用户可以在网络上下载一些需要的文件、视频或相关资料，在下载过程中可以设置下载完成后文件保存的路径。下面详细介绍设置下载路径的操作方法。

【例8-18】设置迅雷下载路径。　视频

step 1 启动迅雷软件,单击【主菜单】按钮,弹出下拉菜单,选择【设置中心】命令。

step 2 打开【设置中心】窗口,选择【基本设置】选项卡,在【下载目录】区域内单击 按钮。

step 3 打开【选择文件夹】对话框,选择下载保存的文件夹,单击【选择文件夹】按钮。

step 4 返回【设置中心】窗口,完成下载路径的设置。

8.12.2 搜索和下载文件

使用迅雷可以快速地在网上搜索并下载文件,具有下载速度快,操作简便的特点。下面以下载软件为例,详细介绍搜索与下载文件的操作方法。

【例8-19】使用迅雷下载软件。 视频

step 1 启动迅雷软件,打开浏览器,输入网址www.baidu.com,打开百度搜索引擎。在搜索文本框中输入"迅雷影音",按Enter键,查找并单击官网链接。

step 2 右击【立即下载】按钮,在弹出的快捷菜单中选择【使用迅雷下载】命令。

step 3 自动弹出对话框，选择下载文件存储的路径，这里保持默认即可，单击【立即下载】按钮。

step 4 打开迅雷下载页面，其中会显示下载进度、时间等相关信息。

step 5 文件下载完毕，选择【已完成】选项卡，可以看到下载完成的任务。

step 6 任务栏上弹出提示框，单击【立即打开】按钮可以直接运行该软件。

在迅雷中，还可以根据需要对下载的速度进行限制。在迅雷底部的工具栏中，单击【下载计划】按钮，在弹出的快捷菜单中选择【限速下载】命令。

打开对话框，选中各个复选框，在【最大下载速度】和【最大上传速度】中调整滑块设置数值，在【限速下载时间段】中设置限速时间，单击【确定】按钮。

8.13　案例演练

本章的案例演练是使用爱剪辑软件美化视频等几个实例操作，用户通过练习从而巩固本章所学知识。

8.13.1　使用爱剪辑美化视频

"爱剪辑"是一款易用、强大的视频剪辑软件，爱剪辑可以美化视频，包括调色、磨皮、各种滤镜、去水印等。

【例8-20】使用爱剪辑美化视频文件。

📀 视频+素材 (素材文件\第08章\例8-20)

step 1 启动爱剪辑软件,选择【视频】选项卡,在视频列表下方单击【添加视频】按钮。

step 2 打开【请选择视频】对话框,选择视频文件,单击【打开】按钮。

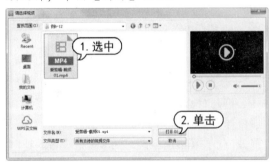

step 3 选择【画面风格】选项卡,在左侧栏切换到【美化】标签。可以看到【磨皮】【美白】【肤色】【人像调色】【画面色调】【胶片色调】【复古色调】等各种一键应用的调色和美颜功能。

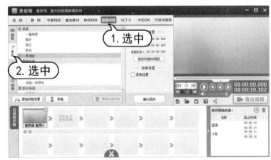

step 4 双击【画面色调】|【保留一种颜色】选项,打开【选取风格时间段】对话框,设置起始时间,然后单击【确定】按钮。

step 5 返回主界面,在【效果设置】中设置效果,单击【确认修改】按钮。

step 6 选择【滤镜】标签,添加【晶莹光斑】滤镜效果。

step 7 单击【导出视频】按钮,打开【导出设置】对话框,设置导出选项,然后单击【浏览】按钮。

step 8 打开【请选择视频的保存路径】对话框，设置路径和文件名，单击【保存】按钮。

8.13.2 使用格式工厂转换视频格式

格式工厂是一套万能的多媒体格式转换器，使用格式工厂可以将 WMV 格式的视频文件转换为 480p 分辨率的 MP4 格式文件，通过转换实现文件大小的降低和声音的消除。

【例 8-21】使用格式工厂转换视频文件。

视频+素材 (素材文件\第 08 章\例 8-21)

step 1 启动格式工厂，单击功能区中【视频】栏下的MP4 图标。

step 2 打开对话框，单击【添加文件】按钮。

step 3 打开【打开】对话框。选择WMV格式文件，单击【打开】按钮。

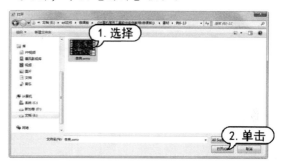

step 4 返回MP4 对话框，单击【输出配置】按钮。

step 5 打开【视频设置】对话框，在【预设配置】下拉列表框中选择【AVC 480p】选项。在下方列表框中的【关闭音效】选项右侧单击下拉按钮，在打开的下拉列表中选择【是】选项，单击【确定】按钮。

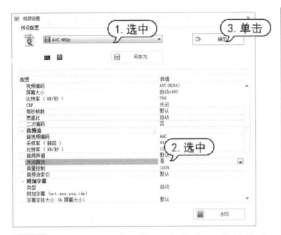

step 6 返回MP4对话框。单击右下角的【改变】按钮,打开【浏览文件夹】对话框。设置保存路径,单击【确定】按钮。

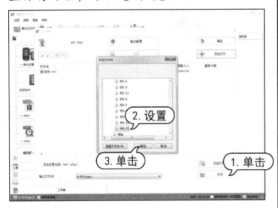

step 7 再次返回MP4对话框。单击【确定】按钮。此时,所选视频文件将添加到任务列表中。单击工具栏上的【开始】按钮。

step 8 开始转换视频文件并显示转换进度,当出现提示音且进度条上显示【完成】字样后,即表示本次转换操作成功。

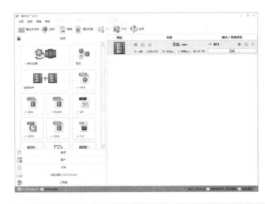

8.13.3 使用美图秀秀美化照片

美图秀秀这款软件不要求用户有非常专业的知识,只要懂得如何操作计算机,就能够将一张普通的照片轻松地 DIY 出具有专业水准的效果。它提供瘦身、磨皮、祛痘、美白等多种人像美容工具,让照片中的你容光焕发,收获自信。

【例8-22】使用美图秀秀的人像美容功能。

视频+素材 (素材文件\第08章\例8-22)

step 1 启动美图秀秀软件,选择【人像美容】选项卡,单击【打开图片】按钮。

step 2 打开【打开图片】对话框,选择照片,单击【打开】按钮。

step ③ 在【人像美容】选项卡中选择【美肤】|【祛痘祛斑】选项。

step ④ 打开对话框，设置祛痘笔大小，然后涂抹人像面部，达到祛痘效果，然后单击【应用当前效果】按钮。

step ⑤ 在【人像美容】选项卡中选择【美肤】|【皮肤美白】选项。

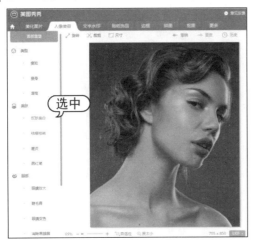

step ⑥ 打开对话框，设置美白力度和肤色，完成设置后单击【应用当前效果】按钮。

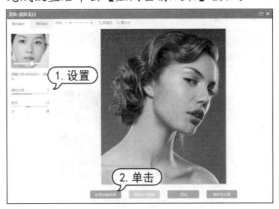

step ⑦ 在【人像美容】选项卡中选择【其他】|【唇彩】选项，打开对话框，设置唇笔大小、唇彩颜色，在嘴唇处涂抹，然后单击【应用当前效果】按钮。

step ⑧ 在【人像美容】选项卡中选择【美肤】|【磨皮】选项，打开对话框，单击【自然磨皮】按钮，设置磨皮效果，然后单击【应用当前效果】按钮。

step 9 在【人像美容】选项卡中单击【对比】按钮，查看和原图的对比效果，满意后单击【保存】按钮。

step 10 打开【保存与分享】对话框，设置保存路径和图片格式，单击【保存】按钮即可保存人像美容后的图片文件。

第9章

计算机网络应用

如今，随着信息化社会的不断发展，计算机网络十分普及，已经成为人们日常工作和生活中必不可少的部分。在网络中不仅可以浏览和搜索各种生活信息、下载各种软件资源，还能够协助用户办理很多生活中的实际事务。本章将介绍计算机网络的设备及应用局域网等相关内容。

 本章对应视频

9.1 网卡

网卡是局域网中连接计算机和传输介质的接口,它不仅能实现与局域网传输介质之间的物理连接和电信号匹配,还涉及帧的发送与接收、帧的封装与拆封、介质访问控制、数据的编码与解码以及数据缓存等。本节将详细介绍网卡的常见类型、工作方式和选购常识。

9.1.1 网卡的常见类型

随着超大规模集成电路的不断发展,计算机配件一方面朝着更高性能的方向发展,另一方面朝着高度整合的方向发展。在这一趋势下,网卡逐渐演化为独立网卡和集成网卡两种不同的形态,各自的特点如下。

▶ 集成网卡:集成网卡又称板载网卡,使用的是一种将网卡集成到主板上的作法。集成网卡是主板不可缺少的一部分,有十兆/百兆网卡、DUAL 网卡、千兆网卡及无线网卡等类型。目前,市场上大部分的主板都有集成网卡。

▶ 独立网卡:独立网卡相对集成网卡在使用与维护上都更加灵活,且能够为用户提供更稳定的网络连接服务,其外观与其他计算机适配卡类似。

虽然,独立网卡与集成网卡在形态上有区别,但这两类网卡在技术和功能等方面却没有太多的不同,其分类方式也较为一致。目前,常见的网卡类型有以下几种。

1. 按照数据通信速率分类

网卡所遵循的通信速率标准分为 10Mbps、100Mbps、10/100Mbps 自适应、10/100/1000Mbps 自适应等几种。其中,10Mbps 的网卡由于其速度太慢,早已退出主流市场;具备 100Mbps 速率的网卡虽然在市场上很常见,但随着人们对网络速度需求的增加,已经开始逐渐退出市场,取而代之的是 10/100Mbps 自适应以及更快的 1000Mbps 网卡。

2. 按照总线接口类型分类

在独立网卡中,根据网卡与计算机连接时所采用总线的接口类型不同,可以将网卡分为 PCI 网卡、PCI-E 网卡、USB 网卡和 PCMCIA(笔记本电脑专用接口)网卡等几种类型,各自的特点如下。

▶ PCI 网卡:PCI 网卡也就是使用 PCI 插槽的网卡,主要是一些 100Mbps 速率的网卡产品。

▶ PCI-E 网卡:PCI-E 网卡采用 PCI-Express X1 接口与计算机进行连接,此类网卡可以支持 1000Mbps 速率。

➤ USB 网卡：USB 网卡也就是使用 USB 接口的网卡，此类网卡的特点是体积小巧、便于携带和安装、使用方便。

➤ PCMCIA 网卡：PCMCIA 网卡是一种专用于笔记本电脑的网卡，此类网卡受到笔记本电脑体积的限制，其大小不能做得像 PCI 和 PCI-E 网卡那么大。

9.1.2　网卡的工作方式

网卡的工作方式是：当计算机需要发送数据时，网卡将会持续侦听通信介质上的载波(载波由电压指示)情况，以确定信道是否被其他站点所占用。当发现通信介质无载波(空闲)时，便开始发送数据帧，同时继续侦听通信介质，以检测数据冲突。在此过程中，如果检测到冲突，便会立即停止本次发送，并向通信介质发送"阻塞"信号，以便告知其他站点已经发生冲突。在等待一定时间后，重新尝试发送数据。

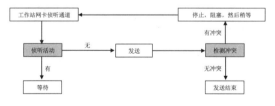

9.1.3　网卡的选购常识

网卡虽然不是计算机中的主要配件，但却在计算机与网络通信中起着极其重要的作用。因此，用户在选购网卡时，也应了解一些常识，包括网卡的品牌、工艺、接口和速率等。

▽ 网卡的品牌：用户在购买网卡时，应选择信誉较好的品牌，如 3COM、Intel、D-Link、TP-Link 等。这是因为品牌信誉较好的网卡在质量上有保障，售后服务也较普通品牌的产品要好。

▽ 网卡的工艺：与其他电子产品一样，网卡的制作工艺也体现在材料质量、焊接质量等方面。用户在选购网卡时，可以通过检查网卡 PCB(印制电路板)上的焊点是否均匀、干净以及有无虚焊、脱焊等现象，来判断一块显卡的工艺水平。

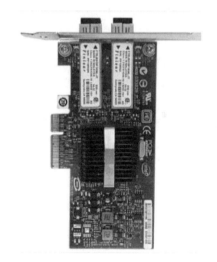

▽ 网卡的接口和速率：用户在选购网卡之前，应明确网卡的类型、接口、传输速率和其他相关情况，以免出现购买的网卡无法使用或不能满足需求的情况。

9.2 双绞线

双绞线(网线)是局域网中最常见的一种传输介质,尤其是在目前常见的以太局域网中,双绞线更是必不可少的布线材料。

9.2.1 双绞线的分类

双绞线是由两条相互绝缘的导线按照一定的规格互相缠绕(一般以顺时针缠绕)在一起而制成的一种通用配线,属于信息通信网络传输介质。双绞线过去主要用于传输模拟信号,但现在同样适用于数字信号的传输。

双绞线主要的分类方式有以下几种。

1. 按有无屏蔽层分类

目前,局域网中所使用的双绞线根据结构的不同,主要分为屏蔽双绞线和非屏蔽双绞线两种,各自的特点如下。

▶ 屏蔽双绞线:屏蔽双绞线的外层由铝箔包裹,以减小辐射。根据屏蔽方式的不同,屏蔽双绞线又分为两类:STP (Shielded Twisted-Pair)和 FTP(Foil Twisted-Pair)。其中,STP 是指双绞线内的每条线都有各自屏蔽层的屏蔽双绞线,而 FTP 则是采用整体屏蔽的屏蔽双绞线。需要注意的是,屏蔽只在整个电缆均有屏蔽装置,并且两端正确接地的情况下才起作用。

▶ 非屏蔽双绞线:非屏蔽双绞线无金属屏蔽材料,只有一层绝缘胶皮包裹,价格相对便宜,组网灵活。其线路优点是阻燃效果好,不容易引起火灾。

▶ 在实际组建局域网的过程中,所采用的大都是非屏蔽双绞线,本书下面所介绍的双绞线都是指非屏蔽双绞线。

2. 按线径粗细分类

常见的双绞线包括五类线、超五类线以及六类线等几类线,前者线径细而后者线径粗,具体型号如下所示。

▶ 五类线(CAT5):五类双绞线是最常用的以太网电缆线。相对四类线,五类线增加了绕线密度,并且外套一种高质量的绝缘材料,其线缆最高频率带宽为 100MHz,最高传输速率为 100Mbps,用于语音传输和最高传输速率为 100Mbps 的数据传输,主要用于 100BASE-T 和 1000BASE-T 网络,最大网段长 100 米。

▶ 超五类线(CAT5e):超五类线主要用于千兆位以太网,其具有衰减小,串扰少,具有更高的衰减串扰比(ACR)。

▶ 六类线(CAT6):六类线的传输性能远远高于超五类线,最适用于传输速率高于

1Gbps 的应用，其电缆传输频率为 1MHz~250MHz。

> 超六类线(CAT6e)：超六类线的传输频率介于六类线和七类线之间，为 500MHz。

> 七类线(CAT7)：七类线的传输频率为 600MHz，可用于 10 吉比特以太网。

9.2.2 双绞线的水晶头

在局域网中，双绞线的两端都必须安装 RJ-45 连接器(俗称水晶头)才能与网卡和其他网络设备相连，发挥网线的作用。

水晶头的安装制作标准有 EIA/TIA 568A 和 EIA/TIAB 两个国际标准，线序排列方法如下。

> EIA/TIA568A：绿白、绿、橙白、蓝、蓝白、橙、棕白、棕。

> EIA/TIA568B：橙白、橙、绿白、蓝、蓝白、绿、棕白、棕。

在组建局域网的过程中，用户可按以下两种不同的方法制作出双绞线来连接网络设备或计算机。根据双绞线制作方法的不同，得到的双绞线分别称为直连线和交叉线。

> 直连线：直连线用于连接网络中的计算机与集线器(或交换机)。直连线分为一一对应接法和 100M 接法。其中，一一对应接法是指双绞线的两头连线要互相对应，虽无顺序要求，但要一致。采用 100M 接法的直连线能满足 100M 带宽的通信速率，接法虽然也是一一对应，但每一引脚的颜色是固定的，具体排列顺序为：白橙/橙/白绿/蓝/白蓝/绿/白棕/棕。

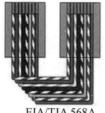 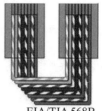

EIA/TIA 568A EIA/TIA 568B

> 交叉线：交叉线又称为反线，其线序按照一端 EIA/TIA 568A，一端 EIA/TIA 568B 的标准排列，并用 RJ45 水晶头夹好。在网络中，交叉线一般用于相同设备的连接，如路由器连接路由器、计算机连接计算机。

9.2.3 双绞线的选购常识

网线(双绞线)质量的好坏直接影响网络通信的效果。用户在选购网线的过程中，应考虑种类、品牌、包裹层等问题。

> 鉴别网线的种类：在网络产品市场中，网线的品牌及种类多得数不胜数。大多数用户选购的网线一般是五类线或超五类线。由于许多消费者对网线不太了解，所以一部分商家便会将用于三类线的导线封装在印有五类双绞线字样的线缆中冒充五类线出售，或将五类线当成超五类线销售。因此，用户在选购网线时，应对比五类线与超五类线的特征，鉴别买到的网线种类。

> 注意名牌假货：从双绞线的外观看，

五类双绞线采用质地较好并耐热、耐寒的硬胶作为外部包裹层，使得能在严酷的环境下不会出现断裂或褶皱，其内部使用做工比较扎实的8条铜线，而且反复弯曲铜线不易折断，具有很强的韧性。用户在选购网线时，不仅要通过网线品牌选购网线，而且还应注意拿到手的网线质量。

▶ 看网线外部包裹层：网线的外部绝缘皮上一般都印有其生产厂商、产地、执行标准、产品类别、线长标识等信息。用户在

选购网线时，可以通过网线包裹层外部的这些信息判断是否是自己所需的网线类型。

9.3 无线网络设备

无线网络是利用无线电波作为信息传输媒介的无线局域网(WLAN)，与有线网络的用途十分类似。组建无线网络所使用的设备称为无线网络设备，与普通有线网络设备有一定的差别。

9.3.1 无线AP

无线AP(Access Point)即无线接入点，它是用于无线网络的无线交换机(如下图所示)，也是无线网络的核心。无线AP是移动计算机用户进入有线网络的接入点，主要用于家庭、大楼内部以及园区内部，典型距离覆盖几十米至上百米，目前主要技术为802.11系列。大多数无线AP还带有接入点客户端模式，可以和其他AP进行无线连接，延展网络的覆盖范围。

1. 单纯型无线AP与无线路由器的区别

单纯型无线AP的功能相对简单，功能相当于无线交换机(与集线器的功能类似)。无线AP主要提供从无线工作站对有线局域网以及从有线局域网对无线工作站的访问，

在访问覆盖范围内的无线工作站可以通过单纯型无线AP进行相互访问。

通俗地讲，无线AP是无线网和有线网之间沟通的桥梁。由于无线AP的覆盖范围是一块向外扩展的圆形区域，因此，应当尽量把无线AP放置在无线网络的中心位置，而且各无线客户端与无线AP的直线距离最好不要超过30米，以避免因通信信号衰减而导致通信失败。

无线路由器除了提供WAN接口(广域网接口)外，还提供有线LAN口(局域网接口)。借助路由器功能，无线路由器可以实现家庭无线网络中的Internet连接共享，实现ADSL和小区宽带的无线共享接入。另外无线路由器可以将通过它进行无线和有线连接的终端分配到一个子网，这样子网内的各种设备交换数据时就将非常方便。

2. 组网方式

无线路由器可以将WAN接口直接与ADSL中的Ethernet接口连接，然后将无线网卡与计算机连接，并进行相应的配置，实现无线局域网的组建。

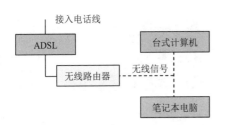

单纯的无线 AP 没有拨号功能，只能与有线局域网中的交换机或者宽带路由器进行连接后，才能在组建无线局域网的同时共享 Internet 连接。

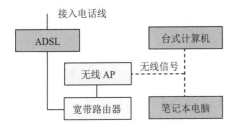

9.3.2　无线网卡

无线网卡与普通网卡的功能相同，是计算机中利用无线传输介质与其他无线设备进行连接的装置。无线网卡并不像有线网卡的主流产品只有 10/100/1000Mbps 等规格，而是分为 11Mbps、54Mbps 以及 108Mbps 等不同的传输速率，并且不同的传输速率分别属于不同的无线网络传输标准。

1. 无线网络的传输标准

与无线网络传输有关的 IEEE802.11 系列标准中，现在与用户实际使用有关的标准包括 802.11a、802.11b、802.11g 和 802.11n。

其中，802.11a 标准和 802.11g 标准的传输速率都是 54Mbps，但 802.11a 标准的 5GHz 工作频段很容易和其他信号冲突，而 802.11g 标准的 2.4GHz 工作频段较之则相对稳定。

另外，工作在 2.4GHz 频段的还有 802.11b 标准，但其传输速率只能达到 11Mbps。现在随着 802.11g 标准产品的大量降价，802.11b 标准已经逐渐不再使用。

2. 无线网卡的接口类型

无线网卡除了具有多种不同的标准之外，还包含多种不同的应用方式。例如，按照接口划分，可以将无线网卡划分为 PCI 接口的无线网卡、PCMCIA 接口的无线网卡和 USB 接口的无线网卡等几种。

▶ PCI 接口的无线网卡：PCI 接口的无线网卡主要是针对台式计算机的 PCI 插槽而设计的。台式计算机可以通过安装无线网卡，接入所覆盖的无线局域网中，实现无线上网。

▶ PCMCIA 接口的无线网卡：PCMCIA 接口的无线网卡专门为笔记本电脑设计，在将 PCMCIA 接口的无线网卡插入笔记本电脑的 PCMCIA 接口后，即可使用笔记本电脑接入无线局域网。

▶ USB 接口的无线网卡：USB 接口的无线网卡采用 USB 接口与计算机连接，具有即插即用、散热性强、传输速度快等优点。

9.3.3 无线上网卡

无线上网卡指的是无线广域网卡,能连接到无线广域网,如中国移动的 TD-SCDMA、中国电信的 CDMA2000、CDMA 1X 以及中国联通的 WCDMA 网络等。无线网卡的作用、功能相当于有线的调制解调器,可以在拥有无线电话信号覆盖的任何地方,利用 USIM 或 SIM 卡连接到互联网。

目前,无线上网卡主要应用在笔记本电脑和掌上电脑,也有部分应用在台式计算机。按接口类型的不同,可以划分为以下几种类型。

▶ PCMCIA 接口的无线上网卡:PCMCIA 接口的无线上网卡一般是笔记本电脑等移动设备专用的,受笔记本电脑空间的限制,体积远不可能像 PCI 接口的网卡那么大。

▶ USB 接口的无线上网卡:USB 接口的传输速率远远大于传统的并行口和串行口,设备安装简单并且支持热插拔。USB接口的无线上网卡一旦接入,就能够立即被计算机识别,并装入任何需要的驱动程序,而且不必重新启动系统就可立即投入使用。

▶ CF 接口的无线上网卡:CF(Compact Flash)接口的无线上网卡主要应用于 PDA 等设备,分为 Type I 和 Type II 两类,二者的规格和特性基本相同。

▶ Express Card 接口的无线网卡:笔记本电脑专用的第二代接口——Express Card 接口,提供了附加内存、有线和无线通信、多媒体和安全保护等功能。

9.3.4 无线网络设备的选购常识

由于无线局域网具有众多优点,因此应用已十分广泛。但是作为一种全新的无线局域网设备,对于多数用户相对较为陌生,在购买时会不知所措。下面将介绍选购无线网络设备时应注意的一些问题。

1. 选择无线网络标准

用户在选购无线网络设备时,需要注意设备所支持的标准。例如,目前无线局域网设备支持较多的为 802.11b 和 802.11g 两种标准,也有设备单独支持 802.11a 或同时支持 802.11b 和 802.11g 等几种标准,这时就需要考虑设备的兼容性问题。

2. 网络连接功能

实际上,无线路由器是具备宽带接入端口和有路由功能、采用无线通信的普通路由器。而无线网卡则与普通网卡一样,只不过采用无线方式进行数据传输。因此,用户选购的宽带路由器往往带有端口(4 个端口),提供 Internet 共享功能,各方面比较适用于局域网连接,能够自动分配 IP 地址,便于管理。

3. 路由技术

用户在选购无线路由器时,应了解无线路由器支持的技术。例如,了解是否支持

NAT 和 DHCP 功能。此外，为了保证计算机上网安全，无线路由器还需要带有防火墙功能。从而可以防止黑客攻击，避免网络受病毒侵害。

9.4　上网方式

一般计算机网络的接入方式包括有线上网和无线上网两种。现在有线上网方式主要包括 ASDL 拨号上网、小区宽带上网和光纤直接接入上网 3 种。

9.4.1　有线上网

有线上网方式具有传输速度快、线路稳定、价格便宜等优点，适用于办公室、家庭等固定场所使用。

有线网络是最传统，也是目前应用最为广泛的一种网络连接方式。

1. ADSL 拨号上网

ADSL 拨号上网是非对称数字用户线路上网，是目前主流的一种上网方式。与拨号上网相同，ADSL 的传输介质也是普通的铜质电话线，支持上行传输速率为 16Kb/s~640Kb/s，下行传输速率为 1.5Mb/s~8Mb/s，有效传输距离为 3 至 5 千米。它最初主要是针对视频点播业务开发的，随着技术的发展，逐步成为一种较方便的宽带接入技术，为电信部门所重视。通过网络电视的机顶盒，可以实现许多以前在低速率下无法实现的网络应用。

ADSL 具有传输速率高、独享带宽、网络安全可靠、架设简单等优点，是家庭和中小企业首选的上网方式。

家庭用户需要使用 ADSL 终端(因为和传统的调制解调器 Modem 类似，所以俗称为"猫")来连接电话线路。由于 ADSL 使用高频信号，因此两端还要使用 ADSL 信号分离器将 ADSL 数据信号和普通音频电话信号分离出来，避免打电话的时候出现噪音干扰。

2. 小区宽带上网

小区宽带上网指的是通过网络服务商在小区中建立的机房与宽带接口，将计算机接入网络。小区宽带的网络带宽比 ADSL 上网方式提供的网络带宽大很多，用户通过小区宽带接入网络的网速也较快。但随着小区内上网用户数量的增加，小区宽带上网的网速会逐渐降低。小区宽带上网又称为 LAN 宽带，是一种使用以太网技术架设局域网进行共享上网的 Internet 接入方式。

小区宽带上网的接入一般分为通过虚拟拨号的方式上网和通过从网络服务商获取静态 IP 地址与 DNS 服务器地址上网，前者与 ADSL 上网方式类似，后者需要在本地计算机上配置 IP 地址和 DNS 地址。

使用计算机实现小区宽带上网的方法：确认小区内已提供小区宽带上网设备(即网络服务商安置的机房)，然后到当地提供小区宽带上网服务的网络服务商那里办理开户手续，按标准缴纳相关费用，最后宽带安装服务人员将会在预约时间内上门为用户安装并开通小区宽带上网业务。

【例 9-1】使用宽带用户名和密码连接上网。
🔘 视频

step 1　单击【开始】按钮，选择【控制面板】选项，打开【控制面板】窗口，单击【网络和共享中心】图标。

step 2 打开【网络和共享中心】窗口,单击【设置新的连接或网络】链接。

step 3 在打开的【选择一个连接选项】对话框中,选择【连接到Internet】选项,然后单击【下一步】按钮。

step 4 在弹出的对话框中单击【宽带PPPoE】按钮,设置PPPoE宽带连接。

step 5 弹出【键入您的Internet服务提供商(ISP)提供的信息】对话框,在【用户名】文本框中输入电信运营商提供的用户名,在【密码】文本框中输入提供的密码,单击【连接】按钮。

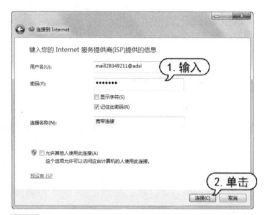

step 6 此时,计算机开始连接网络,连接成功后用户就可以上网了。

3. 光纤直接接入上网

在宽带网络中,光纤是多种传输媒介中最理想的一种,特点是传输容量大、传输质量好、损耗小、中继距离长等。光纤传输使用的是波分复用,也就是首先把小区里的多个用户的数据利用 PON 技术汇接成为高速信号,然后调制到不同波长的光信号在一根光纤里传输。

光纤直接接入的方式是从网络层次中的汇聚层直接光纤网络,主要是为有独享光纤高速上网需求的企业单位或集团用户提供的,传输带宽为 10~1000Mbps 或以上。这种接入方式的特点是可根据用户需求调整带宽接入,上下行带宽都比较大,适合企业建立自己的服务器。

9.4.2　无线上网

在安装了无线网卡的计算机中，用户可以参考以下步骤，将计算机连接至无线网络。

step 1 打开【控制面板】窗口，单击【网络和共享中心】图标。打开【网络和共享中心】窗口，单击【设置新的连接或网络】链接。

step 2 打开【选择一个连接选项】对话框，选择【连接到Internet】选项，并单击【下一步】按钮。

step 3 在弹出的【您想如何连接】对话框中，单击【无线】按钮。

step 4 此时，桌面的右下角自动弹出一个，此列表中显示了所有可用的无线网络信号，并按照信号强度从高到低的方式排列，选择qhwknj无线连接，然后单击【连接】按钮。

step 5 如果无线网络设置了密码，则会弹出【输入网络安全密钥】对话框，在【安全密钥】文本框中输入无线网络的密码，然后单击【确定】按钮进行网络连接。

step 6 此时，系统开始连接到当前的无线网络，如果该无线网络没有设置密码，则可以直接开始连接。连接成功后，在【网络和共享中心】窗口中可查看网络的连接状态。

9.5 组建局域网

局域网又称 LAN(Local Area Network)，是在局部的地理范围内，将多台计算机、外围设备互相连接起来组成的通信网络，其用途主要在于数据通信与资源共享。

9.5.1 认识局域网

局域网与日常生活中所使用的互联网极为相似，只是范围缩小到了办公室而已。在把办公用的计算机连接成局域网后，通过在计算机之间共享资源，可以极大提高办公效率。

局域网一般属于对等局域网，在对等局域网中，各台计算机的功能相同，无主从之分，网上任意节点的计算机都可以作为网络服务器，为其他计算机提供资源。

通常情况下，按通信介质可将局域网分为有线局域网和无线局域网两种。

▶ 有线局域网是指通过网络或其他线缆将多台计算机相连成的局域网。但有线局域网在某些场合要受到布线的限制，布线、改线工程量大；线路容易损坏，网中的各节点不可移动。

▶ 无线局域网是指采用无线传输媒介将多台计算机相连成的局域网。这里的无线媒介可以是无线电波、红外线或激光。无线局域网技术可以非常便捷地以无线方式连接网络设备，用户之间可随时、随地、随意地访问网络资源，是现代数据通信系统发展的重要方向。无线局域网可以在不采用网线的情况下，提供网络互联功能

9.5.2 连接局域网

如果是有线局域网，可以用双绞线和集线器或路由器将多台计算机连接起来。

集线器的英文名称就是常说的 Hub，英文 Hub 是"中心"的意思，集线器是网络集中管理的最基本单元。随着路由器价格的不断下降，越来越多的用户在组建局域网时会选择路由器，与集线器相比，路由器拥有更

加强大的数据通信功能和控制功能。

要连接局域网设备，只需将网线一端的水晶头插入计算机机箱后的网卡接口，然后将网线另一端的水晶头插入路由器接口中。接通路由器即可完成局域网设备的连接。

使用相同的方法为其他计算机连接网线，连接成功后，双击桌面上的【网络】图标，打开【网络】窗口，即可查看连接后的多台计算机。

9.5.3　配置 IP 地址

IP 地址是计算机在网络中的身份识别码，只有为计算机配置了正确的 IP 地址，计算机才能够接入网络。

【例 9-2】在一台计算机中配置局域网的 IP 地址。
🔘 视频

step❶　单击任务栏右侧的【网络】按钮 🖥️，在打开的面板中单击【打开网络和共享中心】链接。

step❷　打开【网络和共享中心】窗口，单击【本地连接】链接。

step❸　打开【本地连接 状态】对话框，单击【属性】按钮。

step❹　打开【本地连接 属性】对话框，双击【Internet 协议版本 4(TCP/IPv4)】选项。

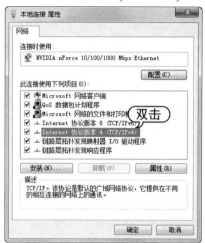

step❺　打开【Internet 协议版本 4(TCP/IPv4) 属性】对话框，在【IP地址】文本框中输入本机的IP地址，按下Tab键会自动填写子网掩码，然后分别在【默认网关】【首选DNS服务器】和【备用DNS服务器】中设置相应的地址。设置完成后，单击【确定】按钮，完成IP地址的设置。

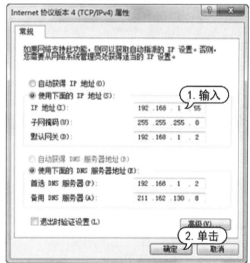

9.5.4　配置网络位置

在 Windows 7 操作系统中第一次连接到网络时，必须选择网络位置，因为这样可以为连接的网络自动进行适当的防火墙设置。

当用户在不同的位置(例如，家庭、本地

咖啡店或办公室)连接到网络时,选择一个合适的网络位置将有助于用户始终确保将自己的计算机设置为适当的安全级别。

【例9-3】在一台计算机中配置网络位置。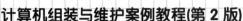视频

step 1 单击任务栏右侧的【网络】按钮 ,在打开的面板中单击【打开网络和共享中心】链接。

step 2 打开【网络和共享中心】窗口,单击【工作网络】链接。

step 3 打开【设置网络位置】对话框,设置计算机所处的网络,这里选择【工作网络】选项。

step 4 下一个界面指明现在正处于“工作”网络中,单击【关闭】按钮,完成网络位置的设置。

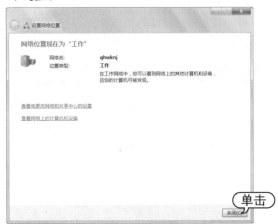

9.5.5 测试网络连通性

配置完网络协议后,还需要使用 ping 命令来测试网络连通性,查看计算机是否已经成功接入局域网。

【例9-4】在 Windows 7 中使用 ping 命令测试网络连通性。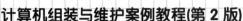视频

step 1 单击【开始】按钮,在搜索框中输入命令“cmd”,然后按下Enter键,打开命令测试窗口。

step 2 如果网络中有一台计算机(非本机)的IP地址是 192.168.1.50,可在命令测试窗口中输入命令“ping 192.168.1.50”,然后按

下Enter键，如果显示字节和时间等信息的测试结果，则说明网络已经正常连通。

step 3 如果未显示字节和时间等信息的测试结果，则说明网络未正常连通。

9.6　共享局域网资源

当用户的计算机接入局域网后，就可以设置共享资源，目的是方便局域网中的其他计算机用户访问共享资源。

9.6.1　设置共享文件与文件夹

在局域网中共享的本地资源大多数是文件或文件夹。共享本地资源后，局域网中的任意用户都可以查看和使用共享文件或文件夹中的资源。

【例9-5】共享本地C盘中"我的资料"文件夹。
🎬视频

step 1 双击桌面上的【计算机】图标，打开【计算机】窗口。双击【本地磁盘(C:)】图标。

step 2 打开C盘窗口，右击"我的资料"文件夹，选择【属性】命令。

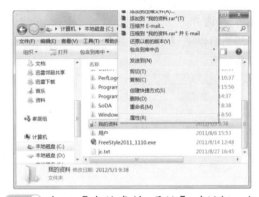

step 3 打开【我的资料 属性】对话框，切换至【共享】选项卡，然后单击【网络文件和文件夹共享】区域中的【共享】按钮。

step④ 打开【文件共享】对话框，在上方的下拉列表中选择Everyone选项，然后单击【添加】按钮，Everyone选项即被添加到中间的列表中。

step⑤ 选择列表中刚刚添加的Everyone选项，然后单击【共享】按钮，系统即可开始共享设置。

step⑥ 打开【您的文件夹已共享】对话框，单击【完成】按钮，完成共享操作，在返回的对话框中单击【关闭】按钮，完成设置。

9.6.2 访问共享资源

在 Windows 7 操作系统中，用户可以方便地访问局域网中其他计算机上共享的文件或文件夹，获取局域网内其他用户提供的各种资源。

【例9-6】访问局域网中的计算机，打开共享的文件夹并复制其中的文档。 视频

step① 双击桌面上的【网络】图标，打开【网络】窗口，双击其中的QHWK图标。

step② 进入用户QHWK的计算机，其中显示了该用户共享的文件夹，双击SharedDocs文件夹，打开该文件夹。

step③ 双击其中的My Pictures文件夹，打开该文件夹，显示里面所有的文件和文件夹。

step 4 右击 01.jpg 图片文件,在弹出的快捷菜单中选择【复制】命令。

step 5 双击桌面上的【计算机】图标,打开【计算机】窗口,双击其中的 D 盘图标,打开 D 盘,在空白处右击鼠标,在弹出的快捷菜单中选择【粘贴】命令。即可将 QHWK 计算机里的共享文档复制到本地计算机中。

9.6.3 取消共享资源

如果用户不想再继续共享文件或文件夹,可将其共享属性取消,取消共享后,其他人就不能再访问它们了。

【例 9-7】取消 C 盘中共享的"我的资料"文件夹。
🔘 视频

step 1 打开【本地磁盘(C:)】窗口,右击"我的资料"文件夹,选择【属性】命令。

step 2 打开【我的资料 属性】对话框,切换至【共享】选项卡,单击【高级共享】区域的【高级共享】按钮。

step 3 打开【高级共享】对话框,取消选中【共享此文件夹】复选框,然后单击【确定】按钮。

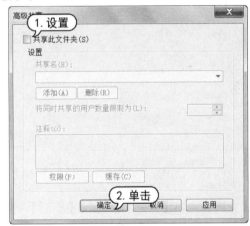

step 4 返回【我的资料 属性】对话框,单击【关闭】按钮,完成设置。

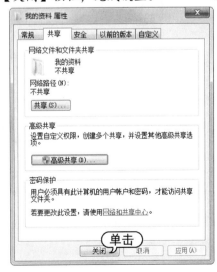

9.7 使用浏览器上网

要上网浏览信息必须要用到浏览器。360 极速浏览器是一款极速、安全的无缝双核浏览器。它基于 Chromium 开源项目，具有闪电般的浏览速度、完备的安全特性及海量丰富的实用工具扩展。

9.7.1 浏览网页

360 极速浏览器的最新版本为 11。它的操作界面主要由标题栏、地址栏、标签页、状态栏和滚动条等几部分组成。

▶ 地址栏：用于输入要访问网页的网址。此外，在地址栏附近还提供了一些常用功能按钮，如【前进】【后退】【刷新】等。

▶ 标签页：浏览器支持多页面功能，用户可以在一个操作界面中的不同选项卡中打开多个网页，单击标签页标签即可轻松切换。

▶ 滚动条：若访问网页的内容过多，无法在浏览器的一个窗口中完全显示时，则可以通过拖动滚动条来查看网页的其他内容。

浏览网页是上网中最常见的操作。通过浏览网页，可以查阅资料和信息。

【例 9-8】使用 360 极速浏览器浏览网页。📹视频

step❶ 启动 360 极速浏览器，在地址栏中输入网址：www.163.com，然后按下 Enter 键，打开网易的主页。

step❷ 单击页面上的链接，可以继续访问对应的网页。

step❸ 单击网站标签右侧的【打开新的标签页】按钮➕，即可打开一个新的标签页，其中会显示浏览器自带的推荐网站。

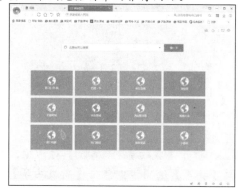

step ④ 另外右击超链接，在弹出的快捷菜单中选择【在新标签页中打开】命令，即可打开一个新的标签页并且打开该链接网页。

9.7.2 收藏网址

使用浏览器浏览网页时，会遇到一些经常需要访问或比较喜欢的网页，用户可以将这些网页的网址保存到收藏夹中。当下次需要打开收藏的网页时，直接在收藏夹中选择该网页地址即可。

【例 9-9】将网易的网址添加到浏览器收藏夹中。
🎬 视频

step ① 启动 360 极速浏览器，在地址栏中输入网址：www.163.com，然后按下Enter键，打开网易的主页，右击网页空白处，在打开的快捷菜单中选择【添加到收藏夹】命令。

step ② 打开【添加收藏】对话框。在【名字】文本框中输入添加到收藏夹的网页名称，在列

表框中选择添加到收藏夹的位置。然后单击【确定】按钮，即可添加网址到收藏夹。

step ③ 单击【显示收藏夹菜单】按钮☆，在下拉菜单中显示新收藏的网址。

step ④ 在该下拉菜单中选择【管理收藏夹】命令，打开【收藏管理器】窗口，选择其中收藏的网址，显示两个按钮，✏为【修改】按钮，可以修改网址名称和地址，✖为【删除】按钮，可以删除收藏的网址。

9.7.3 保存网页

在浏览网页的过程中，如果看到有用的资料，可以将其保存下来，以方便日后使用。这些资料包括网页中的文本、图片等。为了方便用户保存网络中的资源，浏览器本身提供了一些简单的资源下载功能，用户可方便地下载网页中的文本、图片等信息。

如果用户想要在网络断开的情况下也能浏览某个网页，可将该网页整个保存下来。这样即使在没有网络的情况下，用户也可以对该网页进行浏览。

在要保存的网页中单击 ≡ 按钮，在弹出的菜单中选择【保存网页】命令。

打开【另存为】对话框，保存类型设置为 HTML 格式，输入文件名后，单击【保存】按钮。

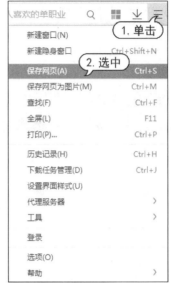

9.8 使用百度网盘

百度网盘(原百度云)是百度推出的一项云存储服务，已覆盖主流 PC 和手机操作系统，包含 Web 版、Windows 版、Mac 版、Android 版、iPhone 版和 Windows Phone 版。用户可以轻松地将自己的文件上传到网盘上，并可跨终端随时随地查看和分享。

9.8.1 百度网盘特色

百度网盘个人版是百度面向个人用户的网盘存储服务，满足用户工作生活各类需求，提供多元化数据存储服务，用户可自由管理网盘存储文件。主要有以下特色。

▶ 超大空间：百度网盘提供 2T 永久免费容量，可供用户存储海量数据。

▶ 文件预览：百度网盘支持常规格式的图片、音频、视频、文档文件的在线预览，无须下载文件到本地即可轻松查看文件。

▶ 视频播放：百度网盘支持主流格式

视频的在线播放。用户可根据自己的需求和网络情况选择“流畅”和“原画”两种模式。百度网盘 Android 版、iOS 版同样支持视频播放功能，让用户随时随地观看视频。

▶ 离线下载：百度网盘 Web 版支持离线下载功能。已支持 http/ftp/电驴协议/磁力链和 BT 种子离线下载。通过使用离线下载功能，用户只需提交下载地址和种子文件，即可通过百度网盘服务器下载文件至个人网盘。

▶ 在线解压缩：百度网盘 Web 版支持

在线解压 500MB 以内的压缩包，查看压缩包内的文件。同时，可支持 50MB 以内的单文件保存至网盘或直接下载。

➤ 快速上传(会员专属)：百度网盘 Web 版支持最大 4G 单文件上传，充值成为超级会员后，使用百度网盘 PC 版可上传最大 20GB 单文件。上传不限速，可进行批量操作，轻松便利。

9.8.2　下载网盘资源

在网络上可以查找百度网盘格式的相关资源，比如打开一个提供网盘资源下载的网站，单击一个下载链接。

弹出窗口，输入网站提供的提取码，然后单击【提取文件】按钮。

在打开的页面中单击【下载】按钮，将启动百度网盘客户端，打开【设置下载存储路径】对话框，单击其中的【浏览】按钮。

打开【浏览计算机】对话框，设置保存路径，然后单击【确定】按钮。

返回设置【下载存储路径】对话框，单击【下载】按钮即可开始下载。

此时客户端显示下载进度、时间、文件大小等信息。

下载完毕后，选择【传输列表】选项卡，在左侧列表中选择【传输完成】选项卡，选择刚下载的文件选项，单击【打开所在文件夹】按钮即可在文件夹内找到下载文件。

9.8.3 上传百度网盘

使用百度网盘可以把计算机中的本地文件上传至网盘中，这样可以节省硬盘空间，同时也满足了只要有网络即可随时随地从网盘下载所需文件的需求。

【例 9-10】上传文件至百度网盘。 视频

step 1 启动百度网盘客户端，在主界面中单击【上传】按钮。

step 2 打开对话框，选择要上传的文件，单击【存入百度网盘】按钮。

step 3 打开【传输列表】选项卡，在左侧选择【正在上传】选项卡，显示上传进度信息。

step 4 上传完毕后，返回【我的网盘】选项卡，显示刚刚上传的文件。

9.8.4　分享网盘内容

保存在百度网盘的文件，用户可以分享给其他安装百度网盘的人。

首先选中打算分享的文件或者文件夹，然后页面上方即可显示【分享】按钮，单击该按钮。

百度网盘提供两种分享方法，一种是直接发送给网盘好友，这个方法相对简单，就和微信上发送文件是一样的；如果选择链接分享，那么创建一个链接，以后将此链接连同对应的密码(注：密码自动生成)直接发送给他人即可，这里选中【有提取码】和【7天】单选按钮，表示提供的链接带提取码，并只保留 7 天有效时间，然后单击【创建链接】按钮。

软件将自动生成链接和提取码，单击【复制链接及提取码】按钮，然后将复制的内容粘贴在分享软件中，比如 QQ、微信里，发送出去即可分享网盘内容。

9.9　案例演练

本章的案例演练是制作网线等几个实例操作，用户通过练习从而巩固本章所学知识。

9.9.1　制作网线

【例9-11】使用双绞线、水晶头和剥线钳自制一根网线。

step 1 在开始制作网线之前,用户应准备必要的网线制作工具,包括剥线钳、简易打线刀和多功能螺丝刀。

step 2 将双绞线的一端放入剥线钳的剥线口中,定位在距离顶端20mm的位置。

step 3 压紧剥线钳后旋转360°,使剥线口中的刀片可以切开网线的灰色包裹层。

step 4 从剥线口切开网线包裹层后,拉动网线。

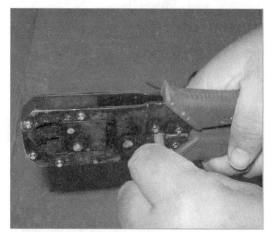

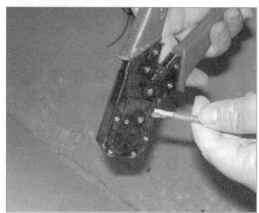

step 5 将双绞线中的 8 根不同颜色的线按照EIA/TIA 586A和EIA/TIA 586B线序标准排列(可参考本章 9.2.2 中介绍的线序)。

step 6 将整理好线序的网线拉直。

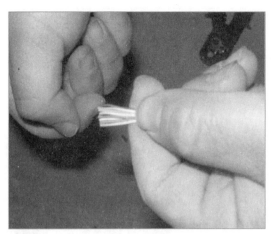

step⑦　将水晶头背面的 8 个金属压片面对自己，从左至右分别将网线按照步骤(5)中整理的线序插入水晶头。

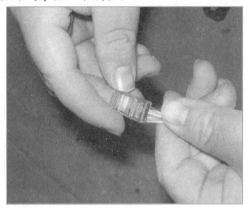

step⑧　检查网线是否都进入水晶头，并将网线固定。

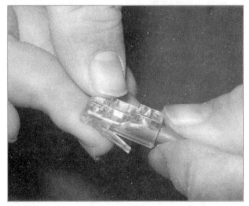

step⑨　将水晶头放入剥线钳的压线槽后，用力挤压剥线钳的钳柄，将水晶头上的铜片压至铜线内。

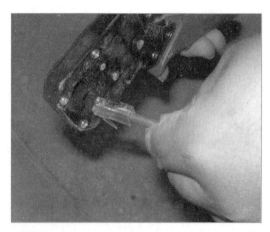

step⑩　接下来，使用相同的方法制作网线的另一头。完成后即可得到一根网线。

9.9.2　使用百度搜索网页

作为全球最大的中文搜索引擎，百度被绝大多数的中国家庭用户所使用，搜索网页是百度最基本，也是用户最常用的操作。

【例9-12】使用百度搜索有关"蓝牙音箱"方面的网页。　▶视频

step①　启动 360 极速浏览器，在地址栏中输入百度的网址：www.baidu.com，按Enter键访问百度页面。

step②　在页面的文本框中输入要搜索网页的关键字。本例输入"蓝牙音箱"，然后单击【百度一下】按钮。

step 3 百度会根据搜索关键字自动查找相关网页,查找完成后,在新页面中以列表形式显示相关网页,单击一条超链接,即可打开对应的网页。

9.9.3 使用百度搜索图片

百度图片拥有来自几十亿中文网页的海量图库,收录数亿张图片,并在不断增加中。用户可以在其中搜索想要的壁纸、写真、动漫、表情或素材等。

【例9-13】使用百度搜索有关"熊猫"的图片。 视频

step 1 启动 360 极速浏览器,打开百度首页,单击【更多产品】|【图片】按钮。

step 2 打开【百度图片】页面,在文本框内输入"熊猫",单击【搜索】按钮。

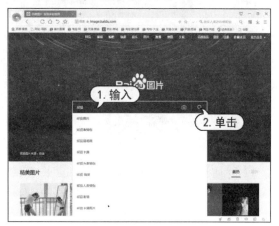

step 3 百度将搜索出满足要求的图片,并在网页中显示图片的缩略图,在页面中单击一张图片的缩略图。

step④ 此时可以显示大图，使用户能够更好地查看图片。

9.9.4 使用 QQ 传输文件

【例9-14】通过QQ给好友和QQ群传输文件。 视频

step① 登录QQ软件，双击好友的头像，打开聊天窗口。单击中间的【发送文件】按钮□，在打开的菜单中选择【发送文件/文件夹】命令。

step② 打开【选择文件/文件夹】对话框，选择要发送的文件，单击【发送】按钮。

step③ 返回聊天窗口，发送文本框内显示文件，单击【发送】按钮。

step④ 向对方发送文件传送的请求，等待对方的回应。

step⑤ 当对方接受发送文件的请求后，即可开始发送文件。发送成功后，将显示发送成功的提示信息。

step⑥ 如果要在QQ群内发送一个文件，用户可以打开一个群后，单击中间的【上传文件】按钮□。

step **7** 打开【打开】对话框，选择要发送的文件，单击【打开】按钮。

step **8** 此时开始上传文件，并显示上传进度。

step **9** 上传完毕后，选择【文件】选项卡，显示上传文件，该群内用户可以在此处下载文件。

第10章

优化计算机

提高操作系统的运行速度和效率，是充分发挥计算机硬件性能的关键，用户可以对操作系统的默认设置进行优化，还可以使用各种优化软件对计算机进行智能优化。

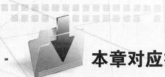 **本章对应视频**

10.1 优化 Windows 系统

一般情况下，Windows 7 操作系统安装时采用的都是默认设置，但是默认设置无法充分发挥计算机的性能。此时，对系统进行一定的优化设置，能够有效地提升计算机性能。

10.1.1 设置虚拟内存

系统在运行时会先将所需的指令和数据从外部存储器调入内存，CPU 再从内存中读取指令或数据进行运算，并将运算结果存储在内存中。在整个过程中内存主要起着中转和传递的作用。

当用户为了运行程序需要大量数据、占用大量内存时，物理内存就有可能会被"塞满"，此时系统会将那些暂时不用的数据放到硬盘中，而这些数据所占的空间就是虚拟内存。简单地说，虚拟内存的作用就是当物理内存占用完时，计算机会自动调用硬盘来充当内存，以缓解物理内存的不足。

Windows 操作系统采用虚拟内存机制来扩充系统内存，调整虚拟内存可以有效地提高大型程序的执行效率。

【例 10-1】在 Windows 7 操作系统中设置虚拟内存。视频

step 1 在桌面上右击【计算机】图标，在打开的快捷菜单中选择【属性】命令。

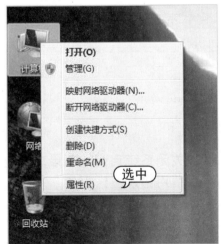

step 2 打开【系统】窗口，单击窗口左侧的【高级系统设置】链接。

step 3 打开【系统属性】对话框，选择【高级】选项卡，在【性能】区域中单击【设置】按钮。

step 4 打开【性能选项】对话框，选择【高级】选项卡，在【虚拟内存】区域中单击【更改】按钮。

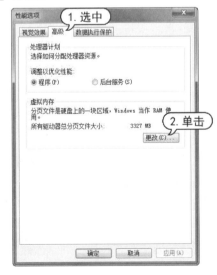

step 5 打开【虚拟内存】对话框，取消选中
【自动管理所有驱动器的分页文件大小】复
选框。在【驱动器】列表中选中C盘选项，
选中【自定义大小】单选按钮，在【初始大
小】文本框中输入 2000，在【最大值】文本
框中输入 6000，单击【设置】按钮。

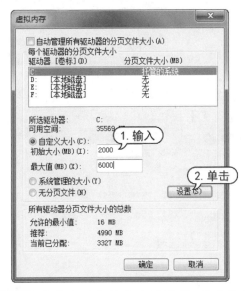

step 6 完成分页文件大小的设置，然后单击
【确定】按钮。

step 7 打开【系统属性】提示框，提示用户
需要重新启动计算机才能使设置生效，单击
【确定】按钮。

step 8 打开【必须重新启动计算机才能应
用这些更改】提示框，单击【立即重新启
动】按钮，重新启动计算机后即可使设置
生效。

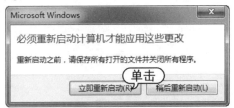

10.1.2　设置开机启动项

有些软件在安装完成后，会将自己的启
动程序加入开机启动项，从而随着系统的启
动而自动运行。这无疑会占用系统的资源，
并影响系统的启动速度。用户可以通过设置
将不需要的开机启动项取消。

【例 10-2】取消不需要的开机启动项。🎬视频

step 1 按Win+R组合键，打开【运行】对话
框，在【打开】文本框中输入msconfig命令，
单击【确定】按钮。

step 2 打开【系统配置】对话框，选择【服
务】选项卡，取消选中不需要开机启动的服
务前面的复选框。

step 3 切换至【启动】选项卡，取消选中不需要开机启动的应用程序前面的复选框，单击【确定】按钮。

step 4 打开【系统配置】提示框，单击【重新启动】按钮，重新启动计算机后，完成设置。

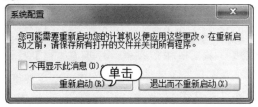

10.1.3 设置选择系统的时间

当计算机中安装多个操作系统后，在启动时会显示多个操作系统的列表，系统默认等待时间是 30 秒，用户可以根据需要对这个时间进行调整。

【例 10-3】将选择操作系统时的默认等待时间设置为 5 秒。 ▶ 视频

step 1 在桌面上右击【计算机】图标，在打开的快捷菜单中选择【属性】命令。在打开的【系统】对话框中单击左侧的【高级系统设置】链接。

step 2 打开【系统属性】对话框，选择【高级】选项卡，在【启动和故障恢复】区域单击【设置】按钮。

step 3 打开【启动和故障恢复】对话框，在【显示操作系统列表的时间】微调框中设置时间为 5 秒，单击【确定】按钮。

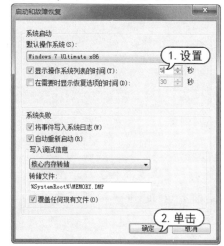

10.1.4　清理卸载的程序

卸载某个程序后，该程序可能依然会保留在【卸载或更改程序】对话框的列表中，用户可以通过修改注册表将其删除。

【例10-4】在注册表中清理【卸载或更改程序】对话框的列表。 📀视频

step ① 按Win+R组合键，打开【运行】对话框，在【打开】文本框中输入regedit命令，单击【确定】按钮。

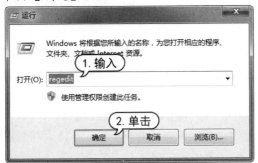

step ② 打开【注册表编辑器】窗口，在左侧的注册表列表框中，依次展开【HKEY_LOCAL_MACHINE】|【SOFTWARE】|【Microsoft】|【Windows】|【CurrentVersion】|【Uninstall】选项。

step ③ 在该项目下，用户可查看已删除程序的残留信息，然后将其删除即可。

10.2　关闭不需要的系统功能

Windows 7系统在安装完成后，自动开启了许多功能。这些功能在一定程度上会占用系统资源，如果不需要使用这些功能，可以将其关闭以节省系统资源。

10.2.1　禁止自动更新重启提示

在计算机使用过程中如果遇到系统自动更新，完成自动更新后，系统会提示重新启动计算机。但是在工作中重启很不方便，只能不停地推迟。用户可以通过设置取消更新重启提示。

【例10-5】关闭系统自动更新重启提示。 📀视频

step ① 按Win+R组合键，打开【运行】对话框，输入gpedit.msc命令，单击【确定】按钮。

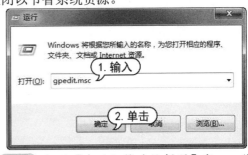

step ② 打开【本地组策略编辑器】窗口，依次展开【计算机配置】|【管理模板】|【Windows组件】选项，双击右侧的【Windows Update】选项。

存搜索记录以提高系统速度。

【例10-6】禁止保存搜索记录。 视频

step 1 按Win+R组合键,打开【运行】对话框,输入gpedit.msc命令,单击【确定】按钮。

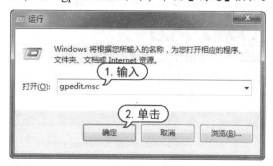

step 3 打开【Windows Update】窗口,双击【对于有已登录用户的计算机,计划的自动更新安装不执行重新启动】选项。

step 2 打开【本地组策略编辑器】窗口,依次展开【用户配置】|【管理模板】|【Windows组件】|【Windows资源管理器】选项,在右侧的列表中双击【在Windows资源管理器搜索框中关闭最近搜索条目的显示】选项。

step 4 打开【对于有已登录用户的计算机,计划的自动更新安装不执行重新启动】对话框,选中【已启用】单选按钮,单击【确定】按钮。

step 3 打开【在Windows资源管理器搜索框中关闭最近搜索条目的显示】对话框,选中【已启用】单选按钮,然后单击【确定】按钮。

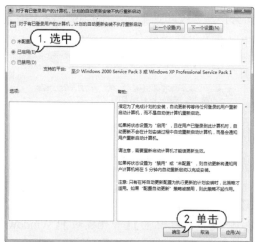

10.2.2 禁止保存搜索记录

Windows 7搜索的历史记录会自动保存在下拉列表框中,用户可通过组策略禁止保

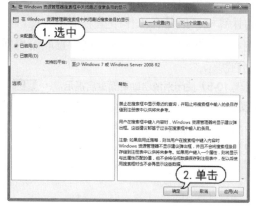

10.2.3 关闭系统自带的刻录功能

Windows 7中集成了刻录功能，不过功能没有专业刻录软件那么强大，如果用户想使用第三方软件来刻录光盘，可以关闭Windows 7自带的刻录功能。

【例10-7】关闭Windows 7系统自带的刻录功能。 📹视频

step 1 按Win+R组合键，打开【运行】对话框，输入gpedit.msc命令，单击【确定】按钮。

step 2 打开【本地组策略编辑器】窗口，依次展开【用户配置】|【管理模板】|【Windows组件】|【Windows资源管理器】选项，在右侧的列表中双击【删除CD刻录功能】选项。

step 3 打开【删除CD刻录功能】对话框，选中【已启用】单选按钮，然后单击【确定】按钮。

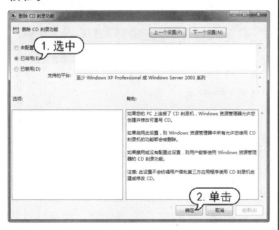

10.2.4 禁用错误发送报告

Windows 7系统在运行时如果出现异常即会打开一个错误报告对话框，询问是否将此错误提交给微软官方网站，用户可以通过组策略禁用这个错误报告弹窗，以提高系统速度。

【例10-8】禁用错误发送报告。 📹视频

step 1 按Win+R组合键，打开【运行】对话框，输入gpedit.msc命令，单击【确定】按钮。

step 2 打开【本地组策略编辑器】窗口，依次展开【计算机配置】|【管理模板】|【系统】|【Internet通信管理】|【Internet 通信设置】选项，在右侧的列表中双击【关闭Windows错误报告】选项。

step 3 打开【关闭Windows错误报告】对话框，选中【已启用】单选按钮，然后单击【确定】按钮。

10.3 优化磁盘

计算机的磁盘是使用最频繁的硬件之一，磁盘的外部传输速度和内部读写速度决定了硬

盘的读写性，优化磁盘速度和清理磁盘可以在很大程度上延长硬盘的使用寿命。

10.3.1 磁盘清理

由于各种应用程序的安装与卸载以及软件的运行，系统会产生一些垃圾文件，这些文件会直接影响计算机的性能。磁盘清理程序是系统自带的用于清理磁盘冗余内容的工具。

【例10-9】清理D盘中的冗余文件。🔘视频

step① 选择【开始】|【所有程序】|【附件】|【系统工具】|【磁盘清理】选项。

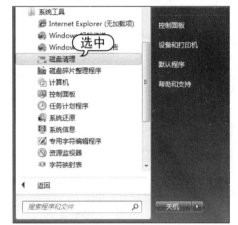

step② 打开【磁盘清理：驱动器选择】对话框，在【驱动器】下拉列表中选择D盘，单击【确定】按钮。

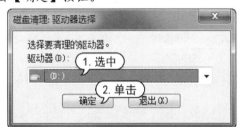

step③ 打开【磁盘清理】对话框，系统开始分析D盘中的冗余内容。

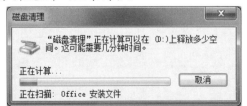

step④ 分析完成后，在【(D:)的磁盘清理】对话框中将显示分析后的结果。选中所需删除的内容对应的复选框，然后单击【确定】按钮。

step⑤ 打开【磁盘清理】提示框，单击【删除文件】按钮。

step⑥ 此时，系统自动开始进行磁盘清理。

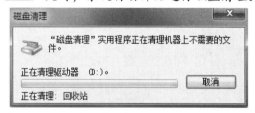

10.3.2 磁盘碎片整理

在使用计算机的过程中会有很多文件操作，操作时会产生很多磁盘碎片。例如，在进行创建、删除文件或者安装、卸载软件等操作时，会在硬盘内部产生很多磁盘碎片。碎片的存在会影响系统往硬盘写入或读取数据的速度，而且由于写入和读取数据不在连续的磁道上，也会加快磁头和盘片的磨损速

度，定期清理磁盘碎片，对保护硬盘有很大的实际意义。

【例10-10】整理磁盘碎片。 视频

step① 选择【开始】|【所有程序】|【附件】|【系统工具】|【磁盘碎片整理程序】选项。

step② 打开【磁盘碎片整理程序】对话框，选中要整理碎片的磁盘后，单击【分析磁盘】按钮。系统开始对该磁盘进行分析，分析完成后，系统将显示磁盘碎片的比例。

step③ 此时，单击【磁盘碎片整理】按钮，即可开始磁盘碎片整理操作。磁盘碎片整理完成后，将显示磁盘碎片整理结果。

10.3.3 优化磁盘内部读写速度

优化计算机硬盘的外部传输速度和内部读写速度，能有效地提升硬盘读写性能。

硬盘的内部读写速度是指从盘片上读取数据，然后存储在缓存中的速度，是评价硬盘整体性能的决定性因素。

【例10-11】优化硬盘内部读写速度。 视频

step① 在桌面上右击【计算机】图标，在打开的快捷菜单中选择【属性】命令。

step② 打开【系统】窗口，单击【设备管理器】链接。

step③ 打开【设备管理器】窗口，在【磁盘驱动器】选项下展开当前硬盘选项，再右击，在打开的快捷菜单中选择【属性】命令。

step④ 打开磁盘的属性对话框，选择【策略】选项卡，选中【启用设备上的写入缓存】复选框，然后单击【确定】按钮，完成设置。

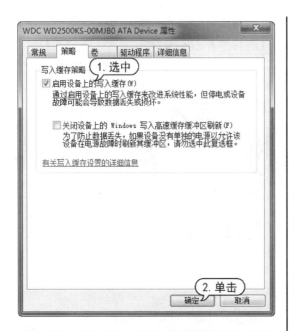

step ③ 打开磁盘的【属性】对话框，选择【高级设置】选项卡，选中【启用DMA】复选框，然后单击【确定】按钮，完成设置。

10.3.4 优化磁盘外部传输速度

硬盘的外部传输速度是指硬盘的接口速度。通过修改设置，可以优化数据传输速度。

【例 10-12】优化硬盘外部传输速度。 视频

step ① 在桌面上，右击【计算机】图标，在打开的快捷菜单中，选择【属性】命令。打开【系统】对话框，选择【设备管理器】选项。

step ② 打开【设备管理器】对话框，在【磁盘驱动器】选项下展开当前硬盘选项，再右击，在打开的快捷菜单中选择【属性】命令。

10.4 优化系统文件

随着计算机使用时间的增加，系统分区中的文件也将会逐渐增多。因此，计算机在使用过程中会产生一些临时文件(如 IE 临时文件等)、垃圾文件以及用户存储的文件等。这些文件的增多将会导致系统分区的可用空间变小，影响系统的性能。此时，应对系统分区进行"减负"。

10.4.1 更改【我的文档】路径

在默认情况下，系统中【我的文档】文件夹的存放路径是：C:/Users/Administrator/Documents 目录下。对于习惯使用【我的文档】进行存储资料的用户，【我的文档】文件夹必然会占据大量的磁盘空间。其实可以修改【我的文档】文件夹的默认路径，将其转移到非系统分区中。

【例 10-13】更改【我的文档】路径。 视频

step ① 打开 Administrator 所在路径的文件夹，右击【我的文档】文件夹，在打开的快捷菜单中选择【属性】命令。

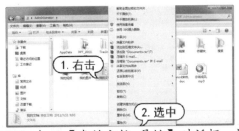

step 2 打开【我的文档 属性】对话框，切换至【位置】选项卡，单击【移动】按钮。

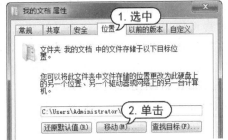

step 3 打开【选择一个目标】对话框，为【我的文档】文件夹选择一个新的位置，选择【E:\我的文档】文件夹，单击【选择文件夹】按钮。

step 4 返回【我的文档 属性】对话框，再次单击【确定】按钮，打开【移动文件夹】提示框，提示用户是否将原先【我的文档】中的所有文件移动到新的文件夹中，直接单击【是】按钮。

step 5 系统开始移动文件，移动完成后，即可完成对【我的文档】文件夹路径的修改。

10.4.2 转移 IE 临时文件夹

在默认情况下，IE 临时文件夹也是存放在 C 盘中的，为了保证系统分区有足够的空闲容量，可以将 IE 临时文件夹也转移到其他分区中，下面通过实例说明如何转移 IE 临时文件夹。

【例 10-14】修改 IE 临时文件夹的路径。 视频

step 1 启动 IE 8.0 浏览器，单击【工具】下拉按钮，在打开的快捷菜单中选择【Internet选项】命令。

step 2 打开【Internet选项】对话框。在【浏览历史记录】区域中，单击【设置】按钮。

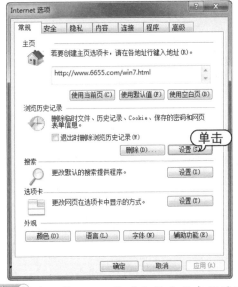

step 3 打开【Internet临时文件和历史记录设置】对话框，单击【移动文件夹】按钮。

step 4 打开【浏览文件夹】对话框，在该对话框中选择【本地磁盘(E:)】，单击【确定】按钮。

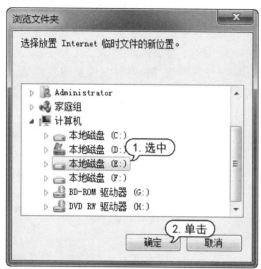

step 5 返回【Internet临时文件和历史记录设置】对话框，即可查看IE临时文件夹的位置已更改，单击【确定】按钮。

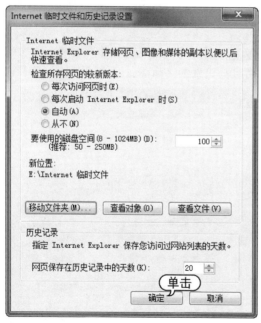

step 6 打开【注销】提示框，单击【是】按钮，重启计算机后完成设置。

10.4.3 定期清理文档使用记录

在使用计算机的时候，系统会自动记录用户最近使用过的文档，使用时间越长，这些文档记录就越多，势必会占用大量的磁盘空间。因此，用户应该定期对这些记录进行清理，以释放更多的磁盘空间。

【例10-15】清理文档使用记录。■■视频

step 1 右击【开始】按钮，在打开的快捷菜单中选择【属性】命令。

step 2 打开【任务栏和「开始」菜单属性】对话框，选择【「开始」菜单】选项卡，在【隐私】区域取消选中【存储并显示最近在「开始」菜单中打开的程序】和【存储并显示最近在「开始」菜单和任务栏中打开的项目】复选框，单击【确定】按钮。

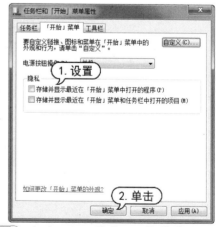

step 3 此时，即可将【开始】菜单中的浏览历史记录清除。

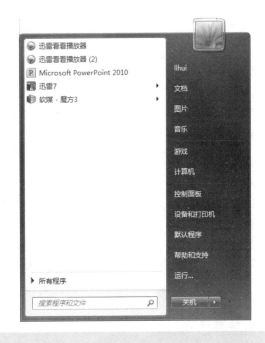

10.5　设置注册表加速系统

Windows 的注册表是一个庞大的数据库，它存储着软、硬件的有关配置和状态信息，应用程序和资源管理器外壳的初始条件、首选项和卸载数据，计算机的整个系统的设置，文件扩展名与应用程序的关联等。修改注册表中的参数也能提高系统运行速度。

10.5.1　加快关机速度

用户可以打开注册表编辑器对注册表数据进行修改。要启动注册表编辑器，用户可以单击【开始】按钮，在搜索栏里输入【regedit】，按 Enter 键，打开【注册表编辑器】窗口。注册表编辑器主要由根键、子键、键值项、键值组成。

在正常情况下执行关机操作后需要等待十几秒钟后才能完全关闭计算机，而通过修改注册表的操作，可以加快关闭计算

机的速度。

【例 10-16】修改注册表加快关机速度。　视频

step 1　打开【注册表编辑器】窗口，单击左侧列表，展开【HKEY_LOCAL_MACHINE\SYSTEM\CurrentControlSet\Control】子键。右击右侧窗格空白处，在弹出的快捷菜单中选择【新建】|【字符串值】命令，新建键值项并命名为【FastReboot】。

step 2　双击该键值项，打开【编辑字符串】对话框，在【数值数据】文本框中输入键值1，然后单击【确定】按钮。

10.5.2 加快系统预读速度

加快系统预读速度可以提高系统的启动速度，用户可以通过修改注册表进行加速。

【例 10-17】修改注册表加快系统预读速度。
📀视频

step❶ 打开【注册表编辑器】窗口，单击左侧窗格列表，展开【HKEY_LOCAL_MACHINE\SYSTEM\CurrentControlSet\Control\Session Manager\MemoryManagement\PrefetchParameters】子键。

step❷ 双击右侧窗格中的【EnablePrefetcher】键值项，打开【编辑DWORD(32 位)值】对话框，在【数值数据】文本框中输入 4，然后单击【确定】按钮。

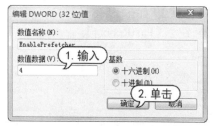

10.6　使用系统优化软件

系统优化软件具有方便、快捷的优点，可以帮助用户优化系统与保持安全环境。本节介绍几款系统优化软件，使用户了解这种软件的使用方法。

10.6.1　使用 CCleaner

CCleaner 是一款来自国外的超级强大

10.5.3　加快关闭程序速度

缩短关闭应用程序的等待时间，可以实现快速关闭应用程序，节省操作时间。

【例 10-18】修改注册表加快关闭程序速度。
📀视频

step❶ 打开【注册表编辑器】窗口，单击左侧窗格列表，展开【HKEY_CURRENT_USER\Control Panel\Desktop】子键，右击右侧窗格空白处，在弹出的快捷菜单中选择【新建】|【DWORD(32 位)值】命令。

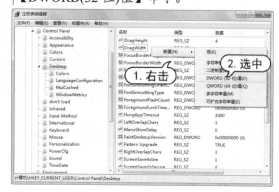

step❷ 命名该键值项为【WaitTokillAppTimeout】，双击打开对话框，将其键值设置为1000，然后单击【确定】按钮。

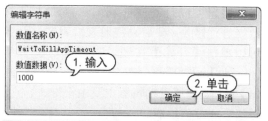

🎗 实用技巧

对注册表的错误修改可能导致系统瘫痪，因此，尽量不要修改注册表。

的系统优化工具。具有系统优化和隐私保护功能，可以清除 Windows 系统中不再使用的垃圾文件，以腾出更多硬盘空间。它的另一大功能是清除使用者的上网记录。CCleaner体积小，运行速度快，可以对临时文件夹、历史记录、回收站等进行垃圾清理，并可对注册表进行垃圾项的扫描和清理。

通过使用 CCleaner 软件，用户可以对 Windows 系统中不需要的临时文件、系统日志进行扫描并自动进行清理，具体操作方法如下例所示。

【例 10-19】使用 CCleaner 软件清理 Windows 系统中的垃圾文件。 ●○视频

step 1 双击CCleaner程序图标，打开CCleaner软件。

step 2 打开软件主界面，单击【清理】按钮。

step 3 打开【清理】界面，选择【应用程序】选项卡后，用户可以选择所需清理的应用程序文件项目。完成后，单击【分析】按钮，CCleaner软件将自动检测Windows系统的临时文件、历史文件、回收站文件、最近输入的网址、Cookies、应用程序会话、下载历史以及Internet缓存等文件。

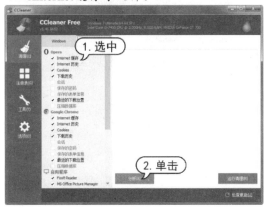

step 4 CCleaner软件完成检测后，单击右下角的【运行清理】按钮。

step 5 完成以上操作后，在打开的对话框中单击【继续】按钮。

step 6 扫描到的文件将被清理，清理完毕后的界面如下图所示。

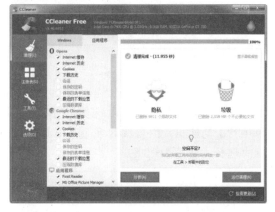

10.6.2　使用 Windows 优化大师

Windows 优化大师是一款集系统优化、维护、清理和检测于一体的工具软件。可以让用户只执行几个简单步骤就可快速完成一些复杂的系统维护与优化操作。

1. 优化磁盘缓存

Windows 优化大师提供了优化磁盘缓存的功能，允许用户通过设置管理系统运行

时磁盘缓存的性能和状态。

【例 10-20】使用 Windows 优化大师软件优化计算机磁盘缓存。●视频

step ① 双击桌面上的Windows优化大师的启动图标🌊，启动Windows优化大师。

step ② 进入主界面后，单击界面左侧的【系统优化】按钮，展开【系统优化】子菜单，然后单击【磁盘缓存优化】菜单项。

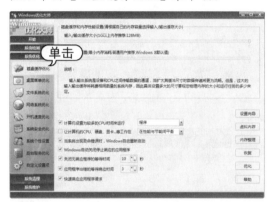

step ③ 拖动【输入/输出缓存大小】和【内存性能配置】下面的滑块，可以调整磁盘缓存和内存性能配置。

step ④ 选择【计算机设置为较多的CPU时间来运行】复选框，然后在其后面的下拉列表框中选择【程序】选项。

step ⑤ 选择【Windows自动关闭停止响应的应用程序】复选框，当Windows检测到某个应用程序停止响应时，就会自动关闭程序。

选中【关闭无响应程序的等待时间】和【应用程序出错的等待时间】复选框后，用户可以设置应用程序出错时系统将其关闭的等待时间。

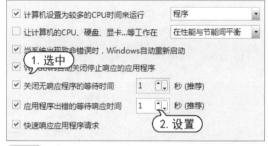

step ⑥ 单击【内存整理】按钮，打开【Wopti 内存整理】窗口，然后在该窗口中单击【快速释放】按钮，再单击【设置】按钮。

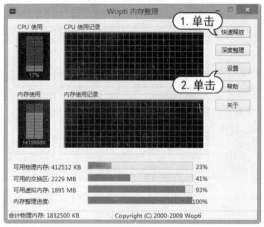

step ⑦ 然后在打开的选项区域中设置内存的自动整理策略，然后单击【确定】按钮。

step ⑧ 关闭【Wopti 内存整理】窗口，返回

【磁盘缓存优化】界面，然后单击【优化】按钮。

2. 优化文件系统

Windows 优化大师的文件系统优化功能包括优化二级数据高级缓存，CD/DVD-ROM、文件和多媒体应用程序以及 NTFS 性能等方面的设置。

【例 10-21】使用 Windows 优化大师软件优化文件系统。▶视频

step 1　单击Windows优化大师【系统优化】子菜单下的【文件系统优化】按钮。

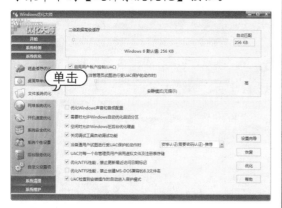

step 2　拖动【二级数据高级缓存】滑块，可以使Windows系统更好地配合CPU获得更高的数据预读命中率。选中【需要时允许Windows自动优化启动分区】复选框，将允许Windows系统自动优化计算机的系统分区；选中【优化Windows声音和音频配置】复选框，可优化操作系统的声音和音频，单击【优化】按钮。

3. 优化网络系统

Windows 优化大师的网络系统优化功能包括优化传输单元、最大数据段长度、COM 端口缓冲、IE 同时连接最大线程数量以及域名解析等方面的设置。

【例 10-22】使用 Windows 优化大师软件优化网络系统。▶视频

step 1　单击Windows优化大师【系统优化】子菜单下的【网络系统优化】按钮。

step 2　在【上网方式选择】组合框中，选择计算机的上网方式，选定后系统会自动给出【最大传输单元大小】【最大数据段长度】和【传输单元缓冲区】三项默认值，用户可以根据自己的实际情况进行设置。

step 3　单击【默认分组报文寿命】下拉按钮，选择默认分组报文的默认生存期，如果网速比较快，可以选择 128。

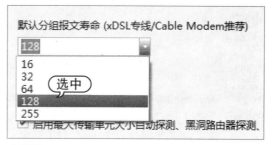

step 4　单击【IE同时连接的最大线程数(推荐)】右侧的下拉按钮，选择允许IE同时打开的网页个数。

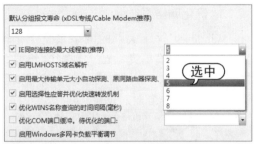

step 5 选中【启用最大传输单元大小自动探测、黑洞路由器探测、传输单元缓冲区自动调整】复选框,将自动启动最大传输单元大小自动探测、黑洞路由器探测、传输单元缓冲区自动调整等设置。

step 6 单击【IE及其他】按钮,打开【IE浏览器及其他设置】对话框,然后在该对话框中选中【网卡】选项卡。

step 7 单击【请选择要设置的网卡】下拉列表,选择要设置的网卡,然后单击【确定】按钮。

step 8 在打开的对话框中单击【确定】按钮,然后单击【取消】按钮。

step 9 完成以上操作后,单击【网络系统优化】界面中的【优化】按钮,然后关闭Windows优化大师,重新启动计算机,即可完成优化操作。

4. 优化开机速度

Windows 优化大师的开机速度优化功能主要用于优化计算机的启动速度和管理计算机启动时自动运行的程序。

【例 10-23】使用 Windows 优化大师优化计算机开机速度。 视频

step 1 单击Windows优化大师【系统优化】子菜单下的【开机速度优化】按钮。

step 2 拖动【启动信息停留时间】滑块可以设置在安装了多操作系统的计算机启动时，系统选择菜单的等待时间。

step 3 在【等待启动磁盘错误检查时间】下拉列表框中，用户可设定时间，如设置为 10 秒：如果计算机被非正常关机，将在下一次启动时，Windows系统将设置 10 秒(默认值，用户可自行设置)的等待时间让用户决定是否要自动运行磁盘错误检查工具。

step 4 另外，用户还可以在【请勾选开机时不自动运行的项目】组合框中选择开机时没有必要启动的选项，完成操作后，单击【优化】按钮，并重新启动计算机即可。

5. 优化后台服务

Windows 优化大师的后台服务优化功能可以使用户方便地查看当前所有的服务并启用或停止某一服务。

【例 10-24】使用 Windows 优化大师软件优化计算机后台服务。🔑 📹视频

step 1 单击【系统优化】子菜单项下的【后台服务优化】按钮。在显示的选项区域中单击【设置向导】按钮，打开【服务设置向导】对话框，保持默认设置，然后单击【下一步】按钮。

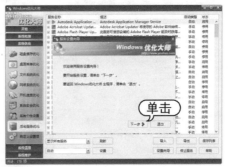

step 2 在打开的对话框中将显示用户选择的设置，继续单击【下一步】按钮，开始进行服务优化。

step 3 完成以上操作后，在【服务设置向导】对话框中单击【完成】按钮。

10.6.3　使用 Process Lasso

Process Lasso 是一款用于调试系统中运行程序进程级别的系统优化工具，主要功能是动态调整各进程的优先级并通过配置合理的优先级以实现为系统减负的目的。该软件可以有效避免计算机出现蓝屏、假死、进程停止响应、进程占用 CPU 时间过多等"症状"。

利用 Process Lasso 软件，用户可以检测当前系统的运行信息，包括进程运行状态、CPU 温度、显卡温度、硬盘温度、主板温度、内存

计算机组装与维护案例教程(第 2 版)

使用情况以及风扇转速等。

【例 10-25】使用 Process Lasso 软件检测并设置软件优先级。 视频

step① 打开 Process Lasso 软件主界面后，将显示系统中正在运行的进程信息。

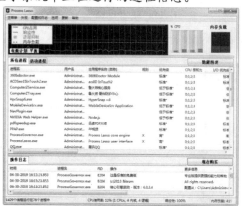

step② 双击具体的进程名称，在打开的菜单中即可对该进程进行管理，这里双击第一个进程，在打开菜单中选择【设置当前优先级】|【高】命令。

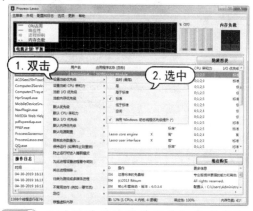

step③ 此时该进程的当前优先级为【高】。

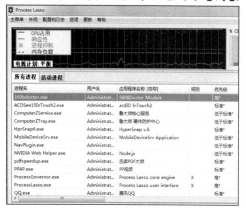

step④ 若要停止该进程运行，双击进程名称，在打开的菜单中选择【正常终止】或者【强制终止】命令。

10.6.4 使用 Wise Disk Cleaner

Wise Disk Cleaner 是一个界面友好、功能强大、操作简单快捷的垃圾及痕迹清理工具。通过系统瘦身释放大量系统盘空间，并提供磁盘整理工具。它能识别多达 50 种垃圾文件，可以轻松地把垃圾文件从计算机磁盘中清除。支持自定义文件类型清理，最大限度释放磁盘空间。

【例 10-26】使用 Wise Disk Cleaner 软件清理垃圾。 视频

step① 启动 Wise Disk Cleaner 软件，打开软件主界面，选择【常规清理】选项卡，单击【Windows系统】左边的扩展按钮，展开【Windows系统】选项并选择可清理的选项。

step 2 分别单击【网络缓存】和【其他应用程序】左边的扩展按钮,选择可清理的选项。

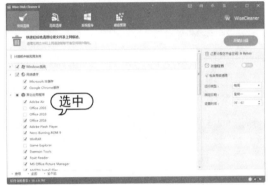

step 3 选择【计算机中的痕迹】选项下的其他需要清理的选项,单击【开始扫描】按钮,进行扫描。

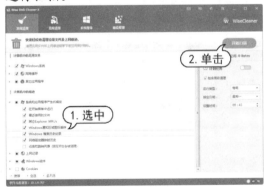

step 4 扫描结束后,单击【开始清理】按钮,即可清理选择的对象。在【开始清理】按钮这一行,用户可以看到已经发现的垃圾文件数量、占用磁盘容量大小等内容。

在窗口右侧的【计划任务】工具栏中,单击 ON 按钮,启动【计划任务】选项。在启动计划任务后,如果选中【包含高级清理】复选框,可以对系统进行全面的清理。计划任务包括运行类型、指定日期和设置时间 3 个选项。

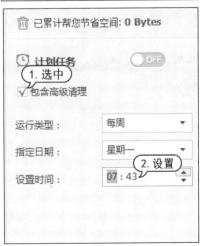

10.6.5 使用Wise Registry Cleaner

注册表记载了 Windows 运行时软件和硬件的不同状态信息。在软件反复安装或卸载的过程中，注册表内会积聚大量的垃圾信息文件，从而造成系统运行速度缓慢或部分文件遭到破坏，而这些都是导致系统无法正常启动的原因。Wise Registry Cleaner 是一款注册表清理工具。

1. 清理注册表

Wise Registry Cleaner 可以快速地扫描、查找有效的信息并安全地清理垃圾文件，扫描和清理注册表的步骤如下。

【例10-27】使用 Wise Registry Cleaner 清理注册表。 视频

step 1 启动Wise Registry Cleaner软件，打开软件主界面，选择【注册表清理】选项卡，单击【自定义设置】按钮。

step 2 打开【自定义设置】对话框，用户可以选择需要清理的选项，单击【开始扫描】按钮，返回【注册表清理】窗口。

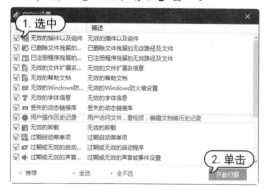

step 3 开始扫描注册表，扫描完毕后，单击【开始清理】按钮进行清理。

step 4 清理完毕后，将显示清理结果。

2. 系统优化

选择【系统优化】选项卡，选中需要优化的项目，单击【一键优化】按钮开始优化系统。

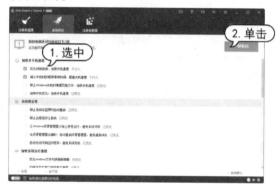

优化后，被优化的选项后面将显示【已优化】字样。

3. 注册表整理

选择【注册表整理】选项卡，在打开的

注册表整理窗口中，显示整理过程中的注意事项，单击【开始分析】按钮。

注册表分析完毕后，单击【开始整理】按钮，弹出提示框，单击【是】按钮。

10.7　案例演练

本章的案例演练是使用 360 安全卫士优化系统这个实例操作，用户通过练习从而巩固本章所学知识。

【例 10-28】使用 360 安全卫士优化系统。
　视频

step 1　启动 360 安全卫士软件，打开 360 安全卫士软件界面，选择【优化加速】选项。

step 2　打开【优化加速】窗口，单击【全面加速】按钮。

step 3　软件开始扫描需要优化的程序，扫描完成后显示可优化项，单击【立即优化】按钮。

step 4　打开【一键优化提醒】对话框，选择需要优化的选项对应的复选框，如需要全部优化，选中【全选】复选框，单击【确认优化】按钮。

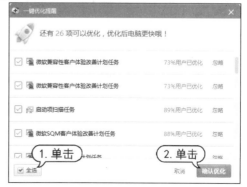

step ⑤ 对所有选项优化完成后，提示优化的项目及优化结果。单击【运行加速】旁的【立即加速】按钮。

step ⑥ 打开【360加速球】窗口，可对可关闭程序、上网管理、计算机清理等进行管理。

step ⑦ 返回初始界面，选择右下角的【更多】选项。

step ⑧ 打开全部工具窗口，选择【系统工具】选项，将鼠标移至【系统盘瘦身】图标，单击显示的【添加】按钮。

step ⑨ 工具添加完成后，打开【系统盘瘦身】窗口，单击【立即瘦身】按钮，即可进行优化。

step ⑩ 优化完成后，即可看到释放的磁盘空间。由于部分文件需要重启计算机才能生效，单击【立即重启】按钮重启计算机。

第11章

维护计算机

在使用计算机的过程中，若能养成良好的使用习惯并能对计算机进行定期维护，不但可以大大延长计算机硬件的工作寿命，还能提高计算机的运行效率，降低计算机发生故障的概率。本章将详细介绍计算机安全与维护方面的常用操作。

本章对应视频

11.1 计算机日常维护

在介绍维护计算机的方法之前，用户应先掌握一些计算机维护基础知识，包括计算机的使用环境、养成良好的计算机使用习惯等。

11.1.1 计算机适宜的使用环境

要想使计算机保持健康，首先应该在一个良好的使用环境下操作计算机。有关计算机的使用环境，需要注意的事项有以下几点。

▶ 环境温度：计算机正常运行的理想环境温度是 5~35℃，其安放位置最好远离热源并避免阳光直射。

▶ 环境湿度：适宜的湿度范围是 30%~80%，湿度太高可能会使计算机受潮而引起内部短路，烧毁硬件；湿度太低，则容易产生静电。

▶ 清洁的环境：计算机要放在一个比较清洁的环境中，以免大量的灰尘进入计算机而引起故障。

▶ 远离磁场干扰：强磁场会对计算机的性能产生很坏的影响，如导致硬盘数据丢失、显示器产生花斑和抖动等。强磁场干扰主要来自一些大功率电器和音响设备等，因此，计算机要尽量远离这些设备。

▶ 电源电压：计算机的正常运行需要一个稳定的电压。如果家里电压不够稳定，一定要使用带有保险丝的插座，或者为计算机配置一个 UPS 电源。

11.1.2 计算机的正确使用习惯

在日常工作中，正确使用计算机并养成好习惯，可以使计算机的使用寿命延长、运行状态更加稳定。关于计算机的正确使用习惯，主要有以下几点。

▶ 计算机的大多数故障都是软件的问题，而病毒又是经常造成软件故障的原因。在日常使用计算机的过程中，做好防范计算机病毒的查毒工作十分必要。

▶ 在计算机中插拔硬件时，或在连接打印机、扫描仪、Modem、音响等外设时，应先确保切断电源以免引起主机或外设的硬件烧毁。

▶ 应避免频繁开关计算机，因为给计算机组件供电的电源是开关电源，要求至少关闭电源半分钟后才可再次开启电源。若市电供电线路电压不稳定，偏差太大(大于20%)，或者供电线路接触不良(观察电压表指针，会发现抖动幅度较大)，则可以考虑配置 UPS 或净化电源，以免造成计算机组件的迅速老化或损坏。

鼠标以及机箱散热器等)，使计算机处于良好的工作状态。

▶　计算机与音响设备连接时，计算机的供电电源要与其他电器分开，避免与其他电器共用一个电源插板，且信号线要与电源线分开连接，不要相互交错或缠绕在一起。

▶　定期清洁计算机(包括显示器、键盘、

11.2　维护计算机硬件设备

对计算机硬件部分的维护是整个维护工作的重点。用户在对计算机硬件的维护过程中，除了要检查硬件的连接状态以外，还应注意保持各部分硬件的清洁。

11.2.1　硬件维护注意事项

在维护计算机硬件的过程中，用户应注意以下事项。

▶　有些原装机和品牌机不允许用户自己打开机箱。如果用户擅自打开机箱，可能会失去一些由厂商提供的保修权利，用户应特别注意。

▶　拆卸时注意各插接线的方位，如硬盘线、电源线等，以便正确还原。

▶　用螺丝固定各部件时，应先对准部件的位置，然后上紧螺丝。尤其是主板，略有位置偏差就可能导致插卡接触不良；主板安装不平将可能导致内存条、适配卡接触不良甚至造成短路，时间一长甚至可能会发生变形，从而导致故障发生。

在拆卸计算机之前还必须注意以下事项。

▶　各部件要轻拿轻放，尤其是硬盘，防止损坏零件。

▷ 断开所有电源。

▷ 在打开机箱之前，双手应该触摸一下地面或者墙壁，释放身上的静电。拿主板和插卡时，应尽量拿卡的边缘，不要用手接触板卡的集成电路。

▷ 不要穿容易与地板、地毯摩擦产生静电的胶鞋在各类地毯上行走。脚上穿金属鞋能很好地释放人身上的静电，有条件的工作场所应采用防静电地板。

11.2.2 维护主要硬件设备

计算机的主要硬件设备除了显示器、鼠标与键盘外，几乎都存放在机箱中。本节将详细介绍维护计算机主要硬件设备的方法与注意事项。

1. 维护与保养 CPU

计算机内部绝大部分数据的处理和运算都是通过 CPU 处理的。因此，CPU 的发热量很大，对 CPU 的维护和保养主要是做好相应的散热工作。

▷ CPU 散热性能的高低关键在于散热风扇与导热硅脂工作的好坏。若采用风冷式 CPU 散热，为了保证 CPU 的散热能力，应定期清理 CPU 散热风扇上的灰尘。

▷ 当发现 CPU 的温度一直过高时，就需要在 CPU 表面重新涂抹 CPU 导热硅脂。

▷ 若 CPU 采用水冷散热器，在日常使用过程中，还需要注意观察水冷设备的工作情况，包括水冷头、水管和散热器等。

2. 维护与保养硬盘

随着硬盘技术的改进，其可靠性已大大提高，但如果不注意使用方法，也会引起故障。因此，对硬盘进行维护十分必要，具体方法如下。

▷ 环境温度和清洁条件：由于硬盘主轴电机是高速运转的部件，再加上硬盘是密封的，因此周围温度如果太高，热量散不出来，会导致硬盘产生故障；但如果温度太低，又会影响硬盘的读写效果。因此，硬盘工作的温度最好是在 20~30℃ 范围内。

▷ 防静电：硬盘电路中有些大规模集成电路是使用 MOS 工艺制成的，MOS 电路对静电特别敏感，易受静电感应而被击穿损坏，因此要注意防静电问题。由于人体常带静电，在安装或拆卸硬盘时，不要用手触摸印制板上的焊点。当需要拆卸硬盘以便存储或运输时，一定要将其装入抗静电塑料袋中。

▶ 经常备份数据：由于硬盘中保存了很多重要的数据，因此要对硬盘上的数据进行保护。每隔一定时间对重要数据做一次备份，备份硬盘系统信息区以及 CMOS 设置。

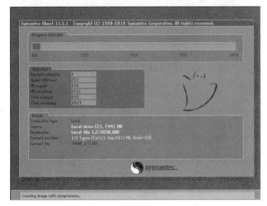

▶ 防磁场干扰：硬盘是通过对盘片表面磁层进行磁化来记录数据信息的，如果硬盘靠近强磁场，将有可能破坏磁记录，导致记录的数据遭受破坏。因此，必须注意防磁，以免丢失重要数据。在防磁的方法中，主要是避免靠近音箱、喇叭、电视机这类带有强磁场的物体。

▶ 整理碎片，预防病毒：定期对硬盘中的文件碎片进行整理；利用版本较新的防病毒软件对硬盘进行定期的病毒检测；从外来 U 盘上将信息复制到硬盘时，应先对 U 盘进行病毒检查，防止硬盘感染病毒。

计算机中的主要数据都保存在硬盘中，硬盘一旦损坏，会给用户造成很大的损失。硬盘安装在机箱的内部，一般不会随意移动，在拆卸时要注意以下几点。

▶ 在拆卸硬盘时，尽量在正常关机并等待磁盘停止转动后(听到硬盘的声音逐渐变小并消失)再进行拆卸。

▶ 在移动硬盘时，应用手捏住硬盘的两侧，尽量避免手与硬盘背面的电路板直接接触。注意轻拿轻放，尽量不要磕碰或者与其他坚硬物体相撞。

▶ 硬盘内部的结构比较脆弱，应避免擅自拆卸硬盘的外壳。

3. 维护与保养光驱

光驱是计算机中的读写设备，对光驱进行保养应注意以下几点。

▶ 光驱的主要作用是读取光盘，因此要提高光驱的寿命，首先需应注意光盘的选择。尽量不要使用盗版或质量差的光盘，如果盘片质量差,激光头就需要多次重复读取数据,从而使工作时间加长,加快激光头的磨损,缩短光驱寿命。

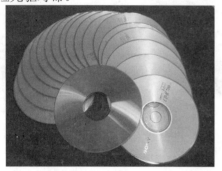

▶ 光驱在使用过程中应保持水平放置,不能倾斜放置。

▶ 在使用完光驱后应立即关闭仓门,防止灰尘进入。

▶ 关闭光驱时应使用光驱前面板上的开关盒按键,切不可用手直接将其推入盘盒,以免损坏光驱的传动齿轮。

▶ 放置光盘的时候不要用手捏住光盘的反光面移动光盘,指纹有时会导致光驱的读写发生错误。

▶ 光盘不用时应将其从光驱中取出,否则会导致光驱负荷很重,缩短使用寿命。

▶ 尽量避免直接用光驱播放光盘,因为这样会大大加速激光头的老化,可将光盘中的内容复制到硬盘中进行播放。

4. 维护与保养各种适配卡

主板和各种适配卡是机箱内部的重要配件,如内存、显卡、网卡等。这些配件由于都是电子元件,没有机械设备,因此在使用过程中几乎不存在机械磨损,维护起来也相对简单。对适配卡的维护主要有下面几项工作。

▶ 只有完全插入正确的插槽中,才不会造成接触不良。如果扩展卡固定不牢(例如,与机箱固定的螺丝松动),使用计算机的过程中碰撞了机箱,就有可能造成扩展卡发生故障。出现这种问题后,只要打开机箱,重新安装一遍就可以解决问题。有时扩展卡的接触不良是因为插槽内积有过多灰尘,这时需要把扩展卡拆下来,然后用软毛刷擦掉插槽内的灰尘,重新安装即可。

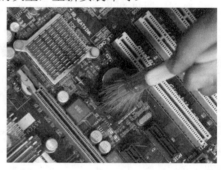

▶ 如果使用时间比较长,扩展卡的接头会因为与空气接触而产生氧化,这时候需要把扩展卡拆下来,然后用软橡皮轻轻擦拭接头部位,将氧化物去除。在擦拭的时候应当非常小心,不要损坏接头部位。

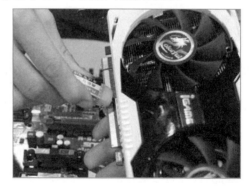

▶ 主板上的插槽有时会松动,造成扩展卡接触不良,这时候可以将扩展卡更换到其他同类型插槽上,继续使用。这种情况一般

较少出现，也可以找经销商进行主板维修。

▷ 在主板的硬件维护工作中，如果每次开机都发现时间不正确，调整以后下次开机又不准了，这就说明主板的电池没电了，这时就需要更换主板的电池。如果不及时更换主板电池，电池电量全部用完后，CMOS 信息就会丢失。更换主板电池的方法比较简单，只要找到电池的位置，然后用一块新的纽扣电池替换原来的电池即可。

5. 维护与保养显示器

显示器是比较容易损耗的器件，在使用时要注意以下几点。

▷ 避免屏幕内部烧坏：如果长时间不用，一定要关闭显示器，或者降低显示器的亮度，避免内部部件烧坏或者老化。这种损坏一旦发生就是永久性的，无法挽回。

▷ 注意防潮：长时间不用显示器，可以定期通电工作一段时间，让显示器工作时产生的热量将机内的潮气蒸发掉。另外，不要让任何湿气进入显示器。发现有雾气，要用软布将其轻轻地擦去，然后才能打开电源。

▷ 正确清洁显示器屏幕：如果发现显示屏的表面有污迹，可使用清洁液(或清水)喷洒在显示器表面，然后再用软布轻轻地将其擦去。

▷ 避免冲击屏幕：显示器屏幕十分脆弱，所以要避免强烈的冲击和振动。还要注意不要对显示器表面施加压力。

▷ 切勿拆卸：一般尽量不要拆卸显示器。即使在关闭了很长时间以后，背景照明组件中的 CFL 换流器依旧可能带有大约1000V 的高压，会导致严重的人身伤害。

6. 维护与保养键盘

键盘是计算机最基本的部件之一，其使用频率较高。按键用力过大、金属物掉入键盘以及茶水等溅入键盘内，都会造成键盘内部微型开关弹片变形或被灰尘油污锈蚀，出现按键不灵的现象。键盘的日常维护主要从以下几个方面考虑。

▷ PS/2 接口的键盘在更换时，应切断计算机电源，并把键盘背面的选择开关置于当前计算机的相应位置上。

▷ 电容式键盘因结构特殊，易出现计算机在开机时自检正常，但纵向、横向多个键同时不起作用，或局部多键同时失灵的故障。此时，应拆开键盘外壳，仔细观察失灵按键是否在同一行(或列)电路上。若失灵按键在同一行(列)电路上，且印制线路又无断裂，则是连接的金属线条接触不良所致。拆开键盘内部的电路板及薄膜基片，把两者连接的金属印制线条擦净，之后将两者吻合好，装好压条，压紧即可。

▶ 键盘内过多的尘土会妨碍电路正常工作，有时甚至会造成误操作。键盘的维护主要就是定期清洁表面的污垢，一般清洁可以用柔软干净的湿布擦拭键盘；对于顽固的污垢可以先用中性的清洁剂擦除，再用湿布进行擦洗。

▶ 大多数键盘没有防水装置，一旦有液体流进，便会使键盘受到损害，造成接触不良、腐蚀电路和短路等故障。当大量液体进入键盘时，应当尽快关机，将键盘接口拔下，打开键盘用干净吸水的软布擦干内部的积水，最后在通风处自然晾干即可。

▶ 大多数主板都提供了键盘开机功能。要正确使用这一功能，自己组装计算机时必须选用工作电流大的电源和工作电流小的键盘，否则容易导致故障。

7. 维护与保养鼠标

鼠标的维护是计算机外部设备维护工作中经常做的工作。使用光电鼠标时，要特别注意保持感光板的清洁和感光状态良好，避免污垢附着在发光二极管或光敏三极管上，遮挡光线的接收。无论在什么情况下，都要注意千万不要对鼠标进行热插拔，这样做极易把鼠标和鼠标接口烧坏。此外，鼠标能够灵活操作的一个条件是鼠标具有一定的悬垂度。长期使用后，随着鼠标底座四角上的小垫层被磨低，导致鼠标悬垂度随之降低，鼠标的灵活性会有所下降。这时将鼠标底座四角垫高一些，通常就能解决问题。垫高的材料可以用办公常用的透明胶纸等，一层不行可以垫两层或更多层，直到感觉鼠标已经完全恢复灵活性为止。

8. 维护与保养电源

电源是容易被忽略但却非常重要的设备，它负责供应整台计算机所需要的能量，一旦电源出现问题，整个系统都会瘫痪。电源的日常保养与维护主要就是清除除尘，可以使用吹气球一类的辅助工具从电源后部的散热口处清理电源的内部灰尘。

为了防止因为突然断电对计算机电源造成损伤，还可以为电源配置 UPS(不间断电源)。这样即使断电，通过 UPS 供电，用户仍可正常关闭计算机电源。

11.2.3 维护常用外设

随着计算机技术的不断发展，计算机的外接设备(简称外设)也越来越丰富，常用的外接设备包括打印机、U 盘和移动硬盘等。本节将介绍如何保养与维护这些计算机外接设备。

1. 维护与保养打印机

在打印机的使用过程中，经常对打印机进行维护，可以延长打印机的使用寿命，提高打印机的打印质量。对于针式打印机的保养与维护应注意以下几个方面的问题。

➤ 打印机必须放在平稳、干净、防潮、无酸碱腐蚀的工作环境中，并且应远离热源、震源和日光的直接照晒。

➤ 保持清洁，定期用小刷子或吸尘器清

扫打印机内的灰尘和纸屑，经常用在稀释的中性洗涤剂中浸泡过的软布擦拭打印机机壳，以保证良好的清洁度。

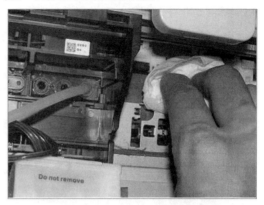

➤ 在通电情况下，不要插拔打印机电缆，以免烧坏打印机与主机接口元件。插拔前一定要关掉主机和打印机电源。

➤ 正确使用操作面板上的进纸、退纸、跳行、跳页等按钮，尽量不要用手旋转手柄。

➤ 经常检查打印机的机械部分有无螺钉松动或脱落，检查打印机的电源和接口连接电线有无接触不良的现象。

➤ 电源线要有良好的接地装置，以防止静电积累和雷击烧坏打印通信口等。

➤ 应选择高质量的色带。色带是由带基和油墨制成的，高质量的色带的带基没有明显的接痕，其连接处是用超声波焊接工艺处理过的，油墨均匀；而低质量色带的带基则有明显的双层接头，油墨质量很差。

➤ 应尽量减少打印机空转，最好在需要打印时才打开打印机。

➤ 要尽量避免打印蜡纸。因为蜡纸上的石蜡会与打印胶辊上的橡胶发生化学反应，使橡胶膨胀变形。

目前使用最为普遍的打印机类型为喷墨打印机与激光打印机两种。其中喷墨打印机的日常维护主要有以下几方面的内容。

➤ 内部除尘：喷墨打印机内部除尘时应

注意不要擦拭齿轮，不要擦拭打印头和墨盒附近的区域；一般情况下不要移动打印头，特别是有些打印机的打印头处于机械锁定状态，用手无法移动打印头，如果强行用力移动打印头，将造成打印机机械部分损坏；不能用纸制品清洁打印机内部，以免机内残留纸屑；不能使用挥发性液体清洁打印机，以免损坏打印机表面。

▷ 更换墨盒：更换墨盒应注意不能用手触摸墨水盒出口处，以防杂质混入墨水盒。

▷ 清洗打印头：大多数喷墨打印机开机即会自动清洗打印头，并设有按钮对打印头进行清洗，具体清洗操作可参照喷墨打印机操作手册上的步骤进行。

激光打印机也需要定期清洁维护，特别是在打印纸张上沾有残余墨粉时，必须清洁打印机内部。如果长期不对打印机进行维护，则会使机内污染严重。例如，电晕电极吸附残留墨粉、光学部件脏污、输纸部件积存纸尘而运转不灵等。这些严重污染不仅会影响打印质量，还会造成打印机故障。对激光打印机的清洁维护有如下方法。

▷ 内部除尘的主要对象有齿轮、导电端子、扫描器窗口和墨粉传感器等。在对这些设备进行除尘时可用柔软的干布进行擦拭。

▷ 外部除尘时可使用拧干的湿布擦拭，如果外表面较脏，可使用中性清洁剂；但不能使用挥发性液体清洁打印机，以免损坏打印机表面。

▷ 在对感光鼓及墨粉盒用油漆刷除尘时，应注意不能用坚硬的毛刷清扫感光鼓表面，以免损坏感光鼓表面膜。

2. 维护与保养 U 盘和移动硬盘

目前主要的计算机移动存储设备包括 U 盘与移动硬盘，掌握维护与保养这些移动存储设备的方法，可以提高这些设备的使用可靠性，还能延长设备的使用寿命。

在日常使用 U 盘的过程中，用户应注意以下几点。

▷ 不要在 U 盘的指示灯闪烁时拔出 U 盘，因为这时 U 盘正在读取或写入数据，中途拔出可能会造成硬件和数据的损坏。

▷ U 盘一般都有写保护开关，应该在 U 盘插入计算机接口之前切换，不要在 U 盘处于工作状态下进行切换。

优盘写保护开关

▷ 同样道理，在系统提示"无法停止"时也不要轻易拔出 U 盘，这样也会造成数据遗失。

▷ 注意将 U 盘放置在干燥的环境中，不要让 U 盘接口长时间暴露在空气中，否则容易造成表面金属氧化，降低接口敏感性。

▷ 不要将长时间不用的 U 盘一直插在 USB 接口上，否则一方面容易引起接口老化，另一方面对 U 盘也是一种损耗。

▷ U 盘的存储原理和硬盘有很大的不同，不要整理碎片，否则影响使用寿命。

▷ U 盘里可能会有 U 盘病毒，插入计算机时最好进行 U 盘杀毒。

移动硬盘与U盘都属于计算机移动存储设备，在日常使用移动硬盘的过程中，用户应注意以下几点。

▷ 移动硬盘在工作时尽量保持水平，无抖动。

▷ 应及时移除移动硬盘。不少用户为了图省事，无论是否使用移动硬盘都将它连接到计算机上。这样计算机一旦感染病毒，那么病毒就可能通过计算机的 USB 接口感染移动硬盘，从而影响移动硬盘的稳定性。

▷ 尽量使用主板上自带的 USB 接口，因为有的机箱前置接口和主板 USB 接针的连接很差，这也是造成 USB 接口出现问题的主要因素。

▷ 拔下移动硬盘前一定先停止设备，复制完文件就立刻直接拔下 USB 移动硬盘很容易引起文件复制错误，下次使用时就会发现文件复制不全或损坏，有时候遇到无法停止设备的时候，可以先关机再拔下移动硬盘。

▷ 使用移动硬盘时把皮套之类的影响散热的外皮全取下来。

▷ 为了供电稳定，双头线尽量都插上。

▷ 定期对移动硬盘进行碎片整理。

▷ 平时存放移动硬盘时注意防水(潮)、防磁、防摔。

11.3　维护计算机操作系统

操作系统是计算机运行的软件平台，系统的稳定直接关系到计算机的操作。下面主要介绍计算机系统的日常维护，包括关闭 Windows 防火墙、设置系统自动更新、禁用注册表等。

11.3.1　关闭 Windows 防火墙

操作系统安装完成后，如果用户的系统中需要安装第三方防火墙，那么这个软件可能会与 Windows 自带的防火墙产生冲突，此时用户可关闭 Windows 防火墙。

【例 11-1】关闭 Windows 7 操作系统的防火墙功能。 视频

step 1　单击【开始】按钮，选择【所有程序】|【附件】|【系统工具】|【控制面板】命令。

step 2　打开【控制面板】窗口，单击【Windows 防火墙】图标。

step 3　打开【Windows防火墙】窗口，单击【打开或关闭Windows防火墙】链接。

step 4　打开【自定义设置】窗口，分别选中【家庭/工作(专用)网络位置设置】和【公用网络位置设置】设置组中的【关闭Windows防火墙(不推荐)】单选按钮，设置完成后单击【确定】按钮。

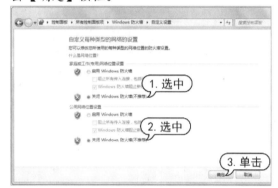

step 5　返回【Windows防火墙】窗口，即可看到Windows 7 防火墙已经被关闭。

11.3.2　设置系统自动更新

Windows 操作系统提供了自动更新的功能，开启自动更新后，系统可随时下载并安装最新的官方补丁程序，以有效预防病毒和木马程序的入侵，维护系统的正常运行。

1. 开启 Windows 自动更新

在安装 Windows 操作系统的过程中，当进行到更新设置步骤时，如果用户选择了【使用推荐设置】选项，则 Windows 自动更新是开启的。如果选择了【以后询问我】选项，用户可在安装完操作系统后，手动开启Windows 自动更新。

【例 11-2】开启自动更新功能。 视频

step 1 单击【开始】按钮，选择【控制面板】命令，打开【控制面板】窗口，然后在该窗口中单击Windows Update图标。

step 2 打开Windows Update窗口，单击【更改设置】链接。

step 3 打开【更改设置】窗口，在【重要更新】下拉列表中选择【自动安装更新(推荐)】选项，单击【确定】按钮。此时，系统会自动开始检查更新，并安装最新的更新文件。

2. 设置 Windows 自动更新

用户可对自动更新进行自定义。例如，设置自动更新的频率，设置哪些用户可以进行自动更新等。

【例 11-3】设置自动更新的时间为每周的星期日上午8点。 视频

step 1 单击【开始】按钮，选择【控制面板】命令，打开【控制面板】窗口，然后在该窗口中单击 Windows Update 图标。打开 Windows Update窗口，单击【更改设置】链接。

step 2 打开【更改设置】窗口，单击【安装新的更新】下拉列表按钮，并在打开的下拉列表中选择【每星期日】选项，单击【在(A)】下拉列表按钮，在打开的下拉列表中选择8:00选项，然后单击【确定】按钮。

3. 手动更新Windows系统

当 Windows 操作系统有更新文件时，用户也可以手动进行更新操作。

step 1 打开Windows Update窗口，当系统有更新文件可以安装时，会在窗口右侧进行提示，单击补丁说明链接。

step 2 在打开的窗口中会显示可以安装的更新程序，选中要安装更新文件前的复选框。单击【可选】标签，打开可选更新列表。对于可选列表中的更新文件，用户可以根据需要进行选择。选择完成后单击【确定】按钮

step 3 返回Windows Update窗口后，在其中单击【安装更新】按钮。

step 4 在打开的窗口中选中【我接受许可条款】单选按钮，并单击【下一步】按钮，接下来，根据Windows更新提示逐步操作即可完成手动完成系统更新文件的安装。

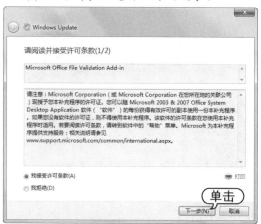

11.3.3 禁用注册表

注册表是操作系统的大脑，如果注册表被错误修改，将会发生一些不可预知的错误，甚至导致系统崩溃。为了防止注册表被他人随意修改，用户可将注册表禁用，禁用后将不能再对注册表进行修改操作。

【例11-4】禁用 Windows 7 注册表。 视频

step 1 单击【开始】按钮，打开【开始】菜单，在搜索框中输入命令"gpedit.msc"，然后按下Enter键，打开组策略窗口。

step 2 在左侧的列表中依次展开【用户配置】|【管理模板】|【系统】选项。在右侧的

列表中双击【阻止访问注册表编辑工具】
选项。

step 3 打开【阻止访问注册表编辑工具】对
话框，选中【已启用】单选按钮，然后在【是
否禁用无提示运行regedit？】下拉列表框中
选择【是】选项，然后单击【确定】按钮，
即可禁用注册表编辑器。

step 4 此时，用户再次试图打开注册表时，
系统将提示注册表已被禁用。

11.4　备份和还原数据

计算机中对用户最重要的就是硬盘中的数据了，只要做好硬盘数据的备份，一旦发生数
据丢失现象，用户就可通过数据还原功能，找回丢失的数据。

11.4.1　备份数据

Windows 7 系统给用户提供了一个很好
的数据备份功能，使用该功能用户可将硬盘
中的重要数据存储为备份文件，当需要找回
这些数据时，只需将备份文件恢复即可。

【例 11-5】使用 Windows 7 的数据备份功能。
视频

step 1 单击【开始】按钮，选择【控制面板】
命令，打开【控制面板】窗口。

step 2 单击【操作中心】图标，打开【操作
中心】窗口。

step 3 单击窗口左下角的【备份和还原】链
接，再单击【设置备份】按钮。

step 4 Windows开始启动备份程序。

step 5 稍后打开【设置备份】对话框，在该对话框中选择备份文件的存储位置，本例选择【本地磁盘(D:)】，然后单击【下一步】按钮。

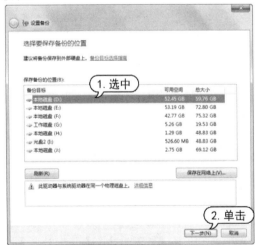

step 6 打开【您希望备份哪些内容？】对话框，选中其中的【让我选择】单选按钮，然后单击【下一步】按钮。

step 7 在打开的对话框中选择要备份的文件，然后单击【下一步】按钮。

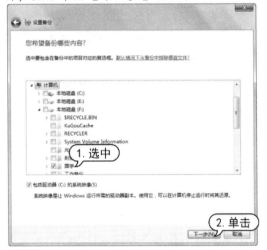

step 8 打开【查看备份设置】对话框，在该对话框中显示了备份的相关信息，单击【更改计划】链接。

step 9 打开【您希望多久备份一次？】对话框，用户可设置备份文件的执行频率，设置完成后，单击【确定】按钮。

step 10 返回【查看备份设置】对话框，然后单击【保存设置并退出】按钮，系统开始对设定的数据进行备份。

step 11 单击窗口中的【查看详细信息】按钮，可查看当前的备份进程。

11.4.2 还原数据

如果用户的硬盘数据被损坏或者被不小心删除，可以使用系统提供的数据还原功能来还原数据，前提是有数据的备份文件。

【例 11-6】使用 Windows 7 的数据还原功能。

step 1 找到硬盘中存储的数据备份文件，双击将其打开。

step 2 打开【Windows 备份】对话框，单击其中的【从此备份还原文件】按钮，打开【浏览或搜索要还原的文件和文件夹的备份】对话框。

step 3 单击【浏览文件夹】按钮，打开【浏览文件夹或驱动器的备份】对话框。

step 4 在该对话框中选择要还原的文件夹，然后单击【添加文件夹】按钮。

step 5 返回【浏览或搜索要还原的文件和文件夹的备份】对话框，单击【下一步】按钮，打开【您想在何处还原文件？】对话框。

step 6 如果用户想在文件原来的位置还原文件，可选中【在原始位置】单选按钮，本例选中【在以下位置】单选按钮，然后单击【浏览】按钮，打开【浏览文件夹】对话框。

step 7 在该对话框中选择D盘，单击【确定】按钮，返回【您想在何处还原文件？】对话框。

step 8 单击【还原】按钮，开始还原文件。等待还原完毕，单击【关闭】按钮。

step 9 此时在 D 盘中即可看到已还原的文件。

11.5　备份和还原系统

　　系统在运行过程中有时会出现故障，Windows 7 系统自带了系统还原功能，当系统出现问题时，可以将系统还原到过去的某个状态，同时还不会丢失个人的数据文件。

11.5.1　创建系统还原点

　　要使用 Windows 7 的系统还原功能，首先系统要有一个可靠的还原点。在默认设置下，Windows 7 每天都会自动创建还原点，另外用户还可手工创建还原点。

【例 11-7】在 Windows 7 中手工创建系统还原点。 视频

step 1 在桌面上右击【计算机】图标，选择【属性】命令，打开【系统】窗口。

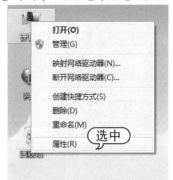

step 2 单击窗口左侧的【系统保护】链接，打开【系统属性】对话框。

step 3 在【系统保护】选项卡中，单击【创建】按钮。

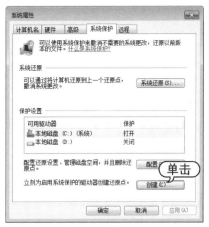

step 4 打开【创建还原点】对话框，输入还原点的名称，然后单击【创建】按钮。

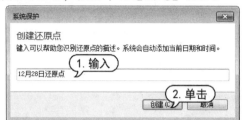

step 5 系统开始创建还原点，创建完成后，单击【关闭】按钮，完成系统还原点的创建。

11.5.2 还原系统

有了系统还原点后，当系统出现故障时，就可以利用 Windows 7 的系统还原功能，将系统恢复到还原点的状态。

【例 11-8】在 Windows 7 中还原系统。

step 1 单击任务栏区域右边的图标，在打开的面板中单击【打开操作中心】链接。

step 2 打开【操作中心】窗口，单击【恢复】链接。

step 3 打开【恢复】窗口，单击【打开系统还原】按钮。

step 4 打开【还原系统文件和设置】对话框，单击【下一步】按钮。

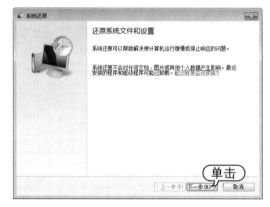

step 5 在打开的对话框中选中一个还原点，单击【下一步】按钮。

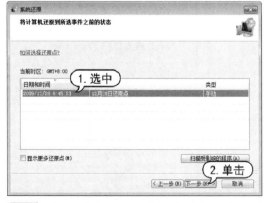

step 6 打开【确认还原点】对话框，要求用户确认所选的还原点，单击【完成】按钮。

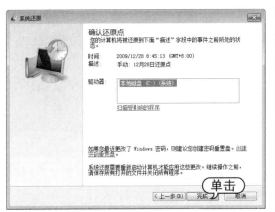

step 7 打开提示框,单击【是】按钮,开始还原系统。

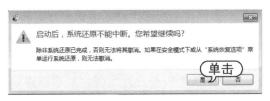

step 8 稍后系统自动重新启动,并开始进行还原操作。

step 9 当启动重新启动后,如果还原成功将弹出提示框,单击【关闭】按钮,完成系统还原操作。

11.6 防范计算机病毒和木马

目前,计算机病毒和木马已对计算机系统和计算机网络构成了严重的威胁。用户需要预防病毒和木马,并利用各种安全工具软件对它们进行删除和处理。

11.6.1 认识和预防计算机病毒

所谓计算机病毒在技术上来说,是一种会自我复制的可执行程序。对计算机病毒的定义可以分为以下两种:一种是通过磁盘和网络等媒介传播扩散,会"传染"其他程序的程序;另一种是能够实现自身复制且借助一定的载体存在的具有潜伏性、传染性和破坏性的程序。

计算机病毒通过某些途径潜伏在其他可执行程序中,一旦环境达到计算机病毒发作的时候,便会开始影响计算机的正常运行,严重时甚至会造成系统瘫痪。计算机病毒具有以下特征。

➤ 繁殖性:计算机病毒可以像生物病毒一样进行繁殖。当程序正常运行的时候,它也进行自身复制。是否具有繁殖、感染的特征是判断某段程序是否为计算机病毒的首要条件。

➤ 破坏性:计算机中毒后,可能导致正常的程序无法运行,把计算机内的文件删除或使其受到不同程度的损坏。通常表现为:增、删、改、移。

➤ 传染性:计算机病毒本身具有破坏性,还具有传染性,一旦计算机病毒被复制或产生变种,其速度之快令人难以预防。传染性是计算机病毒的基本特征。

➤ 潜伏性:有些计算机病毒像定时炸弹一样,它的发作时间是预先设计好的。例如,黑色星期五病毒,不到预定时间一点都察觉不出来,等到条件具备的时候一下子就爆发，对系统进行破坏。

▶ 隐蔽性：计算机病毒具有很强的隐蔽性，有的可以通过病毒软件检查出来，有的根本就查不出来。有的时隐时现、变化无常，这类病毒处理起来通常很困难。

▶ 可触发性：计算机病毒因某个事件或数值的出现，诱使计算机病毒实施感染或进行攻击的特性称为可触发性。

1. 计算机感染病毒后的"症状"

如果计算机感染上了病毒，用户如何才能得知呢？一般来说感染上了病毒的计算机会有以下几种"症状"。

▶ 程序载入的时间变长。

▶ 可执行文件的大小发生不正常的变化。

▶ 对于某个简单的操作，可能会花费比平时更多的时间。

▶ 硬盘指示灯无缘无故地持续处于点亮状态。

▶ 开机出现错误的提示信息。

▶ 系统可用内存突然大幅减少，或者硬盘的可用磁盘空间突然减小，而用户却并没有放入大量文件。

▶ 文件的名称或扩展名、日期、属性被系统自动更改。

▶ 文件无故丢失或不能正常打开。

如果计算机出现了以上几种"症状"，那就很有可能是计算机感染上了病毒。

2. 预防计算机病毒

在使用计算机的过程中，如果用户能够掌握一些预防计算机病毒的方法，那么就可以有效地降低计算机感染病毒的概率。这些方法主要包含以下几个方面。

▶ 最好禁止可移动磁盘和光盘的自动运行功能，因为很多计算机病毒会通过可移动存储设备进行传播。

▶ 最好不要在一些不知名的网站下载

软件，否则很有可能病毒会随着软件一同被下载到计算机上。

▶ 尽量使用正版杀毒软件。

▶ 经常从所使用的软件供应商那边下载和安装安全补丁。

▶ 对于游戏爱好者，尽量不要登录一些外挂类的网站，很有可能在用户登录的过程中，计算机病毒已经悄悄地侵入了计算机系统。

▶ 使用较为复杂的密码，尽量使密码难以猜测，以防止钓鱼网站盗取密码。不同的账号应使用不同的密码，避免雷同。

▶ 如果计算机病毒已经侵入计算机，应该及时将其清除，防止其进一步扩散。

▶ 共享文件要设置密码，共享结束后应及时关闭。

▶ 要对重要文件形成习惯性备份，以防遭遇病毒的破坏，造成损失。

11.6.2　木马的种类和伪装

木马(Trojan)这个名字来源于古希腊传说。"木马"程序是目前比较流行的病毒文件，与一般的病毒不同，它不会自我繁殖，也不会"刻意"地去感染其他文件。它通过将自身伪装吸引用户下载执行，向施种木马者提供打开被种者主机的门户，使施种者可以任意毁坏、窃取被种者的文件，甚至远程操控被种者的主机。木马病毒的产生严重危害着现代网络的安全运行。

1. 木马的种类

▶ 网游木马：网游木马通常采用记录用户键盘输入、Hook 游戏进程 API 函数等方法获取用户的密码和账号。窃取到的信息一般通过发送电子邮件或向远程脚本程序提交的方式发送给木马作者。

▶ 网银木马：网银木马是针对网上交易系统编写的木马病毒，目的是盗取用户的卡号、密码，甚至安全证书。此类木马种类数量虽然比不上网游木马，但它的危害更加直接，受害用户的损失更加惨重。

➤ 下载类木马：其功能是从网络上下载其他病毒程序或安装广告软件。由于体积很小，下载类木马更容易传播，传播速度也更快。通常功能强大、体积也很大的后门类病毒，如"灰鸽子""黑洞"等，传播时都单独编写一个小巧的下载型木马，用户中毒后会把后门主程序下载到本机运行。

➤ 代理类木马：用户感染代理类木马后，会在本机开启 HTTP、SOCKS 等代理服务功能。黑客把受感染的计算机作为跳板，以被感染用户的身份进行黑客活动，达到隐藏自己的目的。

➤ FTP 型木马：FTP 型木马打开被控制计算机的 21 号端口(FTP 所使用的默认端口)，使每一个人都可以用一个 FTP 客户端程序不用密码连接到受控计算机，并且可以进行最高权限的上传和下载，窃取受害者的机密文件。新型的 FTP 木马还加上了密码功能，这样只有攻击者本人才知道正确的密码，从而进入对方计算机。

➤ 发送消息类木马：此类木马病毒通过即时通信软件自动发送含有恶意网址的消息，目的在于让收到消息的用户点击网址中毒，用户中毒后又会向更多好友发送病毒消息。此类病毒的常用技术是搜索聊天窗口，进而控制该窗口自动发送文本内容。

➤ 即时通信盗号型木马：主要目标在于盗取即时通信软件的登录账号和密码。原理和网游木马类似。盗得他人账号后，可能偷窥聊天记录等隐私内容，或将账号卖掉赚取利润。

➤ 网页点击类木马：恶意模拟用户点击广告等动作，在短时间内可以产生数以万计的点击量。病毒作者的编写目的一般是赚取高额的广告推广费用。

2. 木马的伪装

鉴于木马病毒的危害性，很多人对木马的知识还是有一定了解的，这对木马的传播起了一定的抑制作用。因此，木马设计者开发了多种功能来伪装木马，以达到降低用户警觉，欺骗用户的目的。

➤ 修改图标：木马可以将木马服务端程序的图标改成 HTML、TXT、ZIP 等各种文件的图标。

➤ 捆绑文件：将木马捆绑到一个安装程序上，当安装程序运行时，木马在用户毫无察觉的情况下，偷偷地进入系统。被捆绑的文件一般是可执行文件。

➤ 出错显示：有一定木马知识的人都知道，如果打开一个文件，没有任何反应，这很可能就是个木马程序。木马的设计者也意识到了这个缺陷，所以已经有木马提供了一个叫作出错显示的功能。当服务端用户打开木马程序时，会打开一个假的错误提示框，当用户信以为真时，木马就进入了系统。

➤ 定制端口：老式的木马端口都是固定的，只要查一下特定的端口就知道感染了什么木马，所以现在很多新式木马都加入了定制端口的功能，控制端用户可以在 1024~65535 任选一个端口作为木马端口，这样就给判断所感染的木马类型带来了困难。

➤ 自我销毁：当服务端用户打开含有木马的文件后，木马会将自己复制到 Windows 的系统文件夹中，原木马文件和系统文件夹中的木马文件的大小是一样的，那么中了木马的用户只要在近来收到的信件和下载的软件中找到原木马文件，然后根据原木马文件的大小去系统文件夹找相同大小的文件，判断一下哪个文件是木马就行了。而木马的自我销毁功能是指安装完木马后，原木马文件将自动销毁，这样服务端用户就很难找到木马的来源，在没有查杀木马工具的帮助下，就很难删除木马了。

▶ 木马更名：安装到系统文件夹中的木马的文件名一般是固定的，只要在系统文件夹中查找特定的文件，就可以断定中了什么木马。现在有很多木马都允许控制端用户自由定制安装后的木马文件名，这样就很难判断所感染的木马类型了。

11.6.3 使用卡巴斯基杀毒

要有效地防范计算机病毒对系统的破坏，可以在计算机中安装杀毒软件以防止病毒的入侵，并对已经感染的计算机病毒进行查杀。卡巴斯基安全软件是一款功能强大，结合了大量的安全技术，多方面防护，实时防御计算机病毒的防毒杀毒软件。

下载卡巴斯基软件包进行安装，安装完毕后就可以查杀计算机中的病毒。

【例11-9】使用卡巴斯基安全软件查杀计算机病毒。 ▶视频

step ① 启动卡巴斯基安全软件，单击【扫描】按钮。

step ② 选择【快速扫描】选项，然后单击【运行扫描】按钮。

step ③ 在查杀计算机病毒的过程中显示进度条，用户可随时单击【停止】按钮，来中止病毒的查杀。

step ④ 计算机病毒查杀结束后，将显示扫描和查杀的结果。

卡巴斯基安全软件还拥有更多的安全工具。如云保护、网络监控等。

打开主界面，单击【更多工具】按钮，进入【工具】界面，选择相关选项卡中的选项进行设置，比如选择【安全】选项卡，选择【云保护】选项。

此时打开【云保护】界面，显示卡巴斯基云保护已连接。

选择【清理和优化】选项卡，选择【PC清除器】选项。

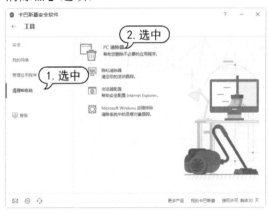

打开【PC清除器】界面，单击【运行】按钮，即可检测和清理错误的安装程序或扩展程序。

11.6.4　使用 360 安全卫士

360 安全卫士是目前最受欢迎的免费安全软件之一，是一款由奇虎 360 公司推出的功能强、效果好、受用户欢迎的安全杀毒软件。360 安全卫士拥有查杀木马、清理插件、修复漏洞、电脑体检、电脑救援、保护隐私、电脑专家、清理垃圾、清理痕迹多种功能，并独创了"木马防火墙""360 密盘"等功能，依靠抢先侦测和云端鉴别，可全面、智能地拦截各类木马，保护用户的账号、隐私等重要信息。

1. 查杀木马

要使用 360 安全卫士查杀计算机中可能存在的木马程序，用户可以参考以下方法。

【例 11-10】使用 360 安全卫士查杀木马。 视频

step 1 启动 360 安全卫士软件后，在软件主界面中选择【木马查杀】选项卡，在显示的界面中单击【快速查杀】或【全盘查杀】等按钮。

step2 此时，软件将自动检查计算机系统中的各项设置和组件，并显示其安全状态。

step3 完成扫描后，在打开的界面中单击【一键处理】按钮即可。

2. 修补系统漏洞

系统本身的漏洞是重大隐患之一，用户必须要及时修复系统的漏洞。要使用360安全卫士修补系统漏洞，用户可以参考以下方法。

【例11-11】使用360安全卫士修补漏洞。📹视频

step1 启动360安全卫士软件后，在软件主界面中选择【系统修复】选项卡，在显示的界面中单击【全面修复】按钮。

step2 软件开始扫描计算机系统，显示系统中存在的安全漏洞。

step3 扫描完成后，单击【一键修复】按钮，此时，软件进入修复过程，自动执行漏洞补丁下载及安装。有时系统漏洞修复完成后，会提示重启计算机，单击【立即重启】按钮，重启计算机完成系统漏洞修复。

11.6.5　使用木马专家

木马专家2019软件除采用传统病毒库查杀木马外，还能够智能查杀未知变种木马，自动监控可疑程序，实时查杀木马，采用第二代木马扫描内核，支持脱壳分析木马。

【例11-12】使用木马专家软件查杀木马。📹视频

step1 启动木马专家2019，单击【扫描内存】按钮，打开【扫描内存】提示框，提示是否使用云鉴定全面分析，单击【确定】按钮。

step2 内存扫描完毕，自动进行联网云鉴定，云鉴定信息在列表中显示。

step ③ 返回初始界面，单击【扫描硬盘】按钮，在【扫描模式选择】选项中，单击下方的【开始自定义扫描】按钮。

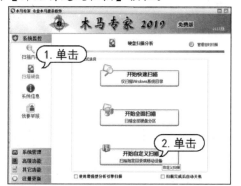

step ④ 打开【浏览文件夹】对话框，选择需要扫描的文件夹后，单击【确定】按钮。

step ⑤ 进行硬盘扫描，扫描结果将显示在下方的窗格中。

step ⑥ 单击【系统信息】按钮，查看系统各项属性，单击【优化内存】按钮可以优化内存。

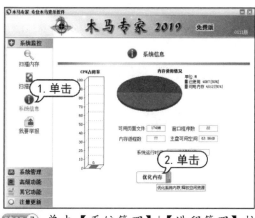

step ⑦ 单击【系统管理】|【进程管理】按钮。选中任意进程后，在【进程识别信息】文本框中，即可显示该进程的信息。若是可疑进程或未知项目，单击【中止进程】按钮，停止该进程运行。

11.7　使用 Windows Defender

Windows Defender 软件集成在 Windows 7、Windows 10 等操作系统中，可以帮助用户检测及清除一些潜藏在计算机操作系统里的间谍软件及广告程序，并保护计算机不受到来自网络的一些间谍软件的安全威胁及控制。

11.7.1　启用 Windows Defender

在 Windows 10 系统中单击【开始】按钮，在打开的【开始】菜单中，选择【Windows 系统】|Windows Defender 选项，或者在 Cortana 中搜索 Windows Defender，即可打开 Windows Defender 程序。

在打开的 Windows Defender 程序界面中，单击【设置】按钮，在打开的【设置】对话框中，将【实时保护】功能设置为【开】即可启用实时保护。

软件开始对计算机进行扫描,单击【取消扫描】按钮,可停止当前系统的扫描,扫描完成后,即可看到计算机系统的检测情况。

如果 Windows Defender 程序顶部的颜色条为红色,则计算机处于不受保护状态,实时保护已被关闭。此时【实时保护】功能设置为【关】状态。

11.7.2　进行系统扫描

Windows Defender 主要提供了【快速】【完全】【自定义】三种扫描方式,用户可以根据需求选择系统扫描方式。

首先打开软件,选中【快速】单选按钮,单击【立即扫描】按钮。

11.7.3　更新 Windows Defender

在使用 Windows Defender 时,用户可以对病毒库和软件版本等进行更新。打开 Windows Defender 程序,选择【更新】选项卡，单击【更新定义】按钮，软件即开始从 Microsoft 服务器上查找并下载最新的病毒库和版本内容。

知识点滴

　　Windows 7 操作系统中也自带 Windows Defender，操作步骤基本和 Windows 10 一样。Windows Defender 是一个独立的安全工具，它是以系统附带的工具形式存在的，而不是像杀毒软件那样以独立应用程序形式存在的。

11.8　案例演练

　　本章的案例演练是使用 360 杀毒软件查杀病毒等几个实例操作，用户通过练习从而巩固本章所学知识。

11.8.1　使用 360 杀毒软件

　　360 杀毒是 360 安全中心出品的一款免费的云安全杀毒软件。它创新性地整合了五大领先的查杀引擎，具有查杀率高、资源占用少、升级迅速等优点。

【例 11-13】使用 360 杀毒软件查杀病毒。视频

step 1　打开 360 杀毒软件，单击【快速扫描】按钮。

step 2　软件将对系统设置、常用软件、内存活跃程序等进行病毒查杀。

step 3　查杀结束后，如果未发现病毒，软件会提示"本次扫描未发现任何安全威胁"。

step 4 如果发现安全威胁, 选中威胁对象前对应的复选框, 单击【立即处理】按钮, 360杀毒软件将自动处理威胁对象。

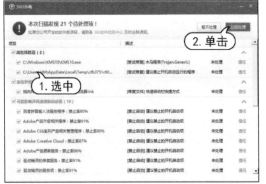

step 5 处理完成后, 单击【确认】按钮, 完成本次病毒查杀。

step 6 360 杀毒软件提示"已成功处理所有发现的项目", 单击【立即重启】按钮。

11.8.2 备份和还原注册表

【例 11-14】备份和还原注册表。 ●视频

step 1 按Win+R组合键, 打开【运行】对话框, 在【打开】文本框中输入regedit命令,

单击【确定】按钮。

step 2 打开【注册表编辑器】窗口, 在左侧窗格右击需要导出的根键或子键, 打开快捷菜单, 选择【导出】命令。

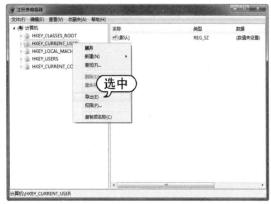

step 3 打开【导出注册表文件】对话框, 设置保存路径, 在【文件名】文本框中输入文件名。选中【所选分支】单选按钮, 表示保存所选的注册表文件, 单击【保存】按钮。

step 4 返回【注册表编辑器】窗口, 选择【文件】|【导入】命令。打开【导入注册表文件】对话框, 选择需要导入的注册表文件, 单

击【打开】按钮。完成注册表文件的还原操作。

11.8.3 隐藏磁盘驱动器

在使用计算机时有些文件不想让别人看到，但是放在 U 盘里又不太方便，而且当文件过多时 U 盘又放不下。用户可以隐藏一个磁盘驱动器，这样别人就看不到这个磁盘了，也就看不到该磁盘里的文件了。

【例 11-15】通过设置隐藏 D 盘。○视频

step ① 在系统桌面上右击【计算机】图标，在打开的快捷菜单中选择【管理】命令。

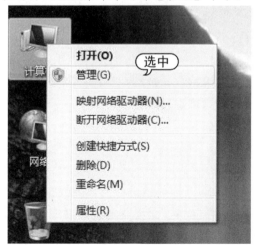

step ② 打开【计算机管理】窗口，在左侧列表中，选择【存储】|【磁盘管理】选项。右击【本地磁盘(D:)】选项，在打开的快捷菜单中选择【更改驱动器号和路径】命令。

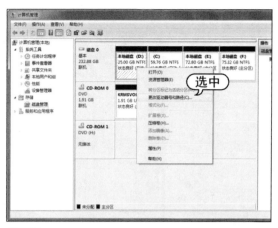

step ③ 打开【更改D:(本地磁盘)的驱动器号和路径】对话框，选中D盘，单击【删除】按钮。

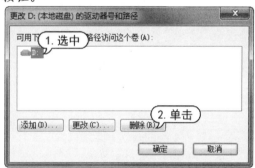

step ④ 打开【磁盘管理】提示框，单击【是】按钮。

step ⑤ 如果D盘有程序正在运行，将打开提示框，单击【是】按钮，停止磁盘运行，即可将D盘隐藏。

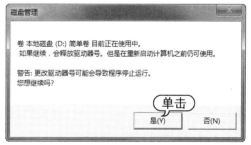

step 6 此时打开【计算机】窗口，将不再显示D磁盘。

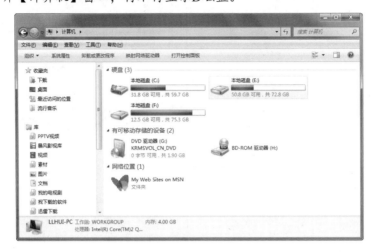

第 12 章

处理常见计算机故障

在使用计算机的过程中，偶尔会因为硬件自身问题或操作不当等原因出现或多或少的故障。用户如果能迅速找出产生故障的具体位置，并妥善解决故障，就可以延长计算机的使用寿命。本章将介绍计算机的常见故障以及解决故障的方法和技巧。

12.1 分析常见的计算机故障

认识计算机的故障现象既是正确判断计算机故障位置的第一步，也是分析计算机故障原因的前提。因此，用户在学习计算机维修之前，应首先了解本节所介绍的计算机常见故障现象和故障表现状态。

12.1.1 常见计算机故障现象

计算机在出现故障时通常表现为花屏、蓝屏、黑屏、死机、自动重启、自检报错、启动缓慢、关闭缓慢、软件运行缓慢和无法开机等现象，具体表现如下所述。

➢ 花屏：计算机花屏现象一般在启动和运行软件时出现，表现为显示器显示图像错乱。

➢ 蓝屏：计算机显示器出现蓝屏现象，并且在蓝色屏幕上显示英文提示。蓝屏故障通常发生在计算机启动、关闭或运行某个软件时，并且常常伴随着死机现象出现。

➢ 黑屏：计算机黑屏现象通常表现为计算机显示器突然关闭，或在正常工作状态下显示关闭状态(不显示任何画面)。

➢ 死机：计算机死机是最常见的计算机故障现象之一，它主要表现为计算机锁死，

使用键盘、鼠标或者其他设备对计算机进行操作时，计算机没有任何回应。

➢ 自动重启：计算机自动重启故障通常在运行软件时发生，一般表现为在执行某项操作时，计算机突然出现非正常提示(或没有提示)，然后自动重新启动。

➢ 自检报错：启动计算机时主板 BIOS 报警，一般表现为笛声提示。例如，计算机启动时长时间不断地鸣叫，或者反复长声鸣叫等。

➢ 启动缓慢：计算机启动时等待时间过长，启动后系统软件和应用软件运行缓慢。

➢ 关闭缓慢：计算机关闭时等待时间过长。

➢ 软件运行缓慢：计算机在运行某个应用软件时，软件工作状态异常缓慢。

➢ 无法开机：计算机无法开机故障主要表现为在按下计算机启动开关后，计算机无法加电启动。

12.1.2 常见故障处理原则

当计算机出现故障后不要着急，应首先通过一些检测操作与使用经验来判断故障发生的原因。在判断故障原因时，用户应首先明确两点：第一，不要怕；第二，要理性地处理故障。

➢ 不要怕就是要敢于动手排除故障，很多用户认为计算机是电子设备，不能随便拆卸，以免触电。其实计算机输入电源只有 220 V 的交流电，而计算机电源输出的用于给其他各部件供电的直流电源最高仅为 12V。因此，除了在修理计算机电源时应小心谨慎防止触电外，拆卸计算机主机内部其他设备是不会对人体造成任何伤害的；相反，人体带

有的静电却有可能把计算机主板和芯片击穿并造成损坏。

　　▶所谓理性地处理故障就是要尽量避免随意地拆卸计算机。正确解决计算机故障的方法是：首先，根据故障特点和工作原理进行分析、判断；然后，逐个排除怀疑有故障的计算机设备或部件。操作的要点是：在排除怀疑对象的过程中，要留意原来的计算机结构和状态，即使故障暂时无法排除，也要确保计算机能够恢复原来状态，尽量避免故障范围的扩大。

　　计算机故障的具体排除原则有以下4条。

　　▶先软后硬的原则：当计算机出现故障时，首先应检查并排除计算机软件故障，然后通过检测手段逐步分析计算机硬件部分可能导致故障的原因。例如，计算机不能正常启动，要首先根据故障现象或计算机的报错信息判断计算机是启动到什么状态才死机的；然后分析导致死机的原因是系统软件的问题、主机(CPU、内存等)硬件的问题，还是显示系统的问题。

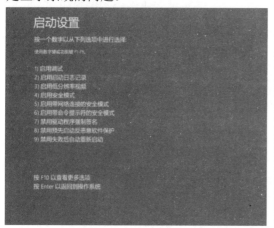

　　▶先外设后主机的原则：如果计算机系统的故障表现在某种外设上，例如，当用户遇到计算机不能打印文件、不能上网等故障时，应遵循先外设后主机的故障处理原则。先利用外部设备本身提供的自检功能或计算机系统内安装的设备检测功能检查外设本身是否工作正常，然后检查外设与计算机的连接以及相关的驱动程序是否正常，最后再检查计算机本身相关的接口或主机内的各种板卡设备。

　　▶先电源后负载的原则：计算机电源是机箱内部各部件(如主板、硬盘、光驱等)的动力来源，电源的输出电压正常与否直接影响到相关设备的正常运行。因此，当出现上述设备工作不正常时，应首先检查电源是否工作正常，然后再检查设备本身。

　　▶先简单后复杂的原则：所谓先简单后复杂的原则，指的是用户在处理计算机故障时应先解决简单容易的故障，后解决难度较大的问题。这样做是因为，在解决简单故障的过程中，难度大的问题往往也可能变得容易解决，在排除简易故障时也容易得到难处理故障的解决线索。

🎵 实用技巧

　　在检测与维修计算机的过程中应禁忌带电插、拔各种板卡、芯片和各种外设的数据线。因为带电插拔计算机主机内的设备将产生较高的感应电压，有可能会将外设或板卡、主板上的接口芯片击穿；而带电插拔计算机设备上的数据线，则有可能会造成相应接口电路芯片损坏。

12.2　处理系统故障

虽然如今的 Windows 系列操作系统运行相对较稳定，但在使用过程中还是会碰到一些系统故障，影响用户的正常使用。本节将介绍一些常见系统故障的处理方法。此外，在处理系统软件故障时应掌握举一反三的技巧，这样当遇到一些类似故障时也能轻松解决。

12.2.1　诊断系统故障的方法

下面将先分析导致 Windows 系统出现故障的一些具体原因，帮助用户理顺诊断系统故障的思路。

1.软件导致的故障

有些软件的程序编写不完善，在安装或卸载时会修改 Windows 系统设置，或者误将正常的系统文件删除，导致 Windows 系统出现问题。

软件与 Windows 系统、软件与软件之间也易发生兼容性问题。若发生软件冲突、与系统兼容的问题，只要将其中一个软件退出或卸载掉即可；若杀毒软件导致系统无法正常运行，可以试试关闭杀毒软件的监控功能。此外，用户应该熟悉自己安装的常用工具的设置，避免无谓的假故障。

2. 病毒、恶意程序入侵导致故障

有很多恶意程序、病毒、木马会通过网页、捆绑安装软件的方式强行或秘密入侵用户的计算机，然后强行修改用户的网页浏览器主页、软件自动启动选项、安全选项等设置，并且强行弹出广告，或者做出其他干扰用户操作、大量占用系统资源的行为，导致 Windows 系统发生各种各样的错误和问题。例如，无法上网、无法进入系统、频繁重启、很多程序打不开等。

要避免这些情况的发生，用户最好安装 360 安全卫士，再加上网络防火墙和病毒防护软件。如果计算机已经被病毒感染，则使用杀毒软件进行查杀。

3. 过分优化 Windows 系统

如果用户对系统不熟悉，最好不要随便修改 Windows 系统的设置。使用优化软件前，要备份系统设置，再进行系统优化。

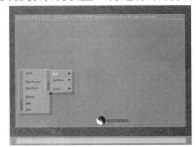

4. 使用了修改过的 Windows 系统

外面流传着大量民间修改过的精简版 Windows 系统、GHOST 版 Windows 系统，这类被精简修改过的 Windows 系统普遍删除了一些系统文件，精简了一些功能，有些甚至还集成了木马、病毒，为病毒入侵留有系统后门。如果安装了这类的 Windows 系统，安全性是不能得到保证的，建议用户安装原版 Windows 和补丁。

5. 硬件驱动有问题

如果所安装的硬件驱动没有经过微软 WHQL 认证或者驱动程序编写不完善，也会造成 Windows 系统故障，如蓝屏、无法进入系统、CPU 占用率高达 100%等。如果因为驱动程序的问题进不了系统，可以进入安全模式将驱动卸载掉，然后重装正确的驱动程序即可。

12.2.2　Windows 系统使用故障

本节将介绍在使用 Windows 系列操作操作系统时，可能会遇到的一些常见软件故障以及故障的处理方法。

1. 不显示音量图标

➤ 故障现象：每次启动系统后，系统托盘里总是不显示音量图标。需要进入控制面

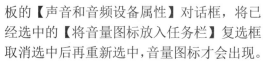

板的【声音和音频设备属性】对话框，将已经选中的【将音量图标放入任务栏】复选框取消选中后再重新选中，音量图标才会出现。

▶ 故障原因：曾用软件删除过启动项目，而不小心删除了音量图标的启动。

▶ 解决方法：打开注册表编辑器，依次展开 HKEY_LOCAL_MACHINE\SOFTWARE\Microsoft\Windows\CurrentVersion\Run。然后在右侧的窗口右击，新建一个字符串值 Systray，双击该键值，编辑为 c:\windows\system32\systray.exe，然后重启计算机，让系统在启动的时候自动加载 systray.exe。

2. 不显示【安全删除硬件】图标

▶ 故障现象：在插入移动硬盘、U 盘等 USB 设备时，系统托盘里会显示一个【安全删除硬件】图标。现在插入 USB 设备后，不显示【安全删除硬件】图标。

▶ 故障原因：系统中与 USB 端口有关的系统文件受损，或者 USB 端口的驱动程序受到破坏。

▶ 解决方法：删除 USB 设备的驱动程序后，重新安装。

3. 不显示系统桌面

▶ 故障现象：启动 Windows 操作系统后，桌面没有任何图标。

▶ 故障原因：大多数情况下，桌面图标无法显示是由于系统启动时无法加载 explorer.exe，或者 explorer.exe 文件被病毒破坏。

▶ 解决方法：手动加载 explorer.exe 文件，打开注册表编辑器，展开 HKEY_LOCAL_MACHINE\SOFTWARE\Microsoft\WindowsNT\CurrentVersion\Winlogon\Shell，

如果没有 explorer.exe，则可以按照这个路径在 Shell 后新建一个 explorer.exe。从其他计算机上复制 explorer.exe 文件到本机，然后重启计算机即可。

4. 找不到 Rundll32.exe 文件

▶ 故障现象：启动系统、打开控制面板以及启动各种应用程序时，提示 "Rundll32.exe 文件找不到" 或 "Rundll32.exe 找不到应用程序"。

▶ 故障原因：Rundll32.exe 用于需要调用 DLL 的程序。Rundll32.exe 对 Windows XP 系统的正常运行是非常重要的。但 Rundll32.exe 很脆弱，容易受到病毒的攻击，杀毒软件也会误将 RunDll32.exe 删除，导致丢失或损坏 Rundll32.exe 文件。

▶ 解决方法：将 Windows XP 的安装光盘放入光驱，在【运行】对话框中输入 expand X:\i386\Rundll32.ex_ c: \Windows\System32\Rundll32.exe 命令，(其中的 X: 是光驱的盘符)，然后重新启动计算机即可。

5. 无法打开硬盘分区

▶ 故障现象：双击磁盘盘符打不开，只有右击磁盘盘符，在弹出的菜单中选择【打开】命令才能打开。

▶ 故障原因：打不开磁盘分区主要从以下两方面分析：有可能硬盘感染病毒，如果没有感染病毒，则可能是 explorer.exe 文件出错，需要重新编辑。

▶ 解决方法：更新杀毒软件的病毒库到最新，然后重新启动计算机进入安全模式查杀病毒。接着在各磁盘分区根目录中查看是否有 autorun.ini 文件，如果有，手工删除。

12.3　处理计算机软件故障

计算机的软件多种多样，如果某个软件发生故障，用户应首先了解故障的原因，然后使用工具查找软件故障，并将故障排除。

12.3.1 常见办公软件故障排除

常用的办公软件为微软公司开发的 Office 系列软件，其中主要包括 Word、Excel 和 PowerPoint 等。下面介绍一些常见的办公软件故障和解决故障的具体方法。

1. Word 文件打开缓慢

▶ 故障现象：打开一个较大的 Word 文件时，程序反应速度较慢，需要很长时间才能打开。

▶ 故障原因：造成此类故障的原因通常是由 Word 软件的"拼写语法检查"功能引起的。因为在打开文件时，Word 软件的"拼写语法检查"功能会自动从头到尾对文件依次进行语法检查。如果打开的文件很大，Word 软件就需要用很长的时间检查，同时占用大量的系统资源，造成文件打开速度相对较慢。

▶ 故障排除：用户可以通过关闭 Word 软件的"拼写语法检查"功能来解决此类故障。要关闭"拼写语法检查"功能，可以在启动 Word 软件后，选择【文件】|【选项】命令，打开【选项】对话框，然后选择【校对】选项卡，取消选中该选项卡中的【键入时检查拼写】【键入时标记语法错误】和【随拼写检查语法】复选框。

2. Word 文件无响应

▶ 故障现象：打开 Word 文件时，软件无响应。

▶ 故障原因：Word 软件打开一个文件时，将同时生成一个以"~$+原文件名"为名称的临时文件，并将这个文件保存在与原文件相同路径的文件夹中。若原文件所在的磁盘空间已满，将无法存放该临时文件，从而造成 Word 在打开文件时无响应。

▶ 故障排除：用户可以通过将 Word 文件移至其他磁盘空间更大的驱动器上，然后再打开的方法来解决此类故障。

3. Excel 文件打开故障

▶ 故障现象：双击文件扩展名为.xls 的文件，系统提示需要指定打开的程序，并且使用其他软件无法打开该文件。

▶ 故障原因：文件扩展名为.xls 的文件是使用 Excel 软件制作的表格文件，安装 Office 后无法打开此类文件的原因可能是没有完整安装 Office 中的 Excel 软件。

▶ 故障排除：要解决此类故障，用户可以启动 Office 卸载程序，然后重新安装或修复 Excel 软件。

4. PowerPoint 无法播放声音

▶ 故障现象：用 PowerPoint 软件制作幻灯片，将做好的幻灯片移至其他计算机上，无法播放制作时导入的声音文件。

▶ 故障原因：造成此类故障的原因是，PowerPoint 导入的声音文件和影片文件都是以绝对路径的形式链接到演示文稿中的，更换计算机后，就相当于文件的位置发生了变化，因此 PowerPoint 无法找到声音文件的源文件。

▶ 故障排除：用户可以利用 PowerPoint 软件的"打包"功能来解决此类故障。选择【文件】|【导出】|【将演示文稿打包成 CD】命令，打开【打包成 CD】对话框，然后在该对话框中添加需要打包的演示文稿和链接的声音、影片等文件，完成后单击【关闭】按钮即可。

12.3.2 常见工具软件故障排除

下面以工具软件 WinRAR 为例，介绍当计算机中安装的工具软件出现故障时，解决问题的方法。

1. 解压缩软件故障

▶ 故障现象：解压由 WinZip 压缩的文件时，系统提示："WinZip Self-Extractor header corrupt cause: bad disk or file transfer error"。

▶ 故障原因：出现此类故障，表明解压

的文件为 WinZip 自解压文件，且文件的扩展名被修改过。

▶ 故障排除：将解压文件的扩展名由.exe 改为.zip 即可解决此类故障。

2. 压缩包出现故障

▶ 故障现象：解压从网络上下载的 RAR 文件时，系统打开一个提示框，警告 "CRC 失败于加密文件(口令错误？)"。

▶ 故障原因：如果是密码输入错误导致无法解压文件，但压缩文件内有多个文件，并且有一部分文件已经被解压缩，那么应该是RAR压缩包循环冗余校验码(CRC)出错而不是密码输入错误。

▶ 故障排除：要想修复 CRC，压缩文件中必须有恢复记录，而 WinRAR 压缩时默认是不放置恢复记录的，因此用户无法自行修复 CRC 错误，只能与文件提供者联系。

12.4 处理计算机硬件故障

计算机硬件故障包括主板故障、内存故障、CPU 故障、硬盘故障等计算机硬件设备出现的各种故障。下面将介绍硬件故障的常见分类、检测方法和解决方法。

12.4.1 硬件故障的常见分类

硬件故障是指因计算机硬件中的元器件损坏或性能不稳定而引起的计算机故障。造成硬件故障的原因包括元器件故障、机械故障和存储器故障 3 种，具体如下。

▶ 元器件故障：元器件故障主要是由板卡上的元器件、接插件和印制电路板等引起的。例如，主板上的电阻、电容、芯片等的损坏即为元器件故障；PCI插槽、AGP插槽、内存条插槽和显卡接口等发生损坏即为接插件故障；印制电路板发生损坏即为印制电路板故障。如果元器件和接插件出了问题，可以通过更换的方法排除故障，但需要专用工具。如果是印制电路板的问题，维修起来相对困难。

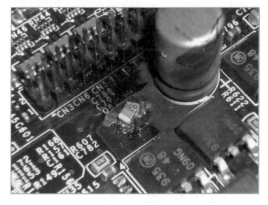

▶ 机械故障：机械故障不难理解。例如，硬盘使用时产生共振，硬盘的磁头发生偏转或者人为的物理破坏等。

▶ 存储器故障：存储器故障是指使用频繁等原因使外存储器磁道损坏，或因为电压过高造成的存储芯片烧掉等。这类故障通常也发生在硬盘、光驱和一些板卡上。

12.4.2　硬件故障的检测方法

1. 直觉法

直觉法就是通过人的感觉器官(如手、眼、耳和鼻等)来判断产生故障的原因,在检测计算机硬件故障时,直觉法是一种十分简单而有效的方法。

➤ 计算机上一般器件发热的正常温度在器件外壳上都不会很高,若用手触摸感觉太烫手,那么该元器件可能就会有问题。

➤ 通过眼睛来观察印制电路板上是否有断线或残留杂物,用眼睛可以看出明显的短路现象,可以看出芯片的明显断针,可以通过观察一些元器件表面是否有焦黄色、裂痕和烧焦的颜色,从而诊断出计算机故障。

➤ 通过耳朵可以听出计算机报警声,从报警声诊断出计算机故障。在计算机启动时如果检测到故障,计算机主板会发出报警声,通过分析这种声音的长短可以判断计算机硬件故障的位置(主板不同,其报警声也有一些小的差别,目前最常见的主板 BIOS 有 AMI BIOS 和 Award BIOS 两种,用户可以查看其各自的报警声说明来判断出主板报警声所代表的提示含义)。

➤ 通过鼻子可以判断计算机硬件故障的位置。若内存条、主板、CPU 等设备由于电压过高或温度过高之类的问题被烧毁,用鼻子闻一下计算机主机内部可以快速诊断出被烧毁硬件的具体位置。

2. 对换法

对换法指的是如果怀疑计算机中的某个部件(如 CPU、内存和显卡)有问题,可以从其他工作正常的计算机中取出相同的部件与之互换,然后通过开机后的状态判断该部件是否存在故障。具体方法是:在断电情况下,从故障计算机中拆除怀疑存在故障的部件，然后与另一台正常计算机上的同类部件对换，在开机后如果故障计算机恢复正常工作，就证明被替换的部件存在问题。反之，应重新检测计算机故障的具体位置。

3. 手压法

手压法是指利用手掌轻轻敲击或压紧可能出现故障的计算机插件或板卡，通过重新启动后的计算机状态来判断故障所在的位置。应用手压法可以检测显示器、鼠标、键盘、内存、显卡等设备导致的计算机故障。例如，计算机在使用过程中突然出现黑屏故障，重启后恢复正常，这时若用手把显示器接口和显卡接口压紧，则有可能排除故障。

4. 软件检测法

软件检测法指的是通过故障诊断软件来检测计算机硬件故障。主要有两种方式：一种是通过 ROM 开机自检程序检测(例如，从 BIOS 参数中可检测硬盘、CPU 主板等信息)或在计算机开机过程中观察内存、CPU、硬盘等设备的信息，判断计算机故障。另一种诊断方式则是使用计算机软件故障诊断程序进行检测(这种方法要求计算机能够正常启动)。

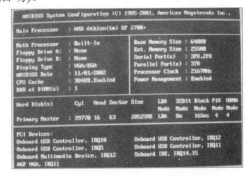

12.4.3　解决常见的主板故障

在计算机的所有配件中，主板是决定计算机整体性能的一个关键部件，好的主板可以让计算机更稳定地发挥系统性能，反之，系统则会变得不稳定。下面就以主板故障现象分类，介绍排除主板故障的方法。

1. 主板常见故障——接口损坏

▽　故障现象：主板 COM 口或并行口、IDE 口损坏。

＞　故障原因：出现此类故障一般是由于用户带电插拔相关硬件造成的。

＞　解决方法：用户可以用多功能卡代替主板上的 COM 和并行接口，但要注意在代替之前必须先在 BIOS 设置中关闭主板上预设的 COM 口与并行口(有的主板连 IDE 口都要禁止才能正常使用多功能卡)。

2. 主板常见故障——BIOS 电池失效

➤ 故障现象：BIOS 设置不能保存。

➤ 故障原因：此类故障一般是由于主板 BIOS 电池电压不足造成的。

➤ 解决方法：将 BIOS 电池更换即可。若在更换 BIOS 电池后仍然不能解决问题，则有以下两种可能：主板电路问题，需要主板生产厂商的专业维修人员维修；主板 CMOS 跳线问题，或者因为设置错误，将主板上的 BIOS 跳线设为清除选项，使得 BIOS 数据无法保存。

3. 主板常见故障——驱动兼容问题

➤ 故障现象：安装主板驱动程序后出现死机或光驱读盘速度变慢的现象。

➤ 故障原因：若用户的计算机使用的是非品牌主板，则可能出现此类现象(将主板驱动程序安装完后，重新启动计算机不能以正常模式进入 Windows 系统的桌面，而且主板驱动程序在 Windows 系统中不能被卸载，用户不得不重新安装系统)。

➤ 解决方法：更换主板。

4. 主板常见故障——设置BIOS时死机

➤ 故障现象：计算机频繁死机，即使在设置 BIOS 时也会出现死机现象。

➤ 故障原因：在 BIOS 设置界面中出现死机故障，原因一般为主板或 CPU 存在问题。

➤ 解决方法：更换主板、CPU、CPU 散热器，或者在 BIOS 设置中将 CACHE 选项禁用。

5. 主板常见故障——BIOS 设置错误

➤ 故障现象：计算机开机后，显示器在显示 Award Soft Ware，Inc System Configurations 时停止启动。

➤ 故障原因：这是由于 BIOS 设置不当造成的。BIOS 设置的 PNP/PCI CONFIGURATION 栏目的 PNP OS INSTALLED(即插即用)项目一般有 YES 和 NO 两个选项，造成上面故障的原因就是由于将即插即用选项设为 YES。

➤ 解决方法：使用 BIOS 出厂默认设置或关闭设置中的即插即用功能。

12.4.4　解决常见的 CPU 故障

CPU 是计算机的核心设备，当 CPU 出现故障时计算机将会出现黑屏、死机、软件运行缓慢等现象。用户在处理 CPU 故障时可以参考下面介绍的故障原因进行分析和维修。

1. CPU 温度问题

➤ 故障现象：CPU 温度过高导致的故障(死机、软件运行速度慢或黑屏等)。

➤ 故障原因：随着工作频率的提高，CPU 所产生的热量也越来越高。CPU 是计算机中发热最大的配件，如果 CPU 散热器的散热能力不强，产生的热量不能及时散发掉。CPU 就会长时间工作在高温状态下，由半导体材料制成的 CPU，如果核心工作温度过高，就会产生电子迁移现象，同时也会造成计算机运行不稳定、运算出错或者死机等现象。长期在过高的温度下工作还会造成 CPU 的永久性损坏。CPU 的工作温度一般可通过主板监控功能获得，而且一般情况下 CPU 的工作温度比环境温度高 40℃以内都属于正常范围，但要注意的是准确度并不是很高，在 BIOS 中查看到的 CPU 温度只能供参考。CPU 核心的准确温度一般无法测量。

➤ 解决方法：更换 CPU 风扇，或利用软件(如"CPU 降温圣手")降低 CPU 的工作温度。

2. CPU 超频问题

> 故障现象：CPU 超频导致的故障(计算机不能启动或频繁自动重启)。

> 故障原因：CPU 超频会导致 CPU 的使用寿命缩短,因为 CPU 超频会产生大量的热量,使 CPU 温度升高,从而导致"电子迁移"效应(为了超频, 很多用户通常会提高 CPU 的工作电压,这样 CPU 在工作时产生的热量会更多)。并不是热量直接伤害 CPU, 而是由于过热所导致的"电子迁移"效应损坏 CPU 内部的芯片。通常人们所说的 CPU 超频烧掉了,严格地讲,就是指由 CPU 高温所导致的"电子迁移"效应。

> 解决方法：更换大功率的 CPU 风扇或对 CPU 进行降频处理。

3. CPU 引脚氧化

> 故障现象：平日使用一直正常,有一天突然无法开机,屏幕提示无显示信号输出。

> 故障原因：使用对换法检测硬件发现显卡和显示器没有问题,怀疑是 CPU 出现问题。拔下插在主板上的 CPU,仔细观察并无烧毁痕迹,但是无法点亮机器。后来发现 CPU 的针脚均发黑、发绿,有氧化的痕迹和锈迹。

> 解决方法：使用牙刷和镊子等工具对 CPU 针脚进行修复工作。

4. CPU 降频问题

> 故障现象：开机后发现 CPU 频率降低了,显示信息为"Defaults CMOS Setup Loaded",并且重新设置 CPU 频率后,该故障还时有发生。

> 故障原因：这是由于主板电池出了问题,CPU 电压过低。

> 解决方法：关闭计算机电源,更换主板电池,然后在开机后重新在 BIOS 中设置 CPU 参数。

5. CPU 松动问题

> 故障现象：检测不到 CPU 而无法启动计算机。

> 故障原因：检查 CPU 是否插入到位,特别是采用 Slot 插槽的 CPU 安装时不容易到位。

> 解决方法：重新安装 CPU,并检查 CPU 插座的固定杆是否完全固定。

12.4.5　解决常见的内存故障

内存作为计算机的主要配件之一,性能的好坏与否直接关系到计算机是否能够正常稳定地工作。本节将总结一些在实际操作中常见的内存故障及故障解决方法,为用户在实际维修工作中提供参考。

1. 内存接触不良

> 故障现象：有时打开计算机电源后显示器无显示,并且听到持续的蜂鸣声。有的计算机会表现为不断重启。

> 故障原因：此类故障一般是由于内存条和主板内存槽接触不良引起的。

> 解决方法：拆下内存条,用橡皮擦来回擦拭金手指部位,然后重新插到主板上。如果多次擦拭内存条上的金手指并更换了内存槽,故障仍不能排除,则可能是内存条损坏,此时更换内存条来试试,或者将本机上的内存条换到其他计算机上测试,以便找出问题所在。

2. 内存条的金手指老化

▶ 故障现象：内存条的金手指出现老化、生锈现象。

▶ 故障原因：内存条的金手指镀金工艺不佳或经常拔插内存，导致金手指在使用过程中因为接触空气而出现氧化生锈现象，从而导致内存与主板上的内存插槽接触不良，造成计算机在开机时不启动并发出主板报警的故障。

▶ 解决方法：用橡皮擦把金手指上面的锈斑擦去即可。

3. 内存条的金手指烧毁

▶ 故障现象：内存条的金手指发黑，无法正常使用内存。

▶ 故障原因：一般情况下，造成内存条的金手指被烧毁的原因多数都是因为用户在故障排除过程中，因为没有将内存完全插入主板插槽就启动计算机或带电拔插内存条，造成内存条的金手指因为局部电流过强而烧毁。

▶ 解决方法：更换内存。

4. 内存插槽损坏

▶ 故障现象：无法将内存条正常插入内存插槽。

▶ 故障原因：内存插槽内的簧片因非正常安装而出现脱落、变形、烧灼等现象，容易造成内存条接触不良。

▶ 解决方法：使用其他正常内存插槽或更换计算机主板。

5. 内存条温度过高

▶ 故障现象：正常运行计算机时突然出现提示"内存不可读"，并且在天气较热的时候出现该故障的概率较大。

▶ 故障原因：由于天气热时出现该故障的概率较大，因此可判断一般是由于内存条过热而导致工作不稳定而造成的。

▶ 解决方法：自己动手加装机箱风扇，加强机箱内部的空气流通，还可以为内存条安装铝制或铜制散热片。

12.4.6 解决常见的硬盘故障

硬盘是计算机的主要部件，了解硬盘的常见故障有助于避免硬盘中重要的数据丢失。本节总结一些在实际操作中常见的硬盘故障及故障解决方法，为用户在实际维修工作中提供参考。

1. 硬盘连接线故障

▶ 故障现象：系统不认硬盘(系统从硬盘无法启动，使用 CMOS 中的自动检测功能也无法检测到硬盘)。

▶ 故障原因：这类故障大多出在硬盘连接电缆或数据线端口上，硬盘本身发生故障的可能性不大，用户可以通过重新插接硬盘电源线或改换数据线检测该故障的具体位置

(如果计算机上新安装的硬盘出现该故障,最常见的故障原因就是硬盘上的主从跳线被错误设置)。

> 解决方法:在确认硬盘主从跳线没有问题的情况下,用户可以通过更换硬盘电源线或数据线解决此类故障。

2. 硬盘无法启动故障

> 故障现象:硬盘无法启动。

> 故障原因:造成这种故障的原因通常有主引导程序损坏、分区表损坏、分区有效位错误或 DOS 引导文件损坏。

> 解决方法:在通过修复硬盘引导文件无法解决问题时,可以通过软件(如 PartitionMagic 或 FDISK 等)修复损坏的硬盘分区来排除此类故障。

3. 硬盘老化

> 故障现象:硬盘出现坏道。

> 故障原因:硬盘老化或受损是造成该故障的主要原因。

> 解决方法:更换硬盘。

4. 硬盘病毒破坏

> 故障现象:无论使用什么设备都不能正常引导系统。

> 故障原因:这种故障一般是由于硬盘被病毒的"逻辑锁"锁住造成的,"硬盘逻辑锁"是很常见的病毒恶作剧手段。中了逻辑锁之后,无论使用什么设备都不能正常引导系统(甚至通过光驱、挂双硬盘都无法引导计算机启动)。

> 解决方法:利用专用软件解开逻辑锁后,查杀计算机病毒。

5. 硬盘主扇区损坏

> 故障现象:开机时硬盘无法自检启动,启动画面提示无法找到硬盘。

> 故障原因:产生这种故障的主要原因是硬盘主引导扇区数据被破坏,具体表现为硬盘主引导标志或分区标志丢失。产生这种故障的主要原因往往是病毒将错误的数据覆盖到了主引导扇区中。

> 解决方法:利用专用软件修复硬盘。

12.4.7　解决常见的显卡故障

显卡是计算机重要的显示设备之一,了解显卡的常见故障有助于用户在计算机出现问题时及早排除故障,从而节约不必要的故障检查时间。本节总结一些在实际操作中常见的显卡故障及故障解决方法,为用户在实际维修工作中提供参考。

1. 显卡接触不良

> 故障现象:计算机开机无显示。

> 故障原因:此类故障一般是显卡与主板接触不良或主板插槽有问题造成的。

> 解决方法:重新安装显卡并清洁显卡的插槽。

2. 显示不正常

> 故障现象:显示器颜色显示不正常。

> 故障原因:造成该故障的原因一般为:显卡与显示器信号线接触不良;显示器故障;显卡损坏;显示器被磁化(此类现象一般是与有磁性的物体距离过近所致,磁化后还可能会引起显示画面偏转的现象)。

> 解决方法:重新连接显示器信号线,更换显示器进行测试。

3. 显卡分辨率支持问题

▶ 故障现象：在 Windows 系统里突然显示花屏，看不清文字。

▶ 故障原因：此类故障一般由显示器或显卡不支持高分辨率造成。

▶ 解决方法：更新显卡驱动程序或者降低显示分辨率。

4. 显示的画面晃动

▶ 故障现象：在启动计算机进行检查时，发现进入操作系统后，计算机显示器屏幕上有部分画面及字符会出现瞬间微晃、抖动、模糊后，又恢复清晰显示的现象。这一现象会在屏幕的其他部位或几个部位同时出现，并且反复出现。

▶ 故障原因：调整显示卡的驱动程序及一些设置，均无法排除该故障。接下来判断计算机周围有电磁场在干扰显示器的正常显示。仔细检查计算机周围，是否存在变压器、大功率音响等干扰源设备。

▶ 解决方法：让计算机远离干扰源。

5. 显示花屏

▶ 故障现象：在某些特定的软件里面出现花屏现象。

▶ 故障原因：软件版本太老不支持新式显卡或是由于显卡的驱动程序版本过低。

▶ 解决方法：升级软件版本与显卡驱动程序。

12.4.8　解决常见的光驱故障

光驱是计算机硬件中使用寿命最短的配件之一，在日常使用中经常会出现各种各样的故障。本节总结一些在实际操作中常见的光驱故障及故障解决方法，为用户在实际维修工作中提供参考。

1. 光驱仓盒无法弹出

▶ 故障现象：光驱的仓盒无法弹出或很难弹出。

▶ 故障原因：导致这种故障的原因有两个，一是光驱仓盒的出仓皮带老化；二是异物卡在托盘的齿缝里，造成托盘无法正常出仓。

▶ 解决方法：清洗光驱或更换光驱仓盒的出仓皮带。

2. 光驱仓盒失灵

▶ 故障现象：光驱的仓盒在弹出后立即缩回。

▶ 故障原因：这种故障的原因是光驱的出仓到位判断开关表面被氧化，造成开关接触不良，使光驱的机械部分误认为出仓不顺，在延时一段时间后又自动将光驱仓盒收回。

▶ 解决方法：在打开光驱后用水砂纸轻轻打磨出仓控制开关的簧片，清洁光驱出仓控制开关上的氧化层。

3. 光驱不读盘

▶ 故障现象：光驱的光头虽然有寻道动作，但是光盘不转，或有转的动作但是转不起来。

▶ 故障原因：光盘伺服电机的相关电路有故障。可能是伺服电机内部损坏(可找同类型的旧光驱的电机更换)，驱动集成块损坏(出现这种情况时有时会出现光驱一旦找到光盘，光驱一转计算机主机就启动，这也是驱动 IC 损坏所致)，也可能是柔性电缆中的某根线断了。

▶ 解决方法：更换光驱。

4. 光驱丢失盘符

▶ 故障现象：计算机使用一切正常，可是突然在【计算机】窗口中无法找到光驱盘符。

▶ 故障原因：该故障多是由于计算机病毒或者丢失光驱驱动程序造成的。

▶ 解决方法：建议首先使用杀毒软件对计算机清除计算机病毒。

5. 光驱程序无响应

▶ 故障现象：光驱在读盘的时候，经常

发生程序没有响应的现象，甚至导致死机。

▶ 故障原因：在光驱读盘时死机，可能是由于光驱纠错能力下降或供电质量不好而造成的。

▶ 解决方法：将光驱安装到其他计算机中使用，仍然出现该问题，则需清洗激光头。

12.5　案例演练

本章案例演练总结在实际操作中显示器、键盘、鼠标以及声卡等硬件设备的常见故障及故障解决方法，为用户在实际维修工作中提供参考。

1. 显示器显示偏红

▶ 故障现象：显示器无论是启动还是运行时都偏红。

▶ 故障原因：可以检查计算机附近是否有磁性物品，或者检查显示屏与主板的数据线是否松动。

▶ 解决方法：检查并更换显示器信号线。

2. 显示器显示模糊

▶ 故障现象：显示器显示模糊，尤其是显示汉字时不清晰。

▶ 故障原因：由于显示器只能支持"真实分辨率"，而且只有在这种真实分辨率下才能显现最佳影像。当设置为真实分辨率以外的分辨率时，屏幕会显示不清晰甚至产生黑屏故障。

▶ 解决方法：调整显示分辨率为该显示器的"真实分辨率"。

3. 键盘自检报错

▶ 故障现象：键盘自检出错，屏幕显示 keyboard error Press F1 Resume 出错信息

▶ 故障原因：造成该故障的可能原因包

括键盘接口接触不良，键盘硬件故障，键盘软件故障，信号线脱焊、病毒破坏和主板故障等。

▶ 解决方法：当出现自检错误时，可关机后拔插键盘与主机接口的插头，并检查信号线是否虚焊，检查是否接触良好后再重新启动系统。如果故障仍然存在，可用替换法换用一个正常的键盘与主机相连，再开机试验。若故障消失，则说明键盘自身存在硬件问题，可对其进行检修；若故障依旧，则说明是主板接口问题，必须检修或更换主板。

4. 鼠标反应慢

▶ 故障现象：在更换一块鼠标垫后，光电鼠标反映变慢甚至无法移动桌面鼠标。

▶ 故障原因：造成此类故障的原因多是鼠标垫的反光性太强，影响光电鼠标接收反射激光信号，从而影响鼠标对位移信号的检测。

▶ 解决方法：更换一款深色、非玻璃材质的鼠标垫。

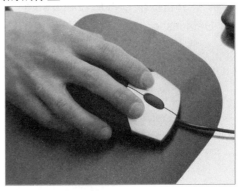

5. 声卡没有声音

故障现象：计算机无法发出声音。

故障原因：可能是由于耳机或者音箱没有连接正确的音频输出接口。若连接正确，则检查是否打开了音箱或耳机开关。

解决方法：重新连接正确的音频输出接口，并打开音箱或耳机开关。

6. 任务栏没有【小喇叭】图标

➢ 故障现象：在系统任务栏中没有【小喇叭】图标，并且计算机无法发声。

➢ 故障原因：这是由于没有安装或者没有正确安装声卡驱动所造成的。

➢ 解决方法：重新安装正确的声卡驱动程序，若是主板集成的声卡芯片，则可以在主板的驱动光盘中找到声卡芯片的驱动程序。

7. 无法上网

➢ 故障现象：无法上网，任务栏中没有显示网络连接图标。

➢ 故障原因：这是由于没有安装网卡驱动程序造成的。

➢ 解决方法：安装网卡驱动程序。

8. 计算机提示 CMOS battery failed 故障

➢ 故障现象：计算机在启动时提示 CMOS battery failed。

➢ 故障原因：提示的含义是 CMOS 电池失效。这说明主板 CMOS 供电电池已经没有电了，需要重新更换。

➢ 解决方法：更换主板 CMOS 电池。

9. 计算机提示 CMOS check sum error-Defaults loaded

➢ 故障现象：计算机在启动时提示 CMOS check sum error-Defaults loaded。

➢ 故障原因：提示的含义是 CMOS 执行全部检查时出现错误，需要载入系统默认值。

➢ 解决方法：出现此类故障提示，一是说明计算机主板 CMOS 电池已经失效；二是说明 BIOS 设置出现了问题。用户可以通过更换 CMOS 电池或将 BIOS 设置为 Defaults loaded 来解决此类故障。

10. 计算机提示 keyboard error or no Keyboard present

➢ 故障现象：计算机在启动时提示 keyboard error or no Keyboard present。

➢ 故障原因：提示的含义是键盘错误或者计算机没有发现与其连接的键盘。

➢ 解决方法：要解决此类故障，应首先检查计算机键盘与主板的连接是否完好。如果已经接好，可能是计算机键盘损坏造成的，可以将键盘送至固定的维修点进行维修。

11. 计算机提示 Press Esc to skip memory test

➢ 故障现象：计算机在启动时提示 Press Esc to skip memory test。

➢ 故障原因：出现此类故障提示的原因是在 CMOS 内没有设定跳过存储器的第 2、第 3、第 4 次测试，启动计算机时就会执行 4 次内存测试。

➢ 解决方法：要解决此类故障，用户可以进入 BIOS，然后选择 BIOS Features Setup 选项，将其中的 Quick Power On Self Test 项设为 Enabled 状态并保存即可。